U0589817

高等数学课堂教学及其模式新探索

孙秀花　成树旗　张晓华　著

中国原子能出版社
China Atomic Energy Press

图书在版编目（CIP）数据

高等数学课堂教学及其模式新探索 / 孙秀花，成树

旗，张晓华著. --北京：中国原子能出版社，2023.4 (2025.3 重印)

ISBN 978-7-5221-2672-2

Ⅰ. ①高⋯　Ⅱ. ①孙⋯②成⋯③张⋯　Ⅲ. ①高等数

学 – 课堂教学 – 教学研究 – 高等学校　Ⅳ. ①O13

中国国家版本馆 CIP 数据核字（2023）第 072376 号

高等数学课堂教学及其模式新探索

出版发行	中国原子能出版社（北京市海淀区阜成路 43 号　100048）
责任编辑	王　蕾
责任印制	赵　明
印　　刷	北京天恒嘉业印刷有限公司
经　　销	全国新华书店
开　　本	787 mm×1092 mm　1/16
印　　张	17
字　　数	315 千字
版　　次	2023 年 4 月第 1 版　2025 年 3 月第 2 次印刷
书　　号	ISBN 978-7-5221-2672-2　　　定　价　112.00 元

前　言

　　高等数学课程作为一门公共基础课，为学生专业课程学习和解决实际问题提供必要的数学基础知识及常用的数学方法；同时，高等数学对培养学生的逻辑思维能力、提高分析问题和解决问题的能力，以及增强学生综合素质等起到很大帮助。加强重视高等数学教育，把传授知识和开阔学生眼界结合起来，注重教学方法改革，激发学生学习高等数学的兴趣，提高教学质量，使学生始终处于积极主动的学习状态，从而使教学内容更好地为学生服务。另外，随着科技的发展，多媒体模式成为了新型授课模式，利用多媒体可以将数学中涉及的图形生动形象地展现在学生面前，无须太多语言，利用课件可以快速将所需要的数学知识展现在屏幕上。同时可以采用慕课、微课、翻转课堂等新的形式讲授和呈现数学内容，新型科技方便了课堂教学、增强了学生学习的体验。

　　鉴于此，笔者以"高等数学课堂教学及其模式新探索"为题，首先对数学的起源与发展、数学本质及其文化、现代教育思想、高等数学教学这四方面进行分析；其次阐述了高等数学教学与课堂规律；再次探讨了高等数学课堂教学及其思维培养、高等数学课堂教学设计与方法、高等数学课堂教学知识及解题模式、高等数学课堂教学的现代化模式创新、基于翻转课堂的高等数学教学模式；最后对基于现代化的高等数学课堂教学模式新探索、现代教育技术与高等数学课堂教学的融合进行论述。

　　全书结构科学、论述清晰，力求达到理论与实践相结合，让读者在学习基本方法和理论的同时，注重感悟数学的思维、理念和精神，以达到提高能力、提升素质的目的。

　　本书由孙秀花（晋中学院）、成树旗（运城师范高等专科学校）、张晓华（运城师范高等专科学校）共同写作统稿，具体章节分工如下：

　　孙秀花：第一章、第三章、第五章第四节，共计约 10.5 万字；

　　成树旗：绪论、第四章、第五章第三节、第八章，共计约 10.5 万字；

　　张晓华：第二章、第五章第一二节、第六章、第七章，共计约 10.5 万字。

　　笔者在写作本书的过程中，得到了许多专家学者的帮助和指导，在此表示诚挚的谢意。由于笔者水平有限，加之时间仓促，书中所涉及的内容难免有疏漏之处，希望各位读者多提宝贵意见，以便笔者进一步修改，使之更加完善。

目 录

绪　论

一、数学的起源与发展

（一）世界数学的起源与发展

由于数学的发展是一个错综复杂的知识过程与社会过程，如果采用单一的线索将数学史进行分期难免会有所偏颇，因此，此处将综合考虑，将数学史分为以下时期：

第一，数学的起源与早期发展（公元前 6 世纪前）。

第二，初等数学时期（公元前 6 世纪—16 世纪）：① 古代希腊数学（公元前 6 世纪—6 世纪）；② 中世纪东西方数学（3 世纪—15 世纪）；③ 欧洲文艺复兴时期（15 世纪—16 世纪）。

第三，近代数学时期，又称变量数学时期（17 世纪—18 世纪）。

第四，现代数学时期（1820 年—至今）。

1. 世界数学的起源及早期发展

（1）数与形概念的产生。从原始的"数"到抽象的"数"概念的形成，是一个缓慢、渐进的过程。人从生产活动中认识到了具体的数，从而产生了记数法，以下是后来世界上出现的几种古老文明的早期计数系统：古埃及的象形数字（出现于公元前 3400 年左右）；巴比伦楔形数字（出现于公元前 2400 年左右）；中国甲骨文数字（出现于公元前 1600 年左右）；希腊阿提卡数字（出现于公元前 500 年左右）；中国筹算数码（出现于公元前 500 年左右）；印度婆罗门数字（出现于公元前 300 年左右）。其中除了巴比伦楔形数字采用六十进制、玛雅数字采用二十进制外，其余均采用十进制。世界上不同年代出现了五花八门的进位制和眼花缭乱的记数符号体系，足以证明数学起源的多元性和数学符号的多样性。

（2）河谷文明与早期数学。"河谷文明"通常指的是"兴起于埃及、美索不达米亚、中国和印度等地的古代文明"[①]。早期数学就是在尼罗河、幼发拉底河与底格里斯河、黄河与长江、印度河与恒河等河谷地带首先发展起来的。

---

① 程东旭，冯琪，郑玉晖，等. 文科高等数学引论［M］. 广州：中山大学出版社，2018.

第一，古埃及数学。现今对古埃及数学的认识，主要是依据两卷用僧侣文写成的纸草书：一卷收藏在伦敦，叫作莱因德纸草书；另一卷收藏在莫斯科，叫作莫斯科纸草书。这两部纸草书实际上都是各种类型的数学问题集，这些问题大部分来源于现实生活；这两部纸草书是古埃及最重要的传世数学文献。

单位分数的广泛使用成为埃及数学一个重要而有趣的特色，埃及人将所有的真分数都表示为一些单位分数的和，在莱因德纸草书中用了很大的篇幅来记载 $2/n$（n 从 5 到 101）型的分数分解成单位分数的结果。埃及人对单位分数情有独钟的原因尚不清楚，但无论如何，利用单位分数，分数的四则运算就能进行，尽管做起来比较麻烦。埃及人最基本的算术运算是加法，乘法运算可以通过逐次加倍来实现。在莱因德纸草书中显示了埃及人在此方面熟练的计算技巧。

埃及地处尼罗河两岸，由于尼罗河长期泛滥，淹没全部谷地，水退后，要重新丈量居民的耕地面积，因此，多年积累起来的测地知识便逐渐发展成为几何学，可见，埃及的几何学是尼罗河的赠礼。现存的纸草书中可以找到求解正方形、矩形、等腰梯形等图形面积的正确公式。此外，埃及人对圆面积也给出了很好的诠释，在体积计算中也达到了很高的水平。

总而言之，古代埃及人积累了一定的实践经验，但是在一些计算中对于精确计算和近似计算不做区分使得埃及的这种实用几何带有粗糙的色彩，这都阻碍了埃及数学向更高层次发展。到公元前 4 世纪希腊人征服埃及以后，这一古老的数学完全被蒸蒸日上的希腊数学所取代。

第二，美索不达米亚数学。西亚美索不达米亚地区（即底格里斯河与幼发拉底河流域）是人类早期文明发祥地之一。一般称公元前 19 世纪至公元前 6 世纪间该地区的文化为巴比伦文化，相应的数学称为巴比伦数学。对巴比伦数学的了解，依据是 19 世纪初考古发掘出来的楔形文字泥板，约有 300 块是纯数学内容的，其中约有 200 块是各种数表，包括乘法表、倒数表、平方和立方表等。在公元前 1600 年的一块泥板上，记录了许多组毕达哥拉斯三元数组（即勾股数组）。美索不达米亚数学在代数领域已经达到了相当的高度。埃及代数主要讨论线性方程，对于二次方程仅涉及最简单的情形，而巴比伦人却能够有效地处理某些三次方程和可化为二次方程的四次方程。

总体而言，古代美索不达米亚数学和古代埃及数学一样，主要是解决各类具体问题的实用知识，处于原始算法的积累时期，几何学还不能称之为一门独立的学问。向理论数学的过渡，大概是从公元前 6 世纪地中海沿岸开始，在那里迎来了初等数学的第一个黄金时代——以论证几何为主的希腊数学时代。

2. 世界数学的初等时期

（1）古代希腊数学。古希腊人曾经向古巴比伦人和古埃及人学习过系统的数理知识，但是，古巴比伦人和古埃及人掌握的数理知识主要是以实验为基础形成的零散知识。古希腊人将零散的知识组织起来，形成有序的知识体系，并试图增强数学知识的深刻性、抽象性和理性特征，初具雏形的古代希腊数学模式由此诞生。

公元前 3 世纪，出现了欧几里得、阿基米德和阿波罗尼奥斯三位大数学家，他们的成就标志着古典希腊数学进入了巅峰时代，但是，终止于公元 6 世纪。欧几里得是希腊论证几何学的集大成者，他所著的《几何原本》是数学史上一个伟大的里程碑，这部著作一直流传至今，其影响远远超出了数学本身，对整个人类文明都产生了重大影响。阿基米德的著述极为丰富，主要集中探讨了与面积和体积计算相关的问题，他对数学最突出的贡献是积分方法的早期发展。阿波罗尼奥斯的贡献涉及几何学和天文学，但是，最重要的数学成就是在前人的基础上创立了非常完美的圆锥曲线理论。

公元前 3 世纪至 6 世纪是古希腊的亚历山大时代。在这段时期，古希腊人打破了以往以几何为主的思维方式，将计算与代数分开，形成了一门新的学科。后来由于历史变迁，古希腊学术中心亚历山大城几经波折，使得古希腊数学至此落下帷幕。

（2）中世纪东西方数学。古印度数学的最高成就是婆什迦罗的两部数学著作《算法本源》《莉拉沃蒂》。其中，《算法本源》一书侧重于对代数学进行探索，而《莉拉沃蒂》一书则以一位印度教教徒的祷告为起点，侧重于对数学知识的探索。

古印度数学一直保留着东方数学"以演算为主"的实用特色，而起源于古印度的近代初级算数演算方式，被阿拉伯人采纳后传播至欧洲，经过改良才形成现今的数学模式。

正如埃及人发明了几何学，阿拉伯人命名了代数学并且远比希腊人和印度人的著作史接近于近代初等代数。阿拉伯人对于三角学理论最突出的贡献是利用二次插值法制定了正弦、正切函数表，并证明了一些我们现在熟知的三角公式，如正弦公式、和差化积公式等。

中世纪的欧洲数学经历了萎靡时期和科学复苏时期。中世纪由于战火连绵，使萎靡时代的欧洲在数学领域毫无成就。欧洲萎靡时期过后第一位有影响力的数学家是斐波那契，代表作是《算盘书》，对改变欧洲数学的面貌产生了很大的影响。科学在欧洲的复苏，加速了欧洲手工业、商业的发展，最终引起了文艺复兴时期欧洲数学的高涨。

（3）欧洲文艺复兴时期。欧洲人在数学上的推进是从代数学开始的，它是文艺复兴时期成果最突出、影响最深远的领域，拉开了近代数学的序幕，主要包括三到四次方程的求解与符号代数的引入这两个方面。在 16 世纪，三角学从天文学中分离出来，成为一个独立的数学分支。欧洲第一部脱离天文学的三角学专著是雷格蒙塔努斯的《论各种三角形》。在文艺复兴时期，随着绘画技术的发展，透视论和投影论也随之出现。为了满足天文学、航海学等方面的运算需求，欧洲人将实际的算术运算置于数理之首，而数理运算技术的最大进步就是数理知识的发现和运用。到 16 世纪末、17 世纪初，整个初等数学的主要内容已基本定型，文艺复兴促进了东西方数学的融合，为近代数学的兴起及发展奠定了基础。

3. 世界数学的近代时期

现代数学从根本上讲是数学知识不断演进的结果。从 17 世纪开始，世界数学基本上经历了两个重要的、具有决定意义的阶段。第一个阶段是分析几何的出现，第二个阶段是数学体系的构建。

法国数学家笛卡尔于 1637 年出版的著作《几何学》，为解析几何学打下了坚实的基础。解析几何将变量引进了数学，为微积分的创立奠定了基础。

17 世纪后期，英国的牛顿与德国的莱布尼茨共同创立的"微积分"，使得微积分的运算方式成为一种通用的演算方法，并将数学运算中常见的"面积""体积"等问题转化为"微积分"问题。随着微积分的发展，一系列新的数学分支在世纪成长起来，如常微分方程、偏微分方程、变分法、微分几何和概率论等。

4. 世界数学的现代时期

现代数学发展的特征是它的主要分支——几何学、代数和分析发生了深刻的变化。几何学研究的空间变为无限多，而现实世界的某些形式成为几何学的研究对象，因而出现了高维欧几里得空间、射影空间、拓扑空间等。现代代数不仅仅研究数及一般性质的量，还研究向量及其不同种类的移动的运算。代数运算范围已扩大到其运算对象既不是数，也不是量。代数的现代方法的应用逐步渗透到分析、物理、结晶学等学科中，同时它也在发展中得到更广泛的应用，如代数方程和微分方程。现代分析的形成深受集合论的影响，实变函数论、泛函分析等新的数学分支得到了很大发展。以哲学历史和逻辑原理为基础的数理逻辑正在科学和技术中得到应用。

（二）中国数学的起源与发展

数学在中国不仅历史悠久，而且也取得了辉煌的成就。纵观整个中国数学发展历程，可将中国数学史分为以下阶段。

1. 中国数学的起源以及早期发展

先秦典籍中有"隶首作数""结绳记事"的记载，说明我们的先民在生产和生活的实践中，从判别事物的多寡中逐渐认识了数。从有文字记载开始，我国的计数法就遵循十进制，算筹是中国古代的计算工具，而这种计算方法称为筹算，中国古代数学的光辉成就，大都得益于筹算的便利。筹算为建立高效的加、减、乘、除等运算方法奠定了基础，在 15 世纪的元王朝末期，计算开始逐步为珠算所代替，而在这一阶段，由于计量在实际生活中的广泛运用，与计量有关的计算工作也实现了长足发展。在春秋战国时期，思想的"百家争鸣"也对数学的发展起到了重要的推动作用。有些流派还总结并归纳出了与数学相关的许多抽象概念和思想，如"圆：一中同长也"，"一尺之棰，日取其半，万世不竭"等。几何概念的定义、极限思想和其他数学命题等，这些宝贵的数学思想对中国古代数学理论的发展是很有意义的。

2. 中国古代数学体系形成和奠基

从秦汉到魏晋南北朝四百多年的时间，是中国古代数学体系形成、发展的重要时期。

在秦汉时期经济文化发展迅速，中国古代数学体系就是形成于这个时期，它的主要标志是算术作为一个专门学科而出现，形成于西汉初年的竹简著作《算数书》，内容包括整数和分数四则运算、比例问题、面积和体积问题等，是目前所知道的中国传统数学最早的著作。编纂于西汉末年的《周髀算经》，反映了中国古代数学与天文学的密切联系，但从数学上看，它的主要成就是分数运算，勾股定理及其在天文测量中的应用，其中关于勾股定理的论述最为突出。成书于东汉初年的《九章算术》是从先秦至西汉中叶的长时期里经众多学者编纂修改而成的古代数学经典著作，它的出现标志着中国古代数学体系的形成，它的成就是多方面的：在算数方面给出了世界上最早的系统分数理论；在代数方面，主要有线性方程组的解法、不定方程及其解、开平方、开立方、一元二次方程解法等；在几何方面，主要是提出了各种平面图形的面积和多面体体积的计算公式，给出了重要的"以盈补虚"的方法和勾股理论的应用。就《九章算术》的特点而言，它注重应用，注重理论联系实际，形成了以筹算为中心的数学体系，在中国数学史和世界数学史上都影响深远。

3. 中国古代数学的稳定发展时期

魏晋时期中国数学在理论上有了较大的发展，其中三国吴人赵爽和三国魏人刘徽的工作被认为是中国古代数学理论体系的开端。赵爽是中国古代对数学定理和公式进行证明与推导的最早的数学家之一，他在《周髀算经》中补充的"勾股圆方图及注"和"日高图及注"都是十分重要的数学文献。在"勾股圆方图及注"中他用几何方法严格证明了勾股定理，体现了割补原理的思想。在"日高图及注"中，他用图形面积证明了汉代普遍应用的重差公式。刘徽注释了《九章算术》，他主张对一些数学名词特别是重要的数学概念给以严格的定义。在《九章算术注》中，他不仅对原书的方法、公式和定理进行一般的解释和推导，而且在论述的过程中做了很大的改进。例如，刘徽从"率"（后称为比）的定义出发论述了"分数运算"和"今有术"的道理，并推广"今有术"得到合比定理，他又根据率、线性方程组和正负数的定义阐明方程组解法中消元的道理；在卷 1《方田》中创立"割圆术"①，为圆周率的研究奠定理论基础并提供了科学的算法，他运用"割圆术"得出圆周率的近似值为 3 927/1 250（即 3.141 6）；在《商功》章中，为解决球体积公式的问题而构造了"牟合方盖"的几何模型，为彻底解决球的体积寻找到了正确的途径。

两宋时代属于战乱纷起、四分五裂的时代，但是，随着经济的发展，两宋时代产生了大量的算术作品，如《孙子算经》《夏侯阳算经》《张丘建算经》。公元 5 世纪的祖冲之、祖暅父子，以刘徽所著的《九章算术注》为例，进一步完善了传统的数理体系，是强调数理思考、数理逻辑的典范。他们的数学工作主要包括：① 祖冲之得到 3.141 592 6＜ π ＜3.141 592 7，后来又创造了新的方法，得到圆周率的两个分数值，即约率 22/7 和密率 355/113。他的这一工作，使中国在圆周率计算方面，比西方领先了 1 000 年之久。② 祖暅总结了刘徽的有关工作，提出"幂势既同，则积不容异"，即二立体等高处截面积均相等则二体积相等，这就是著名的祖暅原理。祖暅应用这个原理和刘徽的"牟合方盖"模型，解决了刘徽尚未解决的球体积公式。③ 发展了二次与三次方程的解法。

隋炀帝大力兴建水利建筑，对数学的发展起到了一定的促进作用。唐代初期的王孝通在《缉古算经》中，围绕土木工程中土方的计算方式、工作量的分配、工程验收、库房计算等具体问题，探讨了三次多项式方程的几何学

---

① 3 世纪中期，魏晋时期的数学家刘徽首创割圆术，为计算圆周率建立了严密的理论和完善的算法，所谓割圆术，就是不断倍增圆内接正多边形的边数求出圆周率的方法。

原理，并把《九章算术》《少广》《勾股》中的"三次多项式方程"的计算方法有效地推广。时至两宋时期，一系列天文学上的重大发明被纳入到历法的编纂过程之中，产生了一批具有显著数理意义的成果。公元 600 年，隋代刘焯在制订《皇极历》时，在世界上最早提出了等间距二次内插公式，唐代僧一行在其《大衍历》中将其发展为不等间距二次内插公式。唐朝后期，计算技术有了进一步的改进和普及，它使乘除法可以在一个横列中进行运算，它既适用于筹算，也适用于珠算。

4. 中国古代数学发展的高峰时期

北宋王朝建立以后，五代十国的分裂状态暂告终结，北宋在农业、手工业、商贸业等方面的发展达到了前所未有的高度，科技也实现了巨大的飞跃，为数学的发展提供了相对有利的条件。从 11 世纪至 14 世纪约 300 年期间，出现了一批著名的数学家和数学著作，下面列举部分研究成果。

1050 年左右，北宋贾宪在《黄帝九章算法细草》中创造了开任意高次幂的"增乘开方法"，直到 1819 年英国人霍纳才得出同样的方法。贾宪还列出了二项式定理系数表，比欧洲后来才出现的"巴斯加三角"早了 600 多年。

1088 年至 1095 年，沈括基于对"酒家积罂"数目与"层坛"体积的测算，首创了"隙积术"，并在这一理论的指导下，进一步探讨了高等等差数列求和的问题，并最终建立起了精确的求和算式。沈括还在数学领域首次提出"会圆术"，并利用运筹学的方法，对军队行军与补给之间的关系进行了分析与探讨。

1247 年，南宋秦九韶在《数书九章》中推广了"增乘开方法"，叙述了高次方程的数值解法，他列举了 20 多个来自实践的高次方程的解法，最高为十次方程。欧洲到 16 世纪意大利人菲尔洛才提出三次方程的解法。秦九韶还系统地研究了一次同余式理论。

1303 年，元代朱世杰在《四元玉鉴》中把"天元术"推广为"四元术"（四元高次联立方程），并提出消元的解法，并对高阶等差数列求和公式进行了研究，在此基础上得出了高次差的内插公式。朱世杰以他自己的杰出著作，把中国古代数学推向更高的境界，为中国古代数学增添了新的篇章，形成了宋代中国数学发展的最高峰。

总而言之，从北宋到元代中叶，我国数学有了一套严整的系统和完备的算法，是我国古代数学的全盛时期。

5. 中国近现代数学的引进与开拓

中国近现代数学开始于清末民初的留学活动。较早出国学习数学的有

1910 年留美的胡明复和赵元任，1913 年留日的陈建功和留比利时的熊庆来（1915 年转留法），1919 年留日的苏步青等人，他们中的多数人，回国后从事现代数学的教育和引进工作，成为著名数学家和数学教育家，为中国现代数学发展奠定了重要的基础。1949 年以前的数学研究集中在纯数学领域。在解析学领域，陈建功是三角数论的代表人物，熊庆来在亚纯函数和整函数论中贡献巨大，在泛函分析、变函数分法、微分方程和积分方程等领域取得重要成就；在数论与代数领域，华罗庚等学者在解析数论、代数数论、几何数论、现代数论等领域的发展方面，取得了令人称奇的成就；许宝騄在概率论、数学统计学上，提出了一元、多元等若干重要理论，并围绕这些理论进行了严格的证明；在几何学与拓扑领域，苏步青的研究成果主要以江泽涵的研究成果为基础，而陈省身的研究成果则主要来自在代数拓扑领域的研究成果。李俨、钱宝琮等人为中国数学史的发展开辟了先河，为古代数学资料的解译、整理、考据、解析等奠定了基础，为我国的传统数学文化注入了新的活力。

中华人民共和国成立后的数学研究取得了长足的进步，除了在一些传统领域取得的新成绩外，还在一些数学分支中有所突破，在许多方面已经达到世界先进水平，同时还培养和成长起一大批优秀的数学家。

时至今日，科技的进步、网络的发展、生产实际的需要都将向数学提出更多、更复杂的新课题，必将产生许多更深刻的数学思想和更强有力的数学方法，数学将会探索更高、更广、更深的领域，成为分析和理解世界上各种现象的重要工具和手段。

二、数学本质及其文化

（一）数学本质

由于数学是复杂的，而且数学在不断发展，因此数学的某些描述对数学的任何描述都是不完整的。事实表明，数学描述存在一些缺点，无论是柏拉图主义还是数学基础三大学派（逻辑主义、直觉主义和形式主义）。例如，柏拉图主义无法给出数学对象的明确定义。形式主义无法解释数学理论在客观世界中的适用性。纯数学是基于现实世界的空间形式和数量关系，即它基于非常现实的材料。在国内，这种叙述常被用作数学的定义。例如，中国著名数学家吴文俊教授为《中国大百科全书·数学卷》写下的数学条目："数学是研究现实世界中数量关系和空间形式的科学。"另一个例子是《辞海》和《马克思主义哲学全书》中的数学定义，它们分别是"研究现实世界的空间形式和数量关系的科学"和"数学是一门探索现实世界中数量和空间形态的科学"。

从某种意义上而言，数学是研究形式和数字的科学，这也是得到了部分数学家认可的。

然而，在分析上述数学特征的描述时，有三个关键因素：现实世界、数量关系、空间形式。考虑到数学的演化，诸如非欧几何和泛函分析之类的分支总是远离现实世界，并且诸如数学逻辑之类的分支难以确定其归属。人们对数字和形状的概念继续扩大，以使数学的定义适应一直变化的数学内容。因此，作为对数学的理解，不能从根本上解决数学定义的内涵和外延。当数学与现实分离时，数学一方面解决自己的逻辑矛盾；另一方面，数学必须通过与外界接触，这样才有生命力。

数学是一门研究空间形式和数量关系的科学。无论是现实世界中的"数量关系和空间形式"，还是意识形态观念中的"数量关系"，都属于数学研究的范畴。在数学研究中，除了数量关系和空间形式，还有基于既定数学概念和理论的数学中定义的关系和形式。

1. 数学本质的理解

可以通过以下几个方面理解数学的本质。

（1）把数学看成是一种文化。数学是人类文化很重要的一部分，它在人类发展中的作用非常重要。数学是科学的语言，是思想的工具，是理性的艺术。学生应该了解数学的科学性、应用性、人文性和审美价值，理解数学的起源和演变，提高他们的文化技能和创新意识。

（2）明白数学中的拟经验性。数学是在经验中不停变化的，它不是一种文化的元认知，数学是思维的高度抽象，是心理活动的概括，数学思维和证明不依赖于经验事实，但这并不意味着数学与经验无关。学习数学是一个和别人交流的过程。在数学课上，我们要努力地了解数学的价值，让学生从自己的经验里学到知识，并且把知识用在生活中。

（3）把握数学知识的本质。在过去，在理解数学知识时，人们经常只看到数学知识的一个方面，而忽视另一方面，这导致了各种误解。例如，只考虑数学知识的确定性，不注意数学知识的可误性；只承认数学知识的演绎性，不注重数学知识的归纳性；只看数学知识的抽象，但是不注意数学知识的直观性。

（4）数学思维方法的提炼。数学基础往往包含重要的数学思维方法。在数学教育中，只有通过教学和学习两个层次的知识和思维，才可以真正地理解知识，帮助学生形成很好的认知结构。

（5）欣赏数学之美。欣赏数学之美是一个人的基本数学训练。数学教育应体现象征美、图像美、简洁美、对称美、和谐美、有条理的美和数学的创造美。学生应该意识到数学之美，体验并欣赏数学之美，享受数学之美。最后，培养数学精神。数学是一种理念，一种理性，能够激励和推动人类思想达到最完美的水平。数学教育应该反映数学的理性思维和精神。

简而言之，数学是动态的，是靠经验一点点积累的，它是一种文化。可以说，随着时间的变化，数学的内容会越来越多。数学和其他学科一样，都可能有错误，通过发现错误、纠正错误，数学可以慢慢发展。只有这样，才能真正理解数学的本质，理解数学课程标准中提出的概念，真正满足新课程的要求。

2. 数学本质的文化意义

数学的本质是指数学的本质特征，即数学是量的关系。数学的抽象性、模式化、数学应用的广泛性等特征都是由数学的本质特征派生出来的。首先，数学揭示事物特征的方式是以量的方式，因此数学必然是抽象的；其次，量的关系是以不同模式呈现，并且通过寻求不同模式来展开研究的，因此数学是模式化的科学；最后，客观事物是相互联系的，量是事物及其联系的本质特征之一，因此数学应用是广泛的。

数学本质的文化意义在于理解数学的抽象性及模式化是研究世界、认识世界的基本方法和基本思想。作为知识的数学的文化意义中，数学本质的文化意义最为重要。大学数学课程基本的文化点即是数学本质的文化意义。揭示数学本质的文化意义的重点在于揭示数学的抽象性和模式化，从而形成透过现象看本质的思想素养。

（二）数学文化

数学文化的内涵是指在一定历史发展阶段，由数学共同体在从事数学实践活动过程中所创造的物质财富和精神财富的总和。数学文化的内涵应体现在其历史性、主体性，可从三个层面来理解：最高层面、与其他科学关系层面、与社会生活关系层面。此外，数学的文化还包括了数学推理方法、归纳方法、抽象方法、整理方法和审美方法等，数学具有丰富的文化内涵，也具有独特的精神领域。

数学文化是客观看待世界的文化，也是量化描述世界的文化，数学对事物的认识角度比较客观。数学角度认识世界即用抽象的角度认识世界，数学具有数学的规则体系，数学家总是在探究用数学语言描述世界的方式，数学家也在找寻用数学方法量化世界的模式。数学不仅仅可以应用于对客观事物的描述，也可以应用于对精神事物的描述。数学具有推理的能力、规划的能力和抽象事物的能力。数学作为一种文化在人类文化中占据重要的地位。

数学的学科门类可以归为自然科学，也可以归为文化学科。数学文化不同于艺术文化和技术类的文化，数学文化包含在广义的科学文化范畴之内。数学文化这个概念是近年兴起的，过去数学文化的提法是"数学与文化"，这个提法将数学和文化作为了两个事物，割裂了数学与文化的关系。其实数学与文化是一个有机的组合体，数学本身就具有深厚的文化，因此可以说数学文化。

数学文化包含的内涵广泛，常见的有从广义和狭义两个角度定义数学文化。从更广泛的意义层面来说，数字文化包括数字生活用品、数字产品和数码服务等形成的文化。狭义的数字文化是指与数字有关的文化。正所谓"物以类聚"，人类借助语言和行为等方式在社会活动中形成了各种各样的族群，这些族群正是数字文化的缔造者和传播者。

人类具有抽象思维的能力，数学就是人类这一能力创造性发展的成果，数学属于精英文化，具有高层次的特性。数学文化重视探索精神，数学文化推动着人类社会的发展。

1. 数学文化的重要特性

数学文化内容具有丰富性，数学文化下的技术系统具有强应用性。数学文化组合了各个分支的基本观点，综合了众多的思想方法。因此，数学文化的特点具有多面性。

（1）思维性。思维是数学文化的根本，数学文化在很大程度上反映为数学思维。数学的研究就是通过数学思维来展示现实世界的量化关系和空间关系。数学研究的成果大都体现在数学思维成果，数学思维贯穿整个数学文化之中。

（2）数量化。一个人数学素养如何，很大程度上取决于其数量化处理能力如何。数学文化下的事物都是被数字量化的，数量化是数学文化区别于其他文化的独特之处。任何一种数学方法的应用皆是首先把所研究的客观对象数量化处理，对其进行数量分析、测量和计算，使用数学符号、数学式子以及数量关系抽象、概括出数学结构。数量化处理能力包括有良好的数字信息感觉、良好的数据感以及具有可量化描述知识的技术和技能。这当中包含有最为关键的发现数量关系的能力。所谓发现数量关系就是力求寻找到序列化、可测度化、可运算化描述客观事物的系统。数量化处理是数学的生命。它的具体而广泛的应用促进了数学的发展。数学文化的一个重要内容就是展示如何通过数量化处理来解决具体问题。

（3）发展性。数学家的数学研究存在于一个不断发展的过程之中，数学家寻找完备的数学模型，又打破完备的数学模型，然后再度寻找完备的数学模型，这种发展性的循环使得数学文化的不断得到拓宽和加深，数学应用的范围不断增大。数学文化的学科魅力存在于不断的发展之中，发展性赋予数学文化强大的生命力。

（4）实用性。数学是一门应用性很强的学科，数学具有强大的实用价值。在现实生活中，数学是人人都用得着的一种学科工具。数学具有简洁和有效的特点，在许多学科的研究中都离不开数学的辅助，数学和很多学科都有着深度的交融。

（5）独特性。数学文化的思想结构是以理性认识为主的，理性思维是数学文化思维的核心，数学的理性思维较为多元，包含了多种思维类型，例如，数学逻辑思维、数学直觉思维、数学想象思维、数学潜意识思维等。数学思维是对多类型思维的综合运用，多类型思维在数学思维的框架下协调配合，这使得数学思维具有独特的价值。

（6）育人性。数学能够帮助人们养成良好的个性，可以构建人们的世界观，数学学科和文化学科一样充当着育人的重要职责。

（7）高雅性。数字具有博大精深的美，但是数学的美需要独特的审美方式才能感知到。数学具有独特的美学结构、美学特征和美学功能。数学美学作为数学的一个分支，详尽地展现着数学之美。数学具有"真、善、美"的特质，"真"表达着数学的科学之美，数学求真务实，以客观的视角认识世界；"善"表达着数学的社会价值之美；"美"表达着数学的学科价值之美，数学具有精妙的结构，具有深厚的理性之美。数学美学主要体现在数学语言、数学体系、数学结构、数学模式、数学形式、数学思维、数学方法、数学创新和数学理论上，数学美学具有丰富的内在含义和外在表现形式。数学之美是数学真理性的一个外化的表现。著名的数学家钱学森就说过，宇宙真理的和谐是美的重要表现，数学就具有深厚的和谐性，因此在探究数学之美的时候，不能抛开数学的真、善、美，不能以唯美主义倾向来认识数学之美。数学的美是通过本书的规律和结构加以体现的。

（8）稳定、连续性。数学知识是明确量化的知识，数学文化遵循一定的数学规律，具有连续性的意义。很多数学家都说过，数学是自律性很强的一门学科。跟其他学科相比，数学在漫长的发展和演变的过程中始终保持着稳定和连续的发展状态，数学被认为是最具确定性和真理性的学科。

（9）多重真理性。数学不仅仅包含着自然的真理，数学还包含着多重的真理，数学是一个多重的真理体系。数学在人类客观描述世界的过程中发挥着重要的作用，数学自古以来就作为人类描绘世界的方式而存在着。数学学科往往通过各种抽象的数学符号、数学概括、数学形式来实现对数学真理的表述，数学的真理价值具有广泛的社会意义，指导着人类的发展和进步。

2. 数学文化的具体形态

（1）数学文化的学术形态。数学家群体产生的数学文化叫作学术形态，学术形态展现着数学家群体在数学研究钻探中展现的数学学科品质。优秀的数学品质有助于促进社会发展进步，也有助于提高等数学学家的个人品质。

数学是学术形态的数学文化的载体，学术形态表现出数学家这一特殊群体的独特文化，学术形态也展现着数学本体知识生产和运用的本质。数学家在长期的数学学习和研究中，受数学文化的影响，在不断地丰富数学学科知识的同时，也提高和改造着自身的品质。

很多数学研究者都把学术形态纳入了数学文化的概念之中，目前的数学研究中，越来越多的研究者把研究的重点放在了学术形态的数学文化上。人们对学术形态的数学文化尚未形成明确的定义，但综合来说可以分为三个维度，即人类文化学、数学史和数学活动，这三个维度代表着学术形态的三个层面的意义，即数学发展具有历史性、人为性和整体性。

（2）数学文化的课程形态。数学文化的发展过程，可以借助课程形态，增加数学文化的课程价值，促进数学文化的流转与传承。

（3）数学文化的教育形态。教育形态的数学文化有助于数学文化的社会化活动和传播，教学形态的数学文化与社会学和传播学有一定的关系。教育形态的数学文化是学术形态数学文化的新发展，同时，教育形态的数学文化也丰富了课程形态数学文化的内涵。教育形态数学文化的主要对象是学生和教师，这一形态下学生和教师在共同的数学文化指导下从事数学教学与数学学习。

3. 数学文化的价值分析

学习数学文化有助于深入理解运用数学技术，数学文化对数学教育具有重要的意义。数学教育不仅要培养学习者的解题能力，还要培养学习者的数学文化素养，当今教育改革重提了数学文化教育的意义，加强数学文化教育将成为当今数学教育改革的重点。

数学文化教育具有高屋建瓴的作用，在数学文化的指导下，学习者更能灵活地掌握数学学习的方法、数学的基本概念和相关数学理论的背景，深入认识数学的发展规律。数学文化让学习者明确数学学习的价值，认清数学学科的社会价值和学科地位。数学文化为数学学习者提供了一个新的认识世界和事物的角度，学习者以数学的眼光去思考和解决问题。数学文化具有理性思维的特点，学习数学文化有助于培养学习者的理性认识与逻辑思维。文化视野下的数学理论教育必须重视数学文化教育的意义，数学不仅是技术的学科，还是人文的学科。数学文化的价值主要体现在以下几个方面：

（1）数学文化在科学发展中的价值。数学文化在科学发展中发挥着重要的作用，很多划时代的科学理论的提出离不开数学的支持。数学之所以成为打开科学大门的钥匙，其关键在于以下两点：

第一，在哲学的观念下，物质具有质与量的双重数学，物质的质与量是统一的。每种物质都可以由量认识质，掌握了物质的量的规律，就是掌握了物质的规律。数学是以量作为基本研究对象的学科，在数学研究中，数学家总是在不断地积累和总结着各种量的规律，数学是人类认识物质的重要工具。

第二，在方法论的观念下，数学对科学发展的最大作用是科学的数学化，科学数学化之后，数学就成为科学研究中的重要工具，科学开始用数学的语言表达，用数学的方法运算。

（2）数学文化在语言中的价值。数学语言是单义的、精确的语言，科学以数学语言为第一语言。

数学语言在科学中的运用具有重要优势：① 数学语言可以通过精确的概念表述，由此避免了自然语言多义性造成的歧义问题和逻辑混乱问题。数学语言表达可以使得科学推理首尾一致；② 数学语言具有简洁性，简明的数学符号有助于人们更为直观地观察科学的变量，数学符号可以展示事物之间的数量联系和数量级差异，以便于人们清晰地看到事物的差异，作出明确的判断。

很多科学研究的推进都离不开数学，数学语言是很多学科研究的基础。在数学语言体系下，科学结论的表述更为简明。例如，在数学语言的支持下，经典力学复杂的运动变化被简化成了多个数学方程式。又如，孟德尔把数学语言引入了生物学，数学语言精确地描述了生物遗传性状的排雷组合关系，遗传学说在此基础上得以建立。

目前，数学的作用越来越显著，在科学研究中大量运用数学语言的同时，社会也呈现数学化的发展趋势，人们越来越多地运用数学语言交流、传输和储存信息。初等数学语言已经实现了较好的社会教育普及，与此同时，高等数学也渐渐渗透到社会生活的各个角落。

（3）数学文化在社会经济发展中的价值。数学对经济竞争至关重要，是一种关键的、普遍适应的、并授予人以能力的技术。目前的数学不仅具有科学的品质，同时也具有技术的品质，这是因为在大量高新技术中，起关键作用的正是数学。

数学不是只在重大的社会生产实践中发挥重要作用，即便是在普通的社会生活中也有着重要作用。衣、食、住、行是社会生活的基础，其中就有许多用得上数学的问题，反过来也对数学提出新的问题。例如，设计服饰并进行大规模生产时，便出现了许多数学问题，如下料问题，如何使边角废料最少。

4. 数学文化的主要内容

数学文化在发展的过程中不断地扩宽着外延，加深着内涵，数学文化包括了数学的思想、数学的观念、数学的精神、数学的知识、数学的技术、数学的理论和数学的历史等，这里从以下几个方面分析数学文化的内容。

（1）数学知识文化。数学知识的学习有助于培养人们的科学文化素质，研究数学可以使人更加严谨。数学知识学习中的数学思维的训练对培育人的素质起着重要作用，数学使人明智，学习数学对个人素质培育的意义非凡。以著名的科学家牛顿和爱因斯坦为例，他们在学习数学知识中造就的品质在他们的科学研究中发挥着重要的作用，数学对他们实现自身价值起着重要的作用。

（2）数学人文精神文化。数学有助于丰富人们的精神世界，提高人们的文化精神水平。数学作为一种高层次的思维，在改善人们的思维方式的同时，也完善着人们的精神品格。数学具有严整、规范的学科精神。学习数学有助于培养人们踏实细微、团结协作的做事风格。此外，数学具有深邃的学科之美，如数学图形之美、数学符号之美、数学奇异之美，因此数学也有着美育的作用。数学要求着人们以创新发展的思维来学习和研究，因此数学也有助于培养人们的创新精神。数学符合辩证唯物主义和历史唯物主义哲学的思想，数学可以帮助人们树立良好的哲学观。数学的研究具有难度，因此学习数学也有助于锻炼人们的意志力，培养人们克服困难、勇于挑战的精神。

（3）数学史文化。数学不仅仅是数字的学科，也是文化的学科，在数学发展的漫长历史中，涌现了许多感人至深、可歌可泣的学科故事。数学发展的历史作为人类文化历史的重要组成部分，对推动视觉发展起着重要的作用。数学的思想影响着世界，数学的大事记也影响着历史发展。数学史文化中蕴含着丰富的思维文化和创新内容。

（4）数学思想文化。数学具有很高的文化教育意义，主要体现在数学思想的教育和数学方法的教育这两方面。只会解决数学题目，但是没有深入理解题目背后的数学方法和思想，这不能算是在学习数学。真正的理解数学是理解数学题目背后反映的数学思想和数学方法，掌握数学文化所特有的文化观念。掌握了数学文化和数学思想将大大有助于数学能力的提高。

数学的基本观点是数学思想的具体表现形式，对数学研究和学习起着支配作用，与此同时，数学的基本观点也是数学文化的实质表现形式，在数学文化中占据着重要的位置。数学的化归思想、数学的函数方程思想、数学的符号运算思想。数学的数形结合思想、数学的集合对应思想、数学的分类讨论思想、数学的运动变化等，都是数学思想中运用比较广泛、意义重大的思想。

数学方法是数学解决具体问题的办法，在数学的实践过程中扮演着重要的角色，数学的方法承载着数学的思想，展现着数学的思想。常见的数学方法有数字配方法、数字换元法、数字恒等变化法、数字判别式法、数字伸缩法、映射反演法、数字对称法等。通过数学方法的运用可以切实地解决具体的数学问题，但数学方法的意义不仅限于解决数学题目，数学方法在日常生活中也有着重要的作用。

（5）数学语言文化。数学语言是有别于自然语言、文化语言的一种独特的语言形式。数学文化与人类文化在整体上密切相关，数学文化代表着人类文化的基本形态。数学语言主要通过符号语言和图形语言来展示，数学语言常常被用来描述各种数量与数字之间的关系，描述位置变化的关系。数学语言是通过推导与演算来实现语言沟通的。数学语言是数学思维活动的外化表现，数学语言可以储存、传递、加工大量的信息。数学语言具有科学性、严谨性和准确性，具有强有力的表达能力。

（6）数学应用文化。数学是交融性极强的一门学科，数学的应用范围非常广泛，可见，数学无处不在，人们在研究各个领域的时候都离不开数学，数学在人们的生活中、经济活动中、科学研究中无一不发挥着巨大的作用。因此，广泛的应用性作为数字最明显的特征之一，已经在各界人士心中达成了共识。我国著名的数学家华罗庚就提到了，对整个宇宙的描述离不开数学，从广阔的星空到微小的原子，从地球的运转到生物的变化都可以用数学来演算和描述。数学贯穿一切，存在于各个学科的深处。数学对人们准确而客观地认识世界描述物体起着重要的作用。

人类的发展离不开数学，尤其是在当今的新经济时代，数学的作用日益突出，数学的应用价值日益显著，数学的文化也在新时代获得更大的丰富。

5. 数学文化的学科体系

数学文化拥有自身独特的科学体系。美国文化学家克拉克洪、克罗伯等人提出的"文化"概念，有助于启发人类对"文化"进行系统思考。美国文化学家克拉克洪、克罗伯等人认为，"文化"是外在的、隐性的、以符号形式获取并传播知识的活动方式；是人类社会在发展过程中形成的杰出成果，并突出表现在制作工具方面，具有其他社会发展成果无法替代的价值；文化的核心是传统观念的代代传续，特别是观念承载的价值观，具有影响人类社会发展方向的重要作用；在一定程度上，文化可以被看作是人类统一行动的结果。很明显，分析上述文化概念可以发现，"文化"与人类的行为方式、社会活动、传统观念等具有紧密的联系。因此，数学文化的学科体系包括现实原型、概念定义、模式结构，三者缺一不可，称现实原型、概念定义、模式结构为数学文化学的三元结构。

（1）数学文化的学科体系之现实原型。人类社会的真实范例与自然界存在的问题基本类似。没有真实的社会生活，就不可能有真正的数学文化。人类是在广泛观测和认识真实事物的过程中，借助丰富的经验和高效的方法，从日常生活中提炼出一系列的数学概念、定义或公理，由此形成数学文化的现实原型和学科体系。麦克莱恩在专著《数学：形式与功能》一书中列出了15类数学观念，这些观念涵盖了15种不同的形式与功能。由此可见，从行动到思想，从思想到数学概念的形成过程极为明显，大体上可以建构数学文化学科体系的现实原型。

由此可见，数学观念来自于生活体验。如果数学理论离开了经验源泉，在偏离正确轨道的方向继续发展，分裂成许多毫无意义的分支，数学的发展道路将越走越窄。

（2）数学文化的学科体系之概念形成。数学概念的形成是人们对客观世界认识的科学性的具体体现。数学起源于人类各种不同的实践活动，再通过抽象成为数学概念。而数学抽象是一种建构的活动。概念的产生相对于（可能的）现实原型而言往往都包含一个理想化、简单化和精确化的过程。例如，几何概念中的点、直线都是理想化的产物，因为在现实世界中不可能找到没有大小的点、没有宽度的直线。同时，数学抽象又是借助于明确的定义建构的。具体地说，最为基本的原始概念是借助于相应的公理（或公理组）隐蔽地得到定义的，派生概念则是借助于已有的概念明显地得到定义的。也正是由于数学概念的形式建构的特性，相对于可能的现实原型而言，通过数学抽象所形成的数学概念（和理论）就具有更为普遍的意义，它们所反映的已不是某一特定事物或现象的量性特征，而是一类事物在量的方面的共同特性。

此外，数学抽象不一定是从真实的事物或现象中产生，另一种方式是将构造得到的数学模式作为原型，再对数学模型进行间接抽象。

（3）数学文化的学科体系之模式结构。一般而言，数学模式是指根据特定的需求或者可以适用于现实的标准，表达事物关系结构的数学形式。任何一种数学模型，在这种情况下，都需要在概念方面进行正确性与逻辑性推演。比如，文化是数学的抽象承载形式，数学文化主要解决数学模型的客观真实性和实用性问题。

在此基础上，本书提出了关于"客观性"的两个新的概念：一是"内容真实"，可以如实反映现实生活中存在的数量规律等现象；二是"模型真实"，即由数学原理确定的相对固定的数学构造模型。一般而言，数学的"内容真实"与"模型真实"具有较高的吻合度，这是由于人类大脑原本就是思考的最高形态，而且，数学工作者的思维方式通常都是按照具有客观性的逻辑法则正常推进。因此，思考的结果，也就是数学模式与被反映的外部物质世界中的关系结构形式，通常都互相吻合，而不是互相冲突。

三、现代教育思想解读

（一）现代教育思想的理论

现代教育思想是指将我国步入新时代后，实施的改革和现代化建设作为贯彻现代教育思想的社会环境，将近代以来尤其是 20 世纪中期以后，世界现代化的历史过程及人类的教育理论和实践作为大环境，剖析当前教育改革面临的现实问题，从而揭示出教育现代化的基本规律。现代教育思想在当代主要表现为动态的、超越的、综合的、向前的教学思想活动。对于"现代教育思想"的具体内涵，学界存在不同的认识。总体来说，凡是关注我国教育现代化与教学改革的当代需求，并从教学经验中总结出来的教育理念都可以被称为"现代教育思想"。现代教育思想的特点主要表现在以下方面：

第一，现代教育思想是指围绕我国教育现代化形成的新的教育观念。每一种教育理念都有具体的研究目标，即具体的教育问题。本文所指的现代教育思想，就是针对当前我国教育改革与发展所面临的问题，形成的有关我国教育改革与发展的现代化教育思想。此处进行剖析的素质教育思想、科学教育思想、主体教育思想、人文教育思想、实践教育思想、创新教育思想、全民教育思想、终身教育思想等，都是从目前我国教育改革与发展的实践中提取并总结出来的思想精华，目的是探寻并解答教育现代化遇到的问题。目前，国内教育改革与发展的目的与主题就是教育现代化,当前国内所有的教育实践都围绕着这一总体目的与主题进行。因此,国内的教育实践等同于现代的教育实践,讨论的问题是现代化的教育问题,总结的思想是现代化的教育思想。

第二,现代教育思想是以我国相关的开放政策和现代化建设为社会基础的。现代教育思想,不仅以我国教育现代化为研究对象,而且以我国现代化建设为社会背景。本书从理论上分析了当前高校教学工作中存在的问题,并对高校教学工作提出了一些建议。由此可见,现代教育思想是建立在我国改革开放和现代化建设的基础上,本书阐述的现代教育思想主要围绕国内的政治、经济、文化、科学、技术等方面展开。作为社会性的公益事业,教育要为社会的进步与发展服务。贯彻落实现代教育思想,既是为了满足社会的发展需要,也是为了满足人民的现实需求。在我国教育事业的发展过程中,为了实现既定的教育目标,必须在本质上体现出我国现代化建设的需要,包括国内改革与发展所需的人才与知识,这些都在不断地促进着我国教育事业的发展。在这层意义上,现代教育思想的诞生与我国推进对外开放与现代化发展密不可分。

第三,现代教育思想形成于 20 世纪中期之后,与整个社会的现代化过程以及教育理念与教学发展相依共存。本书所指的现代教育思想,尽管是从我国的社会现状出发,但也与 20 世纪中期以后整个世界的现代化过程以及教育理论与实践的发展密切相关。中国的发展与国际接轨是必然趋势,中国的近代化也是全球近代化的重要组成部分。教育是要面向全球的,我国当前的教育改革与发展,既要以世界近代教育的发展轨迹为参照,也要与其他国家进行更多的交流与合作,从这些国家汲取有益的经验与成果。在历史上,伴随着现代工业生产、市场经济以及科学技术的不断发展,国际间的教育交流越来越频繁,封闭式的教育发展模式越来越不现实。实际上,目前我国正在推行的教学改革,既与当今世界的教学变革有关,也与当今世界的教育思想变迁息息相关。当前,有必要学习当今世界教育发展的一般规律,并掌握其发展的总体方向。

总之,此处探讨的现代教育思想,是建立在世界现代化历程上的经验总结,尤其是在全球步入现代化发展道路的过程中,现代教育思想日益与人类现代教育的理论和实践相结合,这使得现代教育思想正在成为世界发展理念的重要组成部分。

（二）现代教育思想的结构

理解现代教育思想的结构是研究现代教育思想的前提。现代教育思想的结构类型极为多样，在实践生活中可以发挥较大的作用。分析现代教育思想的结构，可以增进人类对现代教育思想的了解，明晰现代教育思想的各种形态、种类，以及它们各自发挥着怎样的作用，从而更好地建构我们的教育思想，指导我们的教育实践。

1. 理论型的教育思想

所谓理论型教育思想是指经过教育理论学者的探讨而形成的具有抽象性和理论性的教育观念。在现代社会，没有教育理论学者科学探讨教育问题，没有教育理论学者归纳教育实践经验，就无法形成系统的理论型教育思想。然而，由于教育思想本身具有的抽象属性，从理论层面考察教育思想的内涵难度较大，导致理论型教育思想无法与实际联系起来，由此造成理论与现实脱离的现象。所以，在教育理论界，虽然许多学者从事过教育理论方面的研究工作，但是能够撰写出具有较高学术水平的教育理论文章的学者并不多。在我国，活跃在高等院校和各种教育研究机构的教育理论工作者，是一支专门从事教育理论研究的队伍，他们虽然不能长期从事教育教学第一线的工作实践，但是对我国教育思想的研究和教育科学的发展起着重要的作用。

教育思想源于教育实践及教育经验，但是又必须高于教育实践及教育经验。教育经验经过理论上的抽象和概括，虽然少了一些直接感受性和现实鲜活性，但是却将教育经验上升到理论的高度，获得了一种普遍的真理价值和特殊的实践意义。理论型的教育思想有着一张严肃的"面孔"，学起来感到很晦涩、费解，不容易领会和掌握，但是它却以理论的抽象概括性，揭示着教育过程的普遍规律和教育实践的根本原理。我们今天的教育实践不同于古人的教育实践，它越来越需要现代教育思想的指导，越来越需要教育工作者具有专门的教育理论意识和素养，越来越需要在教育理论指导下的自觉教育实践。因此，加强理论型教育思想的研究具有十分重要的现实意义。

2. 政策型的教育思想

政策型教育思想是国家和政府在管理教育活动时，通过教育法律、法规和政策等体现出来的教育理念。政策型教育思想体现了国家和政府尊重既定的教育发展目标，以推动社会和个体发展为最终目的的教育理念。例如，我国颁布实施的《中华人民共和国教育法》明确规定："教育必须为社会主义现代化建设服务，必须与生产劳动相结合，培养德、智、体等方面全面发展的社会主义事业的建设者和接班人"，这是我国以法律的形式颁布实施的教育方针，它从总体上规定了我国教育事业发展的根本指导思想，培养人才的一般规格，以及实现教育目的的基本途径。毫无疑问，这一教育方针的表述体现着党和政府的教育主张，代表着广大人民群众的利益和要求，是对我国现阶段教育事业的性质、地位、作用、任务，人才培养的质量、规格、标准，以及人才培养的基本途径的科学分析和认识。广大教育工作者需要认真学习这一教育方针，领会它的教育思想及主张，把握它的实践规范及要求。政策型教育思想是一个国家或民族教育思想体系的重要组成部分，在人类教育思想和实践的历史发展中占有重要的地位。

3. 实践型的教育思想

实践型教育思想是由教育理论工作者对教育实践进行理论思考，形成的以解决实际的教育实践问题为主的教育理念。实践型教育思想与理论型教育思想存在明显的不同之处。教学过程中形成的"实践型教育思想"与"经验型教育思想"存在显著的区别。经验型教育思想指的是人们在教育实践过程中自发产生的、不成体系的教育体验和认识。而实践型教育思想指的是人们通过有意识的思考教育实践，从而得出的成体系的理论认识。在整个教育思想体系中，实践型教育思想是现代教育思想的重要组成部分、基本存在形态和重要发展环节，是引导教育实践发挥功能与作用的核心与关键。教育思想是为教育实践服务的，是用来指导教育实践的。不过，如果教育思想仅仅回答"何为教育"，从而告诉人们"什么是教育的本质和规律"，那是不够的。教育思想的合理运用，可以帮助人们解决教育活动方面存在的技能和方法问题，从而将教育的合意性和合规律性有机地融合起来，切实提高教育质量和效率。实践型教育思想是系统研究教育实践问题的重要抓手，可以有效地解决教育活动中遇到的技能和方法问题，从而实现利用教育思想指导并服务教育实践的目的。由此可见，实践型教育思想是指导教育思维方式的有效工具，对促进教学发展具有重大意义。

上述三类教育思想各有各的理论价值和实践意义，共同促进了现代教育的科学化和专业化发展。长期以来，人们比较忽视实践型教育思想的研究与开发，认为它的理论层次低、科学性较弱、缺少普遍意义，事实上它却是促进教育实践科学化的重要因素和力量。没有对现实教育实践问题的关注和思考，何谈现代教育技术、技能和方法，所谓促进现代教育的科学化发展也只能是空谈理论，不能解决实际问题。当前，为了促进我国教育改革和发展，我们必须面向教育教学第一线，大力研究和开发实践型教育思想，以此武装广大教育工作者，使每一位教育工作者都成为拥有教育思想和教育智慧的实践者。

（三）现代教育思想的功能

教育思想的产生和发展并非凭空的和偶然的，它是适应人们的教育需要而出现的，可以将顺应人民群众的教育需求，以及能够影响教育实践与教育事业发展的思想称为现代教育思想。具体而言，现代教育思想具有预见、认知、调节、引导、评估和反思等功能；从根本上讲，现代教育思想属于"以人为本"的教育理念，具有独特的理论指导作用。

1. 认识功能

"认识功能"是教育思想发挥的根本作用。从一般意义上说，教育思想的认识功能是从教育实践中生成的，是教育认知的依据。但从另一个方面来说，教育实践也需要教育认知的引导，教育认知是教育实践指南。教育思想对教学活动的指导意义，有助于促使教育主体对教学对象形成更深层次的了解，掌握教育活动的实质与规律。只有把握了这项基本原则，才能促使教育活动由消极状态转变为积极状态。教育思想的指导功能就体现在指导人们认识教育本质和规律的过程中。

教师学习心理学、教育史等方面的知识并掌握各种教学方法，有助于教师运用行之有效的教学方式，为学生的学习活动提供适当的引导。由此可见，教育思想旨在促进我们对教育事物的观察、思考、理解、判断和解释，从而超越教育经验的限制，进入对教育事务更深层次的认识。当然，需要注意的是，他人的教育思想并不能现成地构成人们的教育智慧，教育智慧是不能奉送的。教育思想的认识功能，只是在于启发人们的观察和思考，提高人们的认识能力，形成人们自己的教育思想和观点，从而使人们成为拥有教育智慧的人。在历史上，教育家们的教育思想是各种各样的，这些教育思想之间也常常是相互冲突的。如果我们以为能够从前人那里获得现成的教育真理，不同的教育理念之间将不会产生冲突。深入研究前人的教育理念，正是为了从这些理念中得到启发，从而丰富现代教育思想的内涵，提升教学活动的认知能力，而不是一味地抄袭前人的教育理念，这是现代教育思想发挥认知功能的真谛所在。

2. 预见功能

教育思想的预见功能是指教育思想可以超越现在、展望将来，引导人们认识到教育理念的发展趋势，促使人们依据教育理念选择合适的教育内容和教育方式，在教育理念的引导下培育人才，进而可以采用战略性的思路，以更加宽广的视野引导当前的教育活动。教育思想预见功能的顺利发挥，可以预测并掌握教育活动的实质与规律，预判教育活动的发展与变革趋势。教育现象和其他社会现象一样，是有规律的演变过程，现实的教育发展既存在着与整个社会发展的系统联系，又存在着与它的过去及未来相互依存的历史联系。由于这一点，那些把握了教育规律的教育思想就可以预见未来，显示其预见功能。朗格朗在《学会生存——教育世界的今天和明天》曾写道："未来的学校必须把教育的对象变成自己教育自己的主体，受教育的人必须成为教育他自己的人；别人的教育必须成为这个人自己的教育，这种个人同他自己的关系的根本转变，是今后几十年内科学和技术革命中所面临的最困难的一个问题。"时至今日，历史证明这一论断是正确的。

尊重学生的主体地位，重视学生的自我教育，正在成为中外教育人士的普遍共识和实践信条。随着信息革命的蓬勃发展和知识经济时代的到来，以及网络教育的发展，学生自我教育呈现出不可阻挡的发展趋势。在发展"知识经济"、倡导"终生教育"的时代，如果个体单纯依靠教师获得知识，那么将来在社会上立足都变得极为艰难。因此，学习是学生实现个体发展的关键所在，可见，教育思想可以预见未来，而我们学习和研究教育思想的一个重要目的，就是开阔视野，前瞻未来，以超前的思想意识指导今天的教育实践。

3. 导向功能

无论是一个国家或民族教育事业的发展，还是一个学校或班级的教育活动，都离不开一定的教育目的和培养目标，这种教育目的和培养目标对于整个教育事业的发展和教育活动的开展都起着根本的导向作用。教育理念是具有引导作用的思想观念，科学阐述教育理念的内涵，有助于增强教育理念的导向功能。具有导向功能的教育理念，在教育学领域被称作"教育价值""教育目标"。古往今来，人类的教育实践始终面临着"培养怎样的人""为何培养这样的人"和"怎样培养这样的人"等基本问题，这些问题都需要进行价值分析和理论思考，于是就形成了关于教育目的和培养目标的教育思想。在历史上，每个教育家都有其自成一体的特色鲜明的教育思想，而在教育家的教育思想体系中又都有关于教育目的和培养目标的思考和论述，也正是教育家们对于"培养怎样的人"等问题的深邃思考和精辟分析，启发并引导人们从自发的教育实践走向自觉的教育实践。

当前，国家作出全面推进素质教育的决定，这实际上是基于新的历史条件而做出的有关教育目的和培养目标的新的思考和规定。其中，所强调的培养学生的创新精神和实践能力，就是对我国未来人才培养提出的新的要求和规定。毫无疑问，素质教育理念对于教育改革、教育发展以及包括学校教育、家庭教育、社会教育等在内的各种教育活动，具有重要的指导意义。通俗来说，教育理念是人们在特定的教育思想观念的指导下，对教育现象、教育活动、教育过程等持有的基本观点，这种观点既具有普遍性，又具有独特性，能够体现出教育理念的时代特征，而由于这一点，教育思想对于人们的教育实践具有导向的功能。

4. 调控功能

教育是人们有目的、有计划和有组织地培养人才的实践活动，但是这并非说教育工作者的所有活动和行为都是自觉的和理性的。在现实的教育实践过程中，教育工作者由于主观或客观的原因，也常会做出偏离教育目的和培养目标的事情来。就一所学校乃至一个国家的教育事业而言，由于现实的或历史的原因，人们也会制定出错误的政策，做出违背教育规律的事情来。那么，人们依靠哪些内容来纠正自己的教育失误和调控自己的教育行为，这就是所谓的"教育观"。教育理念对教育活动和教育行为起着调节作用。这是由于教育思想具有超脱于实践体验之外的特性，从而促使人们对教育的性质、规律形成较为全面、合理的认知。当然，这并不是所有的教育思想都毫无例外、毫无偏见地认识和把握了教育的本质和规律。然而，只要人们以理性的精神、科学的态度和民主的方法，去倾听不同的教育思想、主张、意见，并且及时地调控自己的教育活动及行为，就可以少犯错误、少走弯路、少受挫折，从而科学合理地开展教育活动，保证教育事业的健康发展。若是如此，教育思想就发挥和显示了它的调控功能。

当前，我国教育改革和发展正面临着新的历史条件和机遇，也面临着新的问题和挑战。我们应当努力学习和研究教育思想，充分发挥教育思想的调控功能，从而科学地进行教育决策，凝聚各种教育力量，促进教育事业沿着正确的方向和目标发展。如果我们每个教育工作者都能够坚持学习和研究教育思想，就可以不断地调控和规范我们的教育行为和活动，从而提高教育实践的质量和效益。

5. 评价功能

对于教育活动过程的结果，人们需要进行质量的、效率的和效益的评价。近代以来，随着教育规模的扩大和投入的增加，教育的经济和社会效益多样化和显著化，以及教育管理的科学化和规范化，教育评价越来越受到人们的重视。通常来说，人们以教育方针和教育目的作为评价人才培养的质量标准，而教育的经济和社会效益还要接受经济和社会实际需要的检验。但是，我们也要看到，教学思想具备的教学评价功能，可以帮助人们发现教育与人类社会发展之间的互动规律，进而为评估教育活动成果提供理论基础和参考标准。实际上，在教育实践中，人们通常根据教育价值观、教育质量观、教育功能观、教育效益观等，评估教育过程的成果，为教育行为提供指引。在当前的教育改革和育人实践中，我们不仅需要接受事后的和客观的社会评价，而且应当以先进而科学的教育思想经常评价和指导我们的教育实践，从而促进教育过程的科学化、规范化，以提高教育的质量、效率和效益。

现在，人们已经意识到提高教育理论水平，以教育质量观、价值观和人才观等科学的教育观念，自觉地分析、评价并指导教育工作的重要性。用科学的教育思想分析和评价自己的教育实践活动，这是提高每一个教育工作者的教育教学水平、管理的水平及质量的有效方法和重要途径。

6. 反思功能

对于大部分从事教育活动的教育工作者来说，教育思想的重要功能在于推动人们展开自我审视、自我评价、自我分析、自我总结等活动，促使教育工作者使用更加客观、理性的方法分析、评价教育行为和教育结果，进而提升教育水平，并适时地修正教育目的，改进教育方法，以此更好地引导教育活动达到既定的教育目的，从经验不足的教育工作者成长为经验丰富的教育家。

一个人变成教育家，需要一种自我反思的意识、能力和素养，这是教师成长和发展的内在根据和必要条件。我国古代思想家老子曾说过，"知人者智，自知者明。胜人者有力，自胜者强。"这告诉我们，一个人最重要的是要拥有自知、自省、自强意识，要在反思中不断地改进学习方法、提高学习能力。但是，个体进行自我反思需要具备一些前提条件。其中，最重要的反思前提是，个体要掌握教育思想，形成独具特色的教育观念，养成较高水平的教育素质。在学习和研究教育观念的过程中，个体可以深化教学思考，拓宽教育视野，提高教育反思的意识和能力。

日常工作经验也是能够促进人们教育反思的，但是教育经验的狭隘性和笼统性往往限制了这种反思能力和素质的提高与发展。与教育经验相比，教育思想具有视野开阔、认识深刻等优势。因此，教育思想更有助于提高学生的教育反思能力和综合素养。之所以强调教育思想研究的重要性，好处在于它能够增强人们教育反思的意识和能力，提高素质，从根本上促进教育工作者的成长和发展。

（四）现代教育思想的创新

在科学技术突飞猛进，知识经济已见端倪，国力竞争日趋激烈的今天，我们必须实施素质教育，致力于发展创新教育，重点培养学生的创新精神和实践能力。在这种形势下，我们也必须致力于教育思想创新和教育观念更新，没有教育思想创新和教育观念更新，就不可能创造性地实施素质教育，建立创新教育体系，培养创造性的人才。在教育者个人、学校和国家的教育思想建设中，教育思想创新都处于十分突出的位置，是教育思想建设的一个重要环节。今天，无论从教育思想建设还是从教育实践发展上而言，教育思想创新都应受到高度重视，得到加强，并应成为每一个教育理论工作者和教育实践工作者追求的目标。

现代教育思想的创新是指以新时期、新背景和新形势为基础，使用新方法，开拓新视野，深入探讨教育改革和发展过程中出现的新情况、新问题、新观念、新模式、新内容、新体制和新机制，推动现代教育思想创新取得实质性成果。

1. 现代教育思想创新的认知

（1）在新时期、新背景和新形势下，现代教育思想创新可以满足社会发展的新需求。随着经济社会的不断发展与科学技术的显著进步，教育正处于空前繁荣的历史时期，同时也面临开拓创新的客观现实。因此，为了促进教育事业的发展以及教育活动的开展，还需要推动现代教育思想不断地向新的方向迈进。在现代社会，教师必须不断地进行教育思想创新，以适应社会发展的需要，不断地为学生服务、为教师服务、为学生家长服务。

（2）教育思想创新的本质在于帮助教育工作者解决教育活动中遇到的新情况和新问题，此种探究活动伴随着科学技术的不断发展与经济社会的不断进步，在新情况与新问题不断涌现的情况下，一些以前从未出现过的新概念、新术语和新名词，如网络教育、主体教育、素质教育、潜在课程、生态教育和校本课程等，自然地成为教育改革和发展过程中需要正视的新事实。没有对教育新情况和新问题的深入调查，没有新的教育观念，教育工作者很难成长为杰出的教育家。

（3）教育思想创新表现为一个以新的教育观和方法论，即思想认识的新方法、新视角、新视野，研究教育改革和发展及教育实践中的矛盾和问题的过程。能否用新的思想方法、新的观察视角和新的理论视野探索和回答教育现实问题，是教育思想创新的关键所在。在教育思想创新过程中，教学理念创新最为关键。没有教学理念创新，就不可能教学新思路、新办法、新举措。所谓教学理念创新，指的是以新理论为依据，提出新观点、新思路和新方法，从而形成新的理论体系。教育思想创新是指运用最先进的教育理念和现代化的教学手段进行人才培养。教育思想创新是高等数学教学工作中的核心环节。

（4）教育思想创新需要教育工作者根据教育实际采用新的教育策略、教育措施、教育方法，更新教育内容和教育观念。教育思想创新是为教育实践服务的，目的是解决教育实践中的矛盾和问题，从而推动教育事业的改革和发展。

因此，教育思想创新要面向实践、面向实际、面向教育第一线，探讨并解决教育改革与发展中出现的各类实际问题，为教育改革与教育实践提供新思路、新方法、新方案、新措施。教育思想创新是一项既有理论价值又有实际意义的系统工程，要构建好这项系统工程，就必须深刻把握教育思想创新的规律。

2. 现代教育思想创新的划分

此处现代教育思想创新的类型划分，可以概括为理论型的教育思想创新、政策型的教育思想创新和实践型的教育思想创新。

（1）理论型的教育思想创新。理论型的教育思想创新是教育基本理论层面的思想创新，涉及教育的本质论、价值论、方法论、认识论等，涵盖教育哲学、教育经济学、教育社会学、教育人类学、教育政治学和教育法学等各学科领域。在教育基础理论的层次上，开展教育思想创新活动，既具有重大的理论价值，又具有重大的现实意义。教育思想创新是对教育基础科学问题的理论创新，可以加深人们对教育基础科学问题的理解，从而为教育事业和教育实践的发展奠定新的理论基础。

（2）政策型的教育思想创新。所谓"政策型的教育思想创新"是指国家宏观政策层面上的观念革新。政策型教育思想创新与国家针对教育改革发展采取的具体方针有关。各种教育方针的制定与实施，既要正视我国教育事业改革与发展的实际情况，也要正视我国教育事业发展面临的各种矛盾与问题，更要以先进的教育观念为理论基础。通过政策型的教育思想创新，可以促进教育决策及其政策的理性化和科学化，使教育决策及其政策适应迅速变化的形势，越来越符合教育发展的客观规律。改革开放40多年以来，国家制定的一系列教育政策就是政策型教育思想创新的结果，这是新的时期下我国教育事业迅速发展的重要原因。

（3）实践型的教育思想创新。"实践型的教育思想创新"具体是指以教育教学实践为目标的思想创新，主要包括家庭教育、学校教育和社会教育的各个方面，以及学校运营和管理、班级教育教学等教育实践问题。在教育与教学实践中，实践型的教育思想创新，既涉及操作的原则与规则，也涉及操作的方法与技巧，更涉及实践的观念与意志。在教育与教学工作中，教育工作者必须持续创新并完善教育思想，才能充分发挥人才的作用和价值。

教育工作者必须高度重视教育思想创新，研究并探讨教育思想创新的实际途径，重视教育思想创新的现实价值，切不可将教育思想创新神秘化、抽象化。从本质方面来说，教育思想创新牵涉到教育工作的方方面面，无论何种类型的教育领域和教育活动中，都必然存在教育思想创新现象，而每位教育工作者都是教育思想创新现象的主体。当前，我国正处于经济社会转型以及科技快速发展的新时期。无论是教育理论工作者，还是教育实务工作者，都不能因循守旧，而应该在新情况和新形势下，掌握新的教育理论、方法、技能，积累新的教育经验并在教育教学活动中实践。知识经济时代赋予教育事业新的历史使命，我国现代化建设赋予教育事业新的社会地位，以满足人民对教育事业发展提出的新要求。教育者要深入学习、刻苦钻研现代教育思想，努力提升教育素质，革新教育观念和教育思维；紧跟时代、把握形势、面向现实，利用新思想、新观念研究教育教学实践问题，提出有创意、有特色、有实效的教育教学改革方法和措施，推动我国教育事业朝着现代化的方向发展。

总而言之，我国教育事业的改革和发展要求我们加强教育思想建设和教育思想创新，要求我们广大教育工作者成为有思想、有智慧、会创新的教育者，要求我们的学校在教育思想建设和创新中办出特色和个性来。我们应该无愧于教育事业，无愧于改革时代，不断加强教育思想建设和教育思想创新，用科学的教育思想育人，用高尚的教育精神育人，为全面推进素质教育作出贡献。

四、高等数学教学初探

（一）高等数学教学现状的分析

1. 学生的学习方面状况

（1）当前，各个年级的学生在掌握数学基础知识方面存在明显的差别，大多数学生的基础知识水平普遍较低。在高校连续扩招的过程中，普通高校的招生规模也在不断地扩大，大量招录学生造成了高校已录取学生之间的分数差距越来越大，数学基础普遍一般，大部分较差。由于部分学生偏科严重，造成学生的数学基础参差不齐。

（2）学生在学习高等数学过程中缺乏学习兴趣、学习动机不明确。数学是一门抽象的学科，尽管数学在各个学科及生活中有广泛的应用，这导致很多学生缺乏学习兴趣。数学应用广泛，但在课堂教学中基本只是理论的讲解，缺少实际应用的研究，使学生不明确为何要学习数学，意识不到学习数学的意义。

（3）学生对高校学习节奏不适应。高校课堂，课时长、节奏快，学生需要一段时间适应。

2. 教师教学方面的状况

（1）教学内容多与教学时间紧张方面的矛盾问题。近年来，随着教学改革，高校的每门学科都有教学大纲要求，大部分专业的高等数学教学大纲要求内容较全面。然而，随着一些高校转型为应用技术型学校，随着应用技术型学校的发展，为了适应市场需要，高校缩减基本课程，造成高等数学课程课时大幅缩减，增强了高等数学成为"工具数学"的属性，导致高等数学课程教学过程中遇到的疑难问题不易得到解决，授课内容过于繁杂，严重制约着高等数学课程教学的质量与效果。

（2）教师的教学手段、方法、模式有待改进。尽管一直在讨论教学改革，研究教学方法、教学手段，但在实际中教学方法等还是不理想。教学过程仍然是教师讲，学生听，作业布置仍然是以巩固已学过的知识为主，使学生在学习过程中对教师产生很强的依赖性，严重缺乏学习主动性和积极性。很多教师在研究教学方法等，希望能提高教学，但实际中教师有些受束缚，只能理论研究，缺乏实践改革，这主要是教师要受教学大纲的内容要求，学生学习考核等要求束缚，使得教学手段、方法、模式很难改进。

（3）教师作业批改反馈需要提高。普通高校的很多高等数学课堂人数较多，虽然大部分教师能够认真批改作业，但还是由于一些原因使得作业反馈出现不够及时或讲解作业少等问题出现，从而也使学生缺乏做作业的积极性。

教师是课堂教学的主导，高等数学课堂教学的问题需要教师在各个方面改进解决，这一过程是漫长的，需要对教师减少束缚，需要教师严谨治学，需要教师不只限于理论研究要敢于放手实践探求适合普通高校学生发展的教学策略。

（二）高等数学教学现状的思考

1. 建立和谐的师生关系

在课程开始之初，教师通常选择讲解高等数学中的基本概念，如极限的概念等。毕竟，高等数学就是以极限概念为基础、以极限理论为工具，对函数展开研究的学科。此外，教师也非常重视高等数学基础知识的讲解，如函数的连续性和微分知识等。对于刚刚步入高等学府大门的新生来说，基础知识是学习高等数学必须掌握的知识，同时也是"初等数学"向"高等数学"过渡的开始。然而，与先前的数学教学方式相比，高等数学在授课方式、教学内容、教学方法和教学模式等方面，呈现出明显的不同，这就容易导致入学新生在学习高等数学的过程中出现不适。由于公众舆论领域充斥着人们对高等数学的误解与偏见，许多新生在尚未真正接触高等数学知识之前，就在缺乏自信的状态下对高等数学产生了抵触情绪，部分新生还会对学习高等数学知识产生恐惧心理。所以，在高等数学教学过程中，建立和谐的师生关系，能够帮助学生战胜"厌学""恐学"等负面的学习情绪，同时还能增强学生学习高等数学知识的自信心。在高等数学课堂教学活动中，教师与学生之间建立和谐的情感关系极为重要。在课堂上，教师要学会尊重学生、关心学生，鼓励学生充分发挥学习高等数学知识的主体性，营造和谐、民主、宽松的课堂气氛，是促进教育事业发展的有效途径。具体来说，教师可以从以下两个方面入手。

（1）以学生为本。尽管在教学活动中，教师和学生分属两种不同的角色，但是双方都拥有相同的人格特质。教师尊重学生是教师获得学生尊重的前提，教师在教学活动中，要时刻注意自身的言行举止，不能伤害学生的自尊心，特别是面对学习成绩不佳的学生时，要有足够的耐心，并给予学生足够的尊重。此外，在讲课过程中，教师应该做到一视同仁，在教育行为中改变传统的师生关系，以民主、平等的心态，结合严格的教学要求表现出足够的尊重与信任，从而构建友好、互助的师生关系。

（2）了解并关心学生。缺乏情感的教育不能被称为真正意义上的教育。尽管学生的世界观和人生观尚未完全成熟，但是学生已经逐渐地形成了自主色彩浓郁的价值观念，学生的独立意识与自觉性也已经具备了较高的水准，在接受高等教育这段时期，学生特别希望能够获得教师的理解和关怀。

因此，教师要及时了解学生的需要，给予学生适当的照顾，获得学生的信任。在高等数学教学过程中，教师要关爱学生，肯定学生的优点，这样才能更好地推动学生实现自身的发展。课堂是教师与学生双向沟通的重要场所，教师通常只关注课堂知识传授，而容易忽略与学生的情感互动。教师通俗易懂的讲解与耐心细致的回答，都能促使学生感受到教师的关怀与温馨。教师的眼神和话语，能够促使学生感受到教师对学生的信任和期待，体会到教师的责任心，有助于学生克服学习心理上的障碍，增强学生的学习自信以及战胜困难的勇气，提高学生的学习积极性和主动性。构建和谐的师生关系，既可以推动高等数学教育工作的开展，也可以促使学生的身心得到全面发展，还可以引导学生学会尊重他人、尊重社会、尊重自然，从而推动学生体验自我实现的成就感。

2. 注重使用启发式教学

"不愤不启，不悱不发"，教育家孔子这句话说明了启发的重要性，在教学中我们也要注重启发。现代教学的指导思想是"学生为主体，教师为主导"，要体现这个指导思想，关键是看学生是否有学习积极性，而学生的学习积极性与教师的主导作用有直接的关系。所以，重视启发性，有利于激发学生的学习主动性，从而促进学生学习能力的提升。在教学过程中，教师要以人为本，把学生放在主体位置上，为学生提供更多的自主思考的机会，促使学生有更多的时间进行独立思考，真正实现以学为中心而不是以教为中心。在此，以授课为前提，激发学生积极主动地参加到课堂教学活动中去，鼓励学生多思考、多质疑、多提问，不存在与授课方法冲突的困惑。

在高等数学教育过程中，基础的数学知识包括基本定理、基本概念、基本公式和基本规律。但是，学生通过主动思考，可以将新的知识和现有的知识结合在一起，并借助抽象和推理建立起新的关系，从而可以重建大脑中的认知结构，形成基础理论学习的知识图谱。在这种认识过程中，教师的领导地位主要表现为增强教学的启发性，指导学生参与认识过程。教师组织并引导学生思考和讨论，从已经掌握的知识入手，循序渐进地寻出问题的解决方法，通过讲解新知识，学生能够积极地参加学习活动，从而在学习成效方面取得显著的进步。

3. 合理使用情境教学法

高等数学属于一门以授课为主要内容的课程。在课堂上，现实的教学环境极为单调，由此导致这门课程不容易激发学生的兴趣并引发学生的联想，处于消极、被动状态的学生，极易在学习过程中表现出思维惯性的倾向。在教学过程中，教师可以利用情景调动学生的学习积极性，从学生熟知的事例入手讲解新的知识点。

另外，教师可以在相应的章节介绍一些数学史的知识，以此拓展学生对数学的了解。例如，在讲解极限理论时，介绍《庄子·天下篇》引施惠语："一尺之棰，日取其半，万世不竭"，可见两千多年前就有已经有了无限的概念，并且发现了趋近于零而不等于零的量，这就是极限的概念，这种简单的介绍既能活泼课堂气氛，又能加深学生对知识的了解，并且使学生认识到了古代中国数学的成就，使得学生得到了一次爱国主义的教育。高等数学中有很多复杂的变化过程，传统的板书往往无法很好地体现，此时可以考虑引入多媒体教学作为辅助教学手段，多媒体可以将复杂的变化过程直观、形象、动态地展现给学生，刺激学生感官，提高学生的兴趣和注意力。例如，在讲定积分概念时，常用"求曲边梯形面积"这一引例，板书无法体现区间无限划分这个抽象的极限思想，但多媒体就可以逐渐增加划分区间的个数，在动态画面的不断变化过程中，使学生体会到有限到无限，小矩形面积越来越接近小曲边梯形面积的极限过程，进而让学生充分体会"分割、近似、求和、取极限"的微元法思想。

4. 关注数学知识的应用

高等数学的教育过程以概念和定义的引入、定理的证明和公式的推导为重点。以理论性教学内容为主的教学方式，在单向传递教学内容方面效果显著。然而，由于数学符号具有理论抽象、逻辑严密等特点，由此导致部分学生在意识到学好数学知识极为重要，以及数学知识在培养思维能力、严密逻辑和严谨态度方面所具有的优势的前提下，依然无法形成对数学知识实用性特征的充分认知，以及对数学价值的足够了解，致使学习目的和动机不强。因此，有必要强化高等数学知识的运用。

为了促使学生对高等数学产生浓厚的兴趣，引导学生充分了解学习与应用数学知识的重要性，需要教师在课堂上清楚讲解高等数学的基本概念、定理、定义和方法，并适时地引进一些与课程内容有关的数学应用实例，提高学生应用数学知识的意识和能力，由此形成高等数学重要的教育内容。

数学建模是与现实直接接触且与生活紧密结合的思维方式，属于使用频率较高的思维方式，这充分显示出数学在解决实际问题过程中的重要性。在建构数学模型的过程中，学生了解到数学在不同学科中发挥的重要作用，同时也体会到了学习数学知识的重要意义，从而提高了自身对数学的重视程度以及学习数学知识的兴趣。将数学建模理念融入到高等数学教育中，并引进生动的模型实例，可以激发学生的学习积极性。在剖析这些实例的过程中，学生学习并运用数学知识的水平得到了显著提升，并充分认识到"学好数学是现实需求"的重要价值，有利于激发自身学习数学知识的兴趣。比如，在研究微分方程时，引进人口增长模型、溶液淡化模型等，这些都说明了数学对于其他学科的重要性。再比如，在学习零点存在定理时，教师可以面向学生提出如下问题：在不平的地面上，是否能够将一把四脚等长的矩形椅子放在相对平坦的地面上？这种源自生活的教学实例，容易增进数学知识的亲切感，促使学生意识到数学知识与日常生活的紧密关联。那么，怎样才能将这道题与当前学到的数学知识结合起来呢？"平躺"到底是不是一种巧合，这种"巧合"可否借助数学原理来科学证明？如果可以证明，该过程又是如何被证明等。借助这类问题激发学生的好奇心，然后再向学生解释。上述教学案例，不仅能够激发学生的学习兴趣，而且能够促使学生切身感受到数学的作用，从而帮助学生更好地了解新的知识。

　　另外，还可以在高等数学课本练习题中，适当加大应用题的比例，增加与现实尤其是与专业现实和目前经济发展现实相结合的应用题。教师在授课过程中，可以多引用一些各行各业具体应用数学知识的案例，在扩大自身教学知识面的同时，丰富学生对学习高等数学知识的整体认知。

第一章　高等数学教学与
课堂规律探索

高等数学作为高等教育的一门基础课程，在高校学生的素质教育中起着不可替代的作用。本章重点探讨高等数学教学原理及其特征、高等数学教学的核心素养、高等数学课堂教学的规律。

第一节　高等数学教学原理及其特征

一、高等数学教学及其原理分析

（一）高等数学教学的逻辑基础

1. 数学概念

概念是哲学、逻辑学、心理学等许多学科的研究对象。各学科对概念的理解是不一样的，概念在各学科的地位和作用也不一样。哲学上把概念理解为人脑对事物本质特征的反映，因此，认为概念的形成过程就是人对事物的本质特征的认识过程。

依据哲学的观点，"数学概念是对数学研究对象的本质属性的反映"[①]。由于数学研究对象具有抽象的特点，因而数学是依靠概念来确定研究对象的。数学概念是数学知识的根基，也是数学知识的脉络，是构成各个数学知识系统的基本元素，是分析各类数学问题，进行数学思维，进而解决各类数学问题的基础，它的准确理解是掌握数学知识的关键，一切分析和推理也主要是依据概念和应用概念进行的。

内涵是概念的质的方面，它说明概念所反映的事物是何种样子的，外延是概念的量的方面，通常而言，概念的适用范围就是指概念的外延，它说明概念反映的是哪些事物。概念的内涵和外延是两个既密切联系又互相依赖的因素，每一科学概念既有其确定的内涵，也有其确定的外延。因此，概念之

---

① 徐雪. 大学数学教学模式改革与实践研究［M］. 北京：九州出版社，2019.

间是彼此互相区别、界限分明的，不容混淆，更不能偷换，教学时要概念明确。从逻辑的角度而言，基本要求就是要明确概念的内涵和外延，即明确概念所指的是哪些对象，以及这些对象具有哪种本质属性。只有对概念的内涵和外延两方面都有准确的了解，才能说对概念是明确的。

（1）数学概念的分类（图1-1）。

第一，原始概念、深度大的概念、多重广义抽象概念。依据概念之间的关系，可以把数学概念分为原始概念、深度大的概念、多重广义抽象概念。数学概念间的关系有三种形式：① 弱抽象，即从原型 A 中选取某一特征（侧面）加以抽象，从而获得比原结构更广的结构 B，使 A 成为 B 的特例；② 强抽象，即在原结构 A 中添加某一特征，通过抽象获得比原结构更丰富的结构 B，使 B 成为 A 的特例；③ 广义抽象，若定义概念 B 时用到了概念 A，就称 B 比 A 抽象。

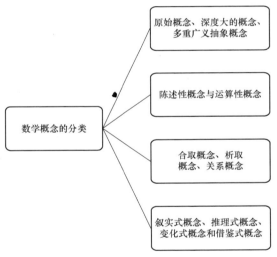

图1-1 数学概念的分类

严格意义上而言，这不是对概念的分类，只是刻画了一些特殊概念的特征，它的教学意义在于，教师进行教学设计时可以重点考虑对这三类概念的教学处理，或作为教学的重点，或作为教学的难点。

第二，陈述性概念与运算性概念。在对概念结构的认识方面，认知心理学有一种理论——特征表说，所谓特征表说即认为概念或概念的表征是由两个因素构成的：① 定义性特征，即一类个体具有的共同的有关属性；② 定义性特征之间的关系，即整合这些特征的规则，这两个因素有机地结合在一起，组成一个特征表，有学者根据这一理论和知识的广义分类观，对数学概念进行分类。

第三，合取概念、析取概念、关系概念。依据概念由不同属性构造的几种方式（联合属性、单一属性、关系属性），分别对应地把数学概念分为合取概念、析取概念、关系概念，所谓联合属性，即几种属性联合在一起对概念来下定义，这样所定义的概念称为合取概念。所谓单一属性，即在许多事物的各种属性中，找出一种（或几种）共同属性来对概念下定义，这样所定义的概念称为析取概念即所谓关系属性，即以事物的相对关系作为对概念下定义的依据，这样所定义的概念称为关系概念。显然，这种划分建立在逻辑学基础之上，以概念本身的结构来进行分类，这种方法同样适合于对其他学科的概念进行分类，因而没有体现数学概念的特殊性。

第四，叙实式概念、推理式概念、变化式概念和借鉴式概念。数学概念理解是对数学概念内涵和外延的全面性把握。根据不同特点的数学概念所对应的理解过程和方式可将数学概念分为叙实式数学概念、推理式数学概念、变化式数学概念和借鉴式数学概念等四种类型。

叙实式数学概念是指那些原始概念、不定义的概念，或者是那些很难用严格定义确切描述内涵或外延的概念，这类概念包括平面、直线等原始概念，包括算法、法则等不定义概念，还包括数、代数式等外延定义概念等。所谓推理式数学概念，是指能够对概念与相关概念的逻辑关系本质进行描述的数学概念，"同层有联系"指的是与它所并列于同一个逻辑层次上的其他概念有着一定的逻辑相关性。所谓变化式数学概念，包括以原始概念为基础定义的，包括那些借助于一定的字母与符号等，经过严格的逻辑提炼而形成的抽象表述的有直接非数学学科背景的概念，还包括在其他学科有典型应用的概念。

（2）数学概念间的关系。

第一，相容关系。如果两个概念的外延集合的交集非空，就称这两个概念间的关系为相容关系，相容关系又可分为三种，见表1-1。

表1-1 相容关系的类型

主要类型	具体内容
同一关系	如果概念 A 和 B 的外延的集合完全重合，则这两个概念 A 和 B 之间的关系是同一关系，具有同一关系的概念在数学里是常见的。例如，无理数与无限不循环的小数下等边三角形与等角三角形，都分别是同一关系。由此不难看出，具有同一关系的概念是从不同的内涵反映着同一事物。了解更多的同一概念，可以对反映同一类事物的概念的内涵做多方面的揭示，有利于认识对象，有利于明确概念。 具有同一关系的两个概念 A 和 B，可表示为 A=B，这就是说 A 与 B 可以互相代替，这样就给我们的论证带来了许多方便，若从已知条件推证关于 A 的问题比较困难，可以改为从已知条件推证关于 B 的相应问题

续表

主要 类型	具体内容
交叉 关系	若两个概念 A 和 B 的外延仅有部分重合，则这两个概念 A 和 B 之间的关系是交叉关系，具有交叉关系的两个概念是常见的，比如矩形与菱形；等腰三角形与直角三角形，都分别是具有交叉关系的概念。具有交叉关系的两个概念 A 和 B 的外延只有部分重合，所以不能说 A 是 B，也不能说 A 不是 B，只可以说有些 A 是 B，有些 A 不是 B。如果我们在教学中抓住交叉关系的概念的特点，提出一些有关的思考题启发学生，就可以避免以上错误认识的形成
属种 关系	若概念 A 的外延集合为概念 B 的外延集合的真子集，则概念 A 和 B 之间的关系是属种关系，这时称概念 A 为种概念，B 为属概念。即在属种关系中，外延大的、包含另一概念的那个概念叫作属概念，外延小的，包含在另一概念的外延之中的那个概念叫种概念。具有属种关系的概念表现在数学里也就是具有一般与特殊关系的概念。例如，方程与代数方程，函数与有理函数，数列与等比数列，就分别是具有属种关系的概念，其中的方程、函数、数列分别为代数方程、有理函数、等比数列的属概念，而代数方程、有理函数、等比数列分别为方程、函数、数列的种概念。 属概念所反映的事物的属性必然完全是其种概念的属性。因此，属概念的一切属性就是其所有种概念的共同属性，称之为一般属性，各个种概念特有的属性称为特殊属性。一个概念是属概念还是种概念不是绝对的，同一概念对于不同的概念来说，它可能是属概念，也可能是种概念。 一个概念的属概念和一个概念的种概念未必是唯一的。例如，自然数这个概念其属概念可以是整数。也可以是有理数，还可以是实数，而其种概念可以以为正奇数也可以为正偶数，还可以为质数、合数。在教学中，我们要善于运用这一点帮助学生明确某概念都属于哪个范畴以及又都包含哪些概念。将有关的概念联系起来，系统化，从而提高学生在概念的系统中掌握概念的能力

第二，不相容关系。不相容关系主要包括：① 矛盾关系。只有学好和运用好概念的矛盾关系，才能加深对某个概念的认识。在教学中我们要善于引导学生注意分析具有矛盾关系的两个概念的内涵，以便使学生在认清某概念的正反两方面的基础上，加深对这个概念的认识；② 对立关系。有时，两个具有全异关系的概念的关系不一定是反对关系或矛盾关系。两个概念的关系可能是从属关系、交叉关系、同一关系或全异关系，换言之，任何两个概念的关系必定属于以上四种关系中的一种，想要真正明确概念的关系和内容，必须在学科概念体系中明确概念与概念之间的内在联系和区别。所以，在教学的过程中，教师应该正确引导学生区分概念与概念之间的关系，进而充分掌握不同概念的内在含义。

（3）数学概念定义的结构、方式和要求。

第一，定义的结构。概念是由它的内涵和外延共同明确的，由于概念的内涵与外延的相互制约性，确定了其中一方面；另一方面也就随之确定，概念的定义就是揭示该概念的内涵或外延的逻辑方法。揭示概念内涵的定义叫作内涵定义，揭示概念外延的定义叫作外延定义。

所有的定义都是由被定义项、定义项以及定义联项组成，具体而言，被定义项是指明确需要定义的概念，定义项是指被定义的概念，定义联项是指被定义项和定义项的连接概念。

第二，定义的方式：① 邻近的属加种差定义。在一个概念的属概念当中，内涵最多的属概念称为该概念邻近的属。简单而言，矩形的属概念有四边形、多边形、平行四边形等。其中平行四边形是矩形邻近的属。要确定某个概念，在知道了它邻近的属以后，还必须指出该概念具有它的属概念的其他种概念不具有的属性才行，这种属性称为该概念的种差。② 发生定义。发生定义是邻近的属加种差定义的特殊形式，它是以被定义概念所反映的对象产生或形成的过程作为种差来下定义。

第三，定义的要求：① 定义要清晰。定义要清晰，即定义项所选用的概念必须完全已经确定。循环定义不符合这一要求，所谓循环定义是指定义项中直接或间接地包含被定义项。② 定义要简明。定义要简明，即定义项的属概念应是被定义项邻近的属概念，且种差是独立的。③ 定义要适度。定义要适度，即定义项所确定的对象必须纵横协调一致。

同一概念的定义，前后使用时应该一致不能发生矛盾。一个概念的定义也不能与其他概念的定义发生矛盾。简单而言，如果把平行线定义为"两条不相交的直线"，则与以后要学习的异面直线的定义相矛盾。如果把无理数定义为"开不尽的有理数的方根"，就使得其他的无限不循环小数被排斥在无理数概念所确定的对象之外，造成数概念体系的诸多麻烦以致混乱。

要符合这一要求，如果是事先已经获知某概念所反映的对象范围，只是检验该概念定义的正确性时可以用"定义项与被定义项的外延必须全同"来要求。

2. 数学命题

（1）判断和语句。判断是对思维有所肯定或否定的思维形式。由于判断是人的主观对客观的一种认识，所以判断有真有假。正确地反映客观事物的判断称为真判断，错误地反映客观事物的判断是假判断。判断作为一种思维形式、一种思想，其形式和表达离不开语言。因此，判断是以语句的形式出现的，表达判断的语句称为命题。因此，判断和命题的关系是同一对象的内核与外壳之间的关系，有时我们对这两者也不加区分。

（2）命题特征。判断处处可见，因此命题无处不在。例如，在数学中，"正数大于零""负数小于零""零既不是正数，也不是负数"就是最普通的命题。命题就是对所反映的客观事物的状况有所断定，它或者肯定某事物具有某属性，或者否定某事物具有某属性，或者肯定某些事物之间有某种关系，或者否定某些事物具有某种关系。如果一个语句所表达的思想无法断定，那么它就不是命题，因此，"凡命题必有所断定"，可看成是命题的特征之一。

（二）高等数学教学的主要原则

高等数学教学的基本原则是根据数学教学目标，为反映数学教学规律而制定的指导数学教学工作的基本要求。作为一种教学活动，毫无疑问，数学教学是在基本的教学论原则的指导下进行的。但数学教学作为一种特殊的学科教学，必然有其自身的特点及规律性，也需遵循自身的一些基本要求。

1. 抽象与具体结合的原则

"高度的抽象性是数学学科理论的基本特点之一。数学以现实世界的空间形式和数量关系作为研究对象，所以数学是将客观对象的所有其他特性抛开，而只取其空间形式和数量关系进行系统的、理论的研究。"[①]因此，高等数学具有比其他学科更显著的抽象性，这种抽象性还表现为高度的概括性。通常情况下，数学的抽象程度和概括性呈正相关系。具体而言，数学抽象性主要表现在数字符号的广泛应用上，具有三位一体的特征，数字符号包含字词、字义和符号，另外，这一特征是其他学科不具备的。

任何抽象的数学概念和数学命题，甚至抽象的数学思想和教学方法，都有具体、生动的现实原型。数学的抽象性还有逐级抽象的特点。一个抽象的数学概念，在它形成的过程中，不仅以具体对象作为基础，也以一些相对具体的抽象概念作为基础。前一级抽象是后一级抽象的直观背景材料，尽管前一级本身就是抽象的，这样，所谓的直观背景材料，不仅是指实物、模型、教具等，而且还指所学过的概念、实例等。数学的这种逐级抽象性反映着数学的系统性。数学教学中充分注意这个特点，就能有效地培养学生的抽象概括能力。

在数学教学中，贯彻抽象与具体相结合的原则，可以从以下三个方面入手：

（1）注意从实例引入，阐明数学概念。通过实物直观（包括直观教具）、图像直观或语言直观形成直观形象，提供感性材料。

（2）注意数学逐级抽象的特点，做好有关知识的复习工作。数学的逐级抽象性反映着数学的系统性。如果前面一些概念没有学好，就难以学好依赖于这些概念抽象出来的更高一个层次的概念。从这个意义上而言，要奠定好基础，逐步前进。因此，教师在讲授较高层次的数学知识时，必须做好有关知识的复习工作，这样就为新知识的抽象创造了必要的条件，这种方法既符合数学的发展规律，又符合学生认知的发展规律，容易取得好的教学效果。

---

① 程丽萍，彭友花. 数学教学知识与实践能力［M］. 哈尔滨：哈尔滨工业大学出版社，2018.

（3）要注意培养学生抓住数学实质的能力。学生产生抽象与具体脱节的现象，解决实际问题的能力差，这与他们抓不住数学实质有关。将抽象概念和具体概念充分结合，引导学生正确理解和深刻认识抽象理论。实现理论教学具体化需要充分发展学生的抽象思维，在这一过程中，具体化、直观化是手段，教学的最终目的是培养学生的抽象思维能力。所以，如果数学教学不注重抽象思维能力的培养，那么，学生的数学也不可能学好；相反，如果不注重具体和直观，也很难培养学生的抽象思维能力。在教学的过程中，只有将具体和抽象充分结合，才能引导学生更深入地学习数学知识，进而强化学生对学科知识的认识和理解。

2. 巩固与发展结合的原则

数学学习的过程就是不断获取和巩固学科专业知识的过程，也是不断向前发展的过程，在学习学科专业知识的过程中，巩固和发展不可分割，两者相互依存，共同进步。所以，高等数学教学应该调整好巩固和发展的关系，进而取得良好的教学成果。在高等数学教学中，主要是通过以下方法贯彻巩固与发展相结合原则：

（1）在教学的过程中，全面贯彻巩固复习和学习新知，此外，教师还应该加强阶段性复习和总结性复习，重视日常教学巩固复习，把复习巩固落实到每一个环节。

（2）重视对学生所学知识、技能和方法进行复习巩固工作的研究。适时进行单元复习、总复习，使所学知识系统化。领会了其中的思想方法，不仅能够举一反三，灵活运用，达到巩固和深化的目的，而且能逐渐将这些知识系统化，由量变到质变，从而引起和促进学生思维整体结构的发展。

（3）在复习过程中，要重视提高学生记忆力，着眼于发展学生思维和提高能力。选配复习题时，要利用概念、定理、公式、法则的变式训练题，促进学生的理解记忆；要利用一题多解，发展学生的求异思维，提高解题能力；要利用一题多变，发展学生思维的深刻性和独创性；要利用辨析题，培养思维的批判性，提高学生的辨别能力。

（三）高等数学教学的思想方法

1. 高等数学教学思想方法的现状

（1）认识侧重点存在偏差。

第一，教学思想方法与知识的关系。知识不重要，关键在于过程，这对以往只重视知识的教学，忽略数学思想方法的渗透的认识似乎是一种进步。但这种认识如果走向极端，可能会造成学生学习基础不扎实的现象。实际上，在高等数学教学过程中，有很多场合不能把知识与过程的关系一概而论的，有的场合是知识重要，而数学思想方法可以退其次；有的场合则是数学思想方法重要，而结论似乎可以不关心；很多场合则是数学思想方法与数学知识并重。

第二，数学思想方法的内在关系。数学思想方法的内在关系处理有两方面的意思：① 数学思想与数学方法的关系；② 很多数学问题，含有多种数学思想方法如何体现主要数学思想方法的教育价值协调问题。目前，数学教学在这两方面存在重方法轻思想和主次不分的认识偏差现象，针对这些偏差，数学思想与数学方法的关系是否区分似乎并不重要，因为它们本身就联系非常密切，任何数学思想必须以数学方法得以显性体现。任何数学方法的背后都有数学思想作为支撑。但是，在教学过程中我们数学教师应该有一个清醒的认识，学生掌握了好多问题的解决方法但不知道这些方法背后的数学思想的共性情况比比皆是。同样，有数学思想，但针对不同的数学问题却不能解决的情况也是比较多见的。

数学技能中有很多的方法模块，这些方法模块背后有一定层次的数学思想方法和理论依据，在解决具体问题时，可以越过使用这些模块的理论说明，直接形式化使用，我们姑且称之为原理型数学技能。数学中一些公理、定理、原理，甚至在解题过程中积累起来的"经验模块"等的使用，能够使数学高效解决问题。为了建立和运用这些"方法模块"，首先，必须让学生经历验证或理解它们的正确性；其次，这些"方法模块"往往需要一定的条件和格式要求，如果学生不理解其背后的数学思想方法，很可能在运用过程中出现逻辑错误，数学归纳法就是一个很典型的例子。

（2）教学策略认识尚模糊。以下面一段话为例，

我如果有一种好方法，我就想能否利用它去解决更多更深层次的问题，如果我解决了某个问题，我会想能否具有更多更好的其他方法去解决这个问题。

上述话语即解决问题与方法的纵横交错关系，尽管我们在数学教学过程中强调"一题多解""多题一解"等方面的训练，但真正有策略的关于知识与方法的关系处理，尤其是关于数学思想方法的教学策略的认识，似乎还欠清晰。我们在数学教学过程中关于数学思想方法的教学策略的认识需要提高，这方面的研究需要注意以下方面：

第一，数学思想方法的相对隐蔽特性使得它的隐现与教师水平相协调，要从一些数学知识和数学问题中看出其背后的数学思想方法需要教师的数学

修养。部分教师能够用高观点从一些普通的数学知识与数学问题中，看出背后的数学思想方法；而还有部分教师却做不到这一点，就导致数学思想方法的教学出现了差异。

第二，数学思想方法教学的相对弹性化，使得它的隐现与教学任务"相一致"。在数学教学过程中，数学知识教学属于"硬任务"，在规定时间内需要完成教学任务，而数学思想方法的教学任务则显得有弹性。如果课堂数学知识教学任务少，教师可以多挖掘一些"背后的数学思想方法"，反之则可以少讲甚至不讲。

2. 高等数学教学思想方法的类型

高等数学教学思想方法的类型如图 1-2 所示。

（1）情境型。数学思想方法教学的第一种类型应该属于情境型，人们在很多问题的处理上往往"触景生情"地产生各种想法，数学思想方法的产生也往往出现各种情境。情境型数学思想方法教学可以分为"唤醒"刺激型和"激发"灵感型两种。"唤醒"刺激型属于被激发者已经具备某种数学思想方法，但需要外界的某种刺激才能联想的教学手段，这种刺激的制造者往往是教师或教材编写者等，刺激

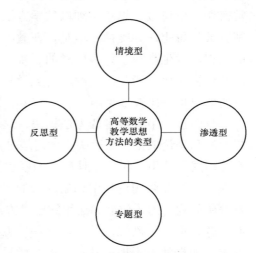

图 1-2　高等数学教学思想方法的类型

的方法往往是由弱到强。教师往往采取创设情境的方法，再根据教学对象的情况，进行适度启发，直至他们会主动使用某种数学思想方法解决问题为止。"激发"灵感型属于创新层面的数学思想方法教学，学习者以前并未接触某种数学思想方法，在某个情境的激发下，思维突发灵感。会创造性地使用这种数学思想方法解决问题。

情境型数学思想方法教学的主要意图在于通过人为情境的创设让学习者产生捕捉信息的敏感性。形成良好的思维习惯，将来在真正的自然情境下能够主动运用一些思想方法去解决问题。

外界情境刺激的强弱对主体的数学思想方法的运用是有一定关系的。当然与主体的动机及内在的数学思想方法储备显然关系更密切。就动机而言，问题解决者如果把动机局限在解决问题上，那么他只要找到一种数学思想方

法解决即可。不会再用其他数学思想方法了。而教育者的目的是要达到教育目的，它往往会诱导甚至采用手段使受教育者采用更多的数学思想方法去解决同一个问题。一般而言，应该以通性通法作为数学思想方法的教育主线。至于每一道数学问题解决的方法，则可以在解决之前由学生根据自己临时状态处理，解决后可以采取启发甚至直接展示等手段以"开阔"学生解决问题的视野。

情境型数学思想方法教学应该正确处理好数学情境与生活情境的关系，两种情境的创设都很重要。尽管现在新课程引入比较强调一节课从实际问题情境中引出，但需要注意的是，都从实际问题引入往往会打乱数学本身内在的逻辑链，不利于学生的数学学习，而过分采用数学情境引入则不利于学生学习数学的动机及兴趣的进一步激发和实际问题的解决能力的培养，数学思想方法的产生和培养往往都是通过这些情境的创设来达到的，因此，我们要根据教学任务，审时度势地创设合适的情境进行教学。

（2）渗透型。渗透型数学思想方法的教学是指教师不挑明属于何种数学思想方法而进行的教学，它的特点是有步骤地渗透，但不指出具体的数学思想方法。

所谓唤醒是指创设一定的情境把学生在平时生活中积累的经验从无意注意转到有意注意，激活学生的"记忆库"，并进行记忆检索。而归纳是指将学生激发出来的不同生活原型和体验进行比较与分析。并对这些原型和体验的共性进行归纳，这个环节是能否成功抽象的关键，需用足够的"样本"支撑和一定的时间建构。抽象过程是需要主体的积极建构，并形成正确的概念表征。描述是教师为了让学生形成正确概念表征的教学行为，值得注意的是，教师的表述不能让学生误以为是对元概念的定义。元概念的教学以学生能够形成正确的表征为目标，需要学生有一个逐步建构的过程，教师不能越俎代庖，否则欲速则不达。

渗透型数学思想方法几乎贯穿于整个数学教学过程，教师的教学过程设计及处理背后都往往含有很丰富的数学思想方法，但教师基本上不把数学思想方法挂在嘴上，而是让学生自己去体验，除非有特殊需要，教师可以点明或进行专题教学。

（3）专题型。专题型数学思想方法教学属于教师指明某种数学思想方法并进行有意识的训练和提高的数学教学方法，教学中应该以通性通法为教学重点，教学应该给予这些方法足够重视，值得指出的是，目前对一些数学思想方法，各个教师的认识可能不尽相同，因此处理起来就各有侧重。总而言之，数学思想方法教学有文化传承的意义，中国数学教学改革及教材改革应该对此有所关注。

（4）反思型。数学思想方法林林总总，有大法也有小法，有的大法是由一些小法整合而成的，这些小法就有进一步训练的必要，而有些小法却是适应范围极小的方法，有一些"小法"却也可以人为地"找"或"构造"一些数学问题进行泛化来扩大影响力，而成为吸引学生注意力的方法，因此，如何整合一些数学思想方法是一个很值得探讨的话题，而这些整合往往得通过学习者自己进行必要的反思，也可以在指导者的组织下进行反思和总结，这种数学思想方法的教学我们称之为反思型数学思想方法教学。

3. 高等数学教学思想方法的培养

（1）高等数学思想方法培养的层次性分析。

第一层次：学生接受一些数学基础知识及技能开始时一般采取"顺应"的策略，他们也知道这些数学知识及技能背后肯定有一些"想法"，但出于对这些新的东西"不熟"，一般就会先达到"熟悉"的目的，边学习边感受。而教师一般也不采取点破的策略，只让学生自己去学习，把一些掌握知识和技能的"要领"对学生进行"点拨"，有时也借助一些"隐晦"语言试图让一些聪明的学生能够尽快感悟。此时的数学思想方法的感悟处于一种自由的感受直至感悟阶段，不同的学生感受各不相同。

第二层次：虽然学校为学生提供了"隐性操作感受"，但因为学生在知识能力和认知水平等方面存在局限性，无法感悟数学知识背后的逻辑关系和思维方法，因此，在必要的时候，教师应该适当地给予学生帮助和点拨。此外，教师在解决数学问题、传授数学知识的过程中运用显性的文字和口语传授数学思想方法，并对学生有意识训练的阶段称为"孕伏的训练积累阶段"，其中"孕伏"是指为形成"数学文化修养"奠定的基础，在这个阶段，教师具有明显的导向性，教师把内蕴性强的数学思想方法显性化传授出来，让学生有意识地理解和掌握专业知识，进入"知觉"阶段，这一阶段对学生来说至关重要，可以帮助学生找到正确的数学思想方法和数学学习方法。

（2）高等数学思想方法阶段性培养的思考。高等数学思想方法阶段性培养的思考需要从三个方面着手，如图1-3所示：

准确把握好各个阶段的特征

注意各种思想方法的有机结合

认真体验和反思数学思想方法

图1-3 高等数学思想方法阶段性培养的三个思考层面

第一，准确把握好各个阶段的特征。一种数学思想方法必须经历孕育、发展、成熟的过程，不同时期的特征各不一样，教育手段也差距甚远，如果我们不根据阶段性特征而拔苗助长很可能会违背数学教学规律。

第二，注意各种思想方法的有机结合。各种思想方法的有机结合有多方面的意思：一是思想方法具有逐级抽象的过程，"低层次"的数学方法可能"掩盖"了"高层次"的数学思想。目前的教学过程中以"法"代"想"的现象比较普遍。虽然我们可能将"微观"中的"法"作为"宏观"中的"想"，在隐性的操作感受阶段的感性材料，但是，或许我们并没有将一些本该进一步"升华"的"法"发展和培养成"想"的意识。二是对同一个学生而言，各种思想方法培养所处"时期"可能也不一样，我们应该注意培养的侧重点，不能因为一种已经进入成熟的思想方法掩盖了尚处于前两个时期的思想方法错失培养的良机。三是一种数学知识可能蕴含着多种数学思想方法，一个数学问题可以采用多种思想方法中的一个来解决，也可能需要多种数学思想方法的合理"组合"才能解决，我们应该引导学生进行优选和组合，使学生具有良好的学习数学和解决数学问题的综合能力。

第三，认真体验和反思数学思想方法。数学方法具有显性的一面，而数学思想往往具有隐性的一面，数学思想通过具体数学方法来折射，部分人们由于数学思想和方法的紧密联系，往往就不加区分，统称为数学思想方法。我们不能认为讲授了一些问题的具体处理方法就已经体现了背后的思想，这其实存在一个认识误区。学生采用多种方法解决了一个又一个数学问题，但他们说不出背后思想的情况是非常多的。

总而言之，能否在千变万化的数学方法中概括出数学思想是衡量一个学生或数学教师的水平和数学修养的重要标志，我们只有提升自己的认识水平，才能高屋建瓴地有效培养学生的数学思想，因此，我们完全可以通过体验和反思目前已有的数学思想方法，使我们的观点和水平得到进一步提高。

（四）高等数学教学的原理分析

1. 问题驱动原理

（1）描绘一门学科要解决的问题，树立教学目标。高等数学教育，面对的是已经具有多年数学学习经验的成人学生。他们首先要问的是：为何要学这门课程，我们必须从一开始就展示课程的目标，说明本课程要解决的问题，激发学生的学习积极性。

例1：微积分绪论课的问题驱动。

微积分教学要用切线斜率和瞬时速度的问题进行驱动，意思是，我们不能不问为何要依次学习极限—连续—导数，不能不谈究竟学习这些需要解决哪些问题。许多教材，到给出导数定义之后，才来讲导数的几何意义和力学解释，出现切线和瞬时速度的问题。那是把认识过程弄颠倒了。如何进行驱动，具体如下：

我们可以从二次函数说起。在学习中对它做了反复研究，演练过无数的题目，可是我们可曾观察过其图像（图1-4各点处切线斜率的变化）。

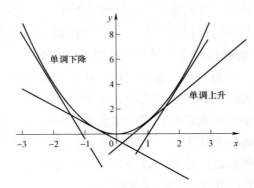

图1-4　各点处切线斜率的变化

切线斜率由左往右看，当 $x<0$ 时，数值为负，从负无穷大逐渐趋于 0，当 $x=0$ 时，切线斜率也等于 0，当 $x>0$ 时，切线斜率成为正数，且数值越来越大。微积分法就是用切线斜率看曲线，通过曲线变化，可以看出函数的最大值、最小值以及上升下降等变化。但如果孤立地看曲线上的点，就无法画出切线。由此，对学习者来说，研究微积分最主要的问题是怎样求出切线斜率和怎样画出切线。

瞬时速度也属于微积分的特定名词。事实上，每个人都知道"瞬时速度"的概念。正如在公路上标明的"120"限速，这个数值并不是指某一个阶段的平均速度，而是某一个瞬间的速度不能超出 120 km/h。在现实生活中，人们一致认为，快车在追赶慢车时，超过慢车的一瞬间，速度一定比慢车快。但事实上，针对这个瞬间，哪一个行车速度是瞬时速度并没有被准确定义，所以，这并不能准确得出快车的"一刹那"速度，由此可见，人的大脑具有主观能动性，具有数学发展潜力。

上述案例，是微积分课绪论上可以采用的一种问题驱动设计。当然，也可以从微积分学历史演进的角度提问题，或者从解剖一个实际情景建立数学模型等。

（2）重要的概念，往往来自一个问题的求解。微积分课程的整体需要问题驱动，每一个大的章节也需要问题驱动。提出一个好的问题，能引起学生的学习兴趣，激发学生的探究热情，教学就能走出成功的第一步。

例 2：线性相关、线性无关概念的理解。

线性相关与线性无关的概念是学习线性代数的难点之一。线性相关的定义是这样的：设有 n 维向量组 a_1，a_2，…，a_m，如果存在 m 个不全为零的数 k_1，k_2，…，k_m，使得 $k_1a_1+k_2a_2+\cdots+k_ma_m=0$，则称 a_1，a_2，…，a_m 向量组是线性相关的。

如果教师直接把定义抄在黑板上，又逐字逐句地解释了一遍，那么学生可能仍然不知道为何要有这样的定义。教师完全可以通过一系列问题来引出这个概念，学生对它的理解就会很不一样。

问题 1：这 m 个向量 a_1，a_2，…，a_m 中是否存在"多余"的向量，如何知道有"多余"的向量。这一问题就是线性相关概念背后的朴素的原始思想。首先要对"多余"做一个数学上的界定：所谓"多余"，是这个向域可以用其余向量线性表示出来，例如 a_2 是多余的，那么存在 $m-1$ 个不全为 0 的数 l_1，l_3，…，l_m，使得 $a_2=l_1a_1+l_3a_3+\cdots+l_ma_m$，这样一来这个 a_2 就是多余的，即可以从向量组中去掉。容易证明，这个"多余"定义与线性相关的定义是等价的。

教师还可以更形象地问：把 n 个向量比作一座房子的"承重柱"，哪几根是不可少的，哪几根是由其他柱子派生出来并不承重的。问题就更加清楚了。如果继续用问题驱动，会有更多的突破。

问题 2：线性相关的概念是否有实际意义，怎样判定向量组 a_1，a_2，…，a_m 是线性相关的。

我们可以用线性方程的解来说明。记 $A=[a_1a_2,...,a_m]$，这是 $n\times m$ 矩阵，a_1，a_2，…，a_m 线性相关的充要条件是线性方程组 $AX=0$ 有非零解。用高斯消去法可以解出非零解。多余向量全部剔除后的向量组称为线性无关组。线性无关组是没有多余向量的。

问题 3：能否在一个向量组 a_1，a_2，…，a_m 中找到一个子集 a_{i1}，a_{i2}，…，a_{ir}，使得它是线性无关的，并且向量组 a_1，a_2，…，a_m 中任何一个向量均可用 a_{i1}，a_{i2}，…，a_{ir} 线性表示。当然是可以的，只要逐步将多余向量去掉就可以找到这个子集。

问题 4：上述子集的个数 r 是否是唯一的。

这个例子告诉我们，问题驱动并非都要用实际情景产生的问题来驱动。抽象的数学概念背后，同样有非常生动的问题存在。"多余的"和"承重柱"的朴素语言不会写在教材上（教材语言必须准确与精练），但是课堂教学的讲解则需要生动和易懂。如果我们善于采用一些生活中常见的现象作比喻，提出一系列的问题，加以层层驱动，就会使得这些抽象概念产生得非常自然，思维过程非常连贯。

（3）一个定理的产生也可以由问题驱动。

例3：微分中值定理的问题驱动设计。

问题1：如何刻画直线的变化率？

$$f(b)-f(a)=\tan\alpha\,(b-a)$$

如图 1-5 所示，$\tan\alpha$ 是线段 AB 的斜率。

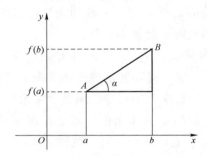

图 1-5　$\tan\alpha$ 是线段 AB 的斜率

问题2：如何刻画函数形成的曲线段的倾斜度。

从几何图 1-6 上可以看出，会有一点的斜率与两端点连线的斜率一致。

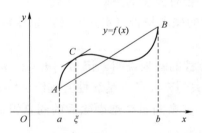

图 1-6　斜率与两端点连线的斜率

问题3：瞬时速度与平均速度是否有关系。更直接一些，一个物体的位移函数为 $s=s(t)$ 物体在时间区间 $[0,T]$ 上的平均速度是否会与物体在这一时间段内某时刻 t_0 的瞬时速度相等。答案是肯定的。

原因在于，因为平均速度是时间区间 $[0,T]$ 上速度的平均值，肯定在某些时间的速度大于平均值，而另外有些时间的速度小于平均值。就像一个班级数学考试的平均分数是 80 分，总有人分数高于 80 分，而又有些人的分数低于 80 分。假定速度是连续变化的，结合连续函数的介值定理推断，结论自明。

用公式来表示这个结论就是:

$$\frac{s(T)-s(0)}{T-0}=s'(\xi) \tag{1-1}$$

其中 ξ 是介于 0 和 t 之间的某个值。

由以上的问题驱动,会直接导出拉格朗日微分中值定理。

2. 数学建模原理

(1)数学模型及其特色。所谓数学模型,是指详细分析实际问题,再经过抽象化、简化过程总结数学结构,在描述数学规律和数学关系的过程中,数学模型运用数学表达方式、数学符号以及数量关系简化实际问题。数学模型是将现实问题中的空间形式和数量关系通过数学语言描述、模仿出来,虽然这种模仿与实际问题相似,但它更贴近实际问题。数学模型有以下特点:

首先,数学模型不断发展,最开始的时候,数学模型比较简单,但与实际问题对比之后,经过不断修改,更贴合实际,更加客观。

其次,数学模型不是唯一的。因为建立模型时存在人的主观因素,不同的人对同一个研究对象所建立的数学模型可能不同,因此数学模型在发展过程中可以多种多样,好的模型得到不断发展,不好的则被淘汰。

最后,数学模型模拟(模仿)了实际问题。在研究事物的过程中,数学模型具有抽象性和简易性,并且,数学模型属于数学结构。在实践建模的过程中,先找出事物的本质内涵,然后抽取主要因素,去除次要因素,最终形成完整的数学模型。通常情况下,完全吻合现实的数学模型很难构建,大部分数学模型只是近似现实事物。

(2)开展数学建模的意义(图1-7)。

第一,通过数学建模教学,可以强化学生的数学应用意识。目前的学生已经掌握了很多数学知识,但是,只要谈及实际问题,大部分学生都束手无策,所以,现在的学生缺乏实践操作能力和解决实际问题的能力。值得一提的是,数学建模的过程就是实践和理论充分结合的过程。

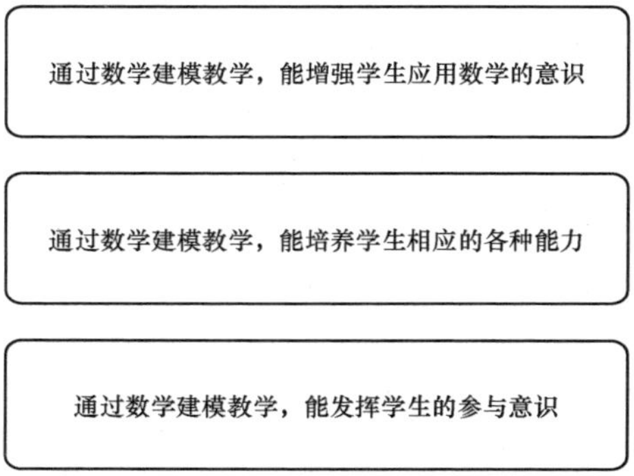

> 通过数学建模教学,能增强学生应用数学的意识

> 通过数学建模教学,能培养学生相应的各种能力

> 通过数学建模教学,能发挥学生的参与意识

图1-7 开展数学建模的意义

第二,通过数学建模教学,可以培养学生的各项能力。数学建模最需要解决的问题是实际问题,解决实际问题需要先将建模问题转化为数学问题,并在

49

这个过程中信息分析这些问题。数学建模需要具备强大的想象力，人的知识储备有限，但是，人的想象力是无限的，想象力可以推动社会进步和发展。通常情况下，实际问题比较复杂，如果从主要因素开始定量研究，就可以充分训练和发挥学生的分析能力、表达能力和综合能力等，此外，还可以培养和提高学生的计算能力和推演能力。在解决实际问题的过程中，应该先提出可行性要求和具体的解决方案，在各种因素中，为了处理好实际情况和能够求解的矛盾，应该做好取舍，筛选出有利于实际的因素，进而全面提升学生的实践能力和应变能力。

第三，通过数学建模教学，可以充分发挥学生的参与意识。强化数学建模教学可以有效改变传统教学方法，可以最大限度地激发学生自主学习的积极性和主观能动性，可以加强学生相互沟通交流，进而有效解决数学问题，增强学生的成就感。

首先，数学建模的要求。针对不同的问题，构建的数学模型也不同，因此，数学模型没有固定的构建标准和格式。针对不同问题、不同角度和不同要求，建立的数学模型也不同。所以，数学模型的建立需要满足以下几点要求：① 精度高，数学模型应该充分反映本质关系和本质规律，将非本质的元素去除；② 简易、方便；③ 在建立图表和公式的过程中，应该重视经济规律和科学规律；④ 充分借鉴标准化的表现形式；⑤ 数学模型应该便于操纵、控制。

其次，数学建模的方法。数学模型的建立主要包含两种方法，即机理分析、数据分析。具体而言，前者是指从实际问题的特征出发，全面分析问题的内在机理，厘清问题的因果关系，在适当的假设下，运用恰当的工具描述数学模型。后者是指人们无法在一定时间内得出事物的特征机理，需要先对数学模型进行测试，得出相应的数据，然后根据数据处理相关问题，由此构建准确的数学模型。

最后，数学建模的一般步骤。数学建模属于一种思考方法，可以有效解决各种实际问题，从侧面考查实际问题，将抽象的数据具象化，并运用相关的原理和定律构建特定的关系，由此形得出准确的数据参量和数学参数，进而简化和解决实际问题，构建出准确、简化的数学模型。数学建模的一般步骤具体如下（图1-8）：

第一，建模准备。建模准备应该充分考虑问题背景，应该准确掌握建模目的和数据资料，进一步厘清问题中涉及的数量关系和问题对象的本质特征。

第二，模型假设。在模型假设阶段，依据建模目的和问题特征简化问题内容,运用准确、精练的语言假设问题,筛选出关键变量和主要因素。

第三,建立建模。在模型假设的基础上构建数学模型,运用合适的数学工具建立数量关系,即数量定量关系和定性关系,进而形成初步数学模型,在这个过程中,应该尽可能选用简单的数学工具。

第四,模型求解。构建数学模型的最终目的是解决实际问题,求解数学模型中的数量关系,具体包含图解、解方程和定理证明等内容。

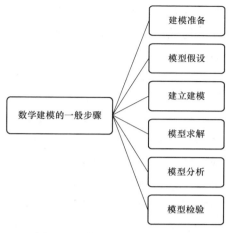

图 1-8 数学建模的一般步骤

第五,模型分析。模型求解得出准确结果之后,从数学角度分析模型,有的时候,依据问题性质分析变量的稳定性态及依赖关系;有的时候,依据求解结果进行数学预测;有的时候,依据求解结果给出最优的数学决策。

第六,模型检验。通过实际问题检验模型分析结果,从实际问题的现象和数据验证检验模型的适用性和真实性等。模型需要满足基本要求之后才能被大众接受,如果人们不接受模型,就需要根据实际情况修改模型。因此,适用性强、符合实际的数学模型需要不断改进和完善。

(3)开展数学建模教学。

第一,开展数学建模教学的特点(图1-9)。

一方面,教学目标的侧重点不同。数学建模教学目标更加侧重于培养学生运用数学模型解决实际问题的能力和数学应用意识。在教学的过程中,

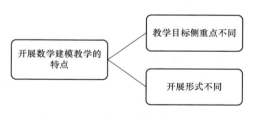

图 1-9 开展数学建模教学的特点

选择问题应该选择条件容易发现、参数容易估计和假设的,把数学建模当作沟通现实和数学的手段。在实际生活中,常见的数学建模课程侧重于运用多样化的方法构建不同的数学模型,由此总结出具有指导性的策略,数学建模教学更加重视定量决策的作用和强调科学决策,数学建模课程的最终目的是解决实际问题。

另一方面,开展形式不同。数学建模教学不是单独的教学科目。在实际教学中,数学课时比较紧张,在课堂时间内很难完全开展建模教学。在课堂

上，从课本内容切入建模知识、建模训练，教师引导学生明确建模步骤之后，其他建模知识和训练都以课外活动的形式进行。

第二，开展的数学建模教学原则（图1-10）。

首先，可行性原则。在数学建模教学中，教师不仅要为学生提供再发现、创造的条件，还要提供实践机会，引导学生掌握数学知识和已有经验的内在联系，此外，教师还应该注意学生的潜在发展能力和当前的学习情况。数学建模教学活动内容和教学方法应该符合学生的心理特征、年龄特征等，从学生的认知水平出发，帮助

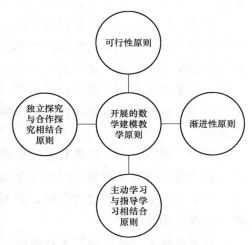

图1-10　开展的数学建模教学原则

和引导学生接受数学建模教学方法，除此之外，教师应该让学生的认知水平实现新飞跃。

其次，渐进性原则。和数学知识教学一样，数学建模教学应该注重教学渐进性原则。该原则主要表现为问题呈现的渐进性，按照问题的难度和复杂性，可以将教学实际问题从小到大分为五种：识别性问题、算法性问题、应用性问题、探索性问题和情境性问题，其中，数学建模的基础是识别性问题、算法性问题。

在数学建模教学过程中，教师应该遵循渐进性原则，另外，数学建模教学可以分为三个阶段：

第一个阶段，基本应用阶段。在这个阶段，学生的建模意识不强，缺乏建模知识，并且，学生没有数学建模经验，因此，教师在选择数学建模问题时，应该选择相对简单的、贴近学生生活、适合学生学习和掌握的问题。在共同构建数学模型时，应该以学生为主体，以教师为主导。教师在讲解建模知识的过程中应该充分结合建模方法、建模含义以及建模步骤等，在选择例题时，也应该选择基础性实际问题，将教学重点放在构建模型和刻画数学知识上。此外，教师还应该重点培养学生的交流能力，让学生初步了解数学建模方法，引导学生掌握数学建模步骤和数学建模的一般过程，让学生感受到数学建模在实际生活中的功能，进而强化学生的建模意识。

第二个阶段，探索性建模阶段。经过基础学习之后，学生的建模意识初

步形成，学生也具备了初级数学建模能力，到探索阶段，教师应该有针对性地选择典型问题创设建模情境。教师提出问题情境之后，和学生共同分析，进一步实现问题数学化，引导学生积极参与建模过程，并在此基础上充分运用常用的建模方式和数学建模知识，构建符合实际的数学模型，在解答问题的过程中，教师应该及时检验、修正和评价教学内容。

第三个阶段，情境性建模阶段。这一阶段的建模教学要求学生具备相应的数学建模能力，要求学生具备解决数学建模问题的能力，通常情况下，教师给出建模问题的基本要求及情境，并要求学生依据具体问题和基本要求发现问题、挖掘有用信息，要求学生根据实际情况作出假设，制定各种各样的模型构建策略，运用对应的方法得出问题答案，进而检验、修正和补充建模方法，最终得出实操性强的数学模型。

再次，主动学习与指导学习相结合原则。作为教师，不仅需要示范数学建模程序，还需要引导和启发学生学习，引导学生从实际情况出发，通过实践不断发现问题、分析问题和解决问题。在教学的过程中，教师是学生的引导者，应该重视以下两点内容：第一点，教师应该充分了解学生现有的数学发展水平，换言之，应该充分了解学生的认知水平和技能水平，具体包含学科专业知识、认知策略以及解题策略等；第二点，教师通过设置专业问题清除学生的思维障碍，并在此基础上正确指导学生，换言之，教师应该明确教学目标和教学要求，充分结合学生的认知水平，设计符合实际的数学问题情境，营造良好的教学氛围，此外，教师还应该利用情绪的积极作用促进学生发展，激发学生的学习积极性，并进一步调动学生的自主学习能力。另外，营造积极和谐的教学情境可以充分发挥学生学习数学建模的创造性及主动性。

最后，独立探究与合作探究相结合原则。数学建模教学应注重独立探究与合作探究相结合的原则，一方面，充分发挥学生的主体意识，在数学建模教学中，鼓励学生积极参与教学的每一个环节，引导学生独立思考和独立探究，进而总结出解决方案；另一方面，充分发挥学生的合作意识，运用小组合作、集体讨论等方式发挥专长，达到优势互补的效果。简单的数学建模可由学生独立完成，复杂的数学建模可采用小组合作的学习方式。

3. 适度形式化原理

（1）形式主义数学哲学的适当运用。19 世纪下半叶，数学观念发生了巨大变化。以微积分为核心的分析数学用语言得以完成严谨化的历程。希尔伯特将不够严谨的《几何原本》改写为《几何基础》，制定了完全严谨的欧氏几何的公理化体系。20 世纪，形式主义、逻辑主义和直觉主义的数学哲学展开论战，结果是形式主义的哲学思潮获得了大多数数学家的认可。一些数学家追求完全形式化的纯粹数学，认为全盘符号化、逻辑化、公理化的数学才是最好的数学。法国布尔巴基学派的《数学原本》是其中的杰出代表。但是，以计算机技术为代表的信息时代数学迅速崛起，形式主义的数学哲学思想渐渐退潮。20世纪70年代以后《数学原本》也停止出版。不过，数学的形式化特点，永远不会消除。

迄今为止，学术形态的数学依旧是形式化地加以表述的。公理化、符号化、逻辑化，仍然是数学保持完全健康的绝对保证。我们看到的形式化的技巧，是我们必须学习掌握的能力。形式化更是理性文明的标志。我们不可以否定或轻视形式化的数学表达。我们所要关注的是，怎样避免把思考淹没在形式主义之中。

过度形式化的数学在大学数学教育中也表现出来了。写在大学数学教材里的数学知识，也总是从公理出发，给出逻辑化的定义，列举定理，然后加以逻辑证明，最后获得数学公式、法则等结论，这是形式化的必然结果。至于隐含其中的数学思想方法，教材一般是不提，或者很少提的。可见，我们应该引导学生学习、理解和欣赏，并且还能够加以掌握和运用数学中的"形式"，但是数学教育不能停留于此，成功的数学教学，还要进一步恢复当年发现这些"形式"思考。

大约在20世纪80年代前后，当形式主义数学思潮渐渐消退的时候，数学教育研究出了"非形式化"教学诉求，这种教学主张并非要全盘拒绝数学的形式化，而是要适度地形式化。通俗而言，就是要把数学的形式化的学术形态，转换为学生易于理解的教育形态。

通常情况下，通过实际思考，形成形式化、严格的数学证明和数学定义，因此，概念教学应该先从非形式问题入手。通过问题导向、朴实的语言和典型的例子引导学生思考，进而深刻地描述数学概念，让学生具象化地认识数学建模概念，然后用准确的语言定义数学概念。此外，证明数学定理也需要结合问题特点和问题性质，找准思考方向。不断探索解决问题的途径，甚至包括一些失败的尝试，这些都是非形式化的，但却体现了数学发现阶段的火热思考，下一步才是从不严格到严格，从非形式化的描述到形式化的描述。体现数学家在最初发现问题时思考的过程，正是数学教学创新的根本所在。

（2）不同"形式化"水平的适当选择。以微积分为例，就有以下的形式化的水平：

第一，特高的形式化水平。例如，将微积分和实变函数打通，将黎曼积分和勒贝格积分统一处理。

第二，高要求的形式化水平。以 $\varepsilon-\delta$ 语言处理的微积分，即"数学分析"课程。

第三，一般要求的形式化水平。整体上要求形式化表述，但对极限理论等的论证采用直观描述，辅以 $\varepsilon-\delta$ 语言的表述。

第四，较低的形式化水平。全直观地解说微积分大意。

第五，每一种水平都是合理的。我们要做的事情是根据教学目标的设置和学生的特点进行选择。

数学科学不同于其他学科，具有严格的逻辑结构。因此，数学的现代化不能废弃以前的理论，而要从古希腊的源头开始。例如，非欧几何的发现并不否定欧氏几何，现代分析学仍然建立在古典分析之上。那么，越来越多的数学内容怎样在时间有限的教学过程里加以呈现，我们只能采取跳跃式的前进方式，在保留一些数学精华的同时，将一些经典的结论作为"平台"接受下来。至于哪一些理论作为平台，需要教师根据实际情形进行选择。例如，在微积分教学中，阐述闭区间上的连续函数性质（有界性、最值达到性、介值性）的几个定理，可以严格证明，也可以选择不证明，画图说明，作为"平台"接受下来。换言之，如能理解其意，以后会用来解释一些函数特征，也是一种关于形式化水平的选择。

二、高等数学教学的主要特征

（一）理论与实践相互融合的特征

高等数学教学是数学教学理论支撑下的实践探索过程，在数学教学现实中既彰显其理论特质，又体现其实践灵动。对于数学教学需要基于理论的视角来透视现实，着力于教师、学生在数学教学中的行为表现，给予数学教学改革以支撑点，展开丰富多样的调研和实验报告，剖析数学课程改革背景下教师教学观、数学观、行为方式、专业发展和科研现状等方面的实际情况，对学生学习策略、学习效能、认知方式、心理表征、情感态度和学习能力等方面进行调查研究，深度解析现实数学教学中存在的一些问题，如课堂中的公正、习题课教学中困境的突破，教学时空的规划与设计等，充分体现出数学教学理论与实践相结合的特质，促进理论与实践的深度融合。

（二）继承传统与锐意创新的特征

高等数学教学既直击现实问题又兼顾教学系统，体现继承传统与锐意创新之精神。高等数学教学会因为学生、知识、教师和环境等因素所蕴藏的丰富的信息和情感形成不同的现实景象，为探索与创新提供了丰富的资源和素材，留下了大量的创造空间。因此，在数学教学探索与创新的长河中，一定要直击现实问题的要害，如在教学设计环节上，对获得教学成效的理解与行动的局限性导致教师过分关注成绩；在教学实施中紧扣考纲，使数学教学应有的拓展性、实践性、发展性不足；在数学教学的其他环节，如课外实践、德育渗透、跨学科融合也存在着诸多明显的缺失，从而使数学教学实践的时代性较差，数学文化特质淡化，进而影响数学教学质量的提升。对这些问题的研究要在数学教学系统中思考，从点、线到面及体的全方位透视，从中析出问题的要害，总结经验教训，开展对当下高等数学教学现实问题的调查与实验，在继承传统的基础上，在国内外对比分析的过程中，对数学教学现实进行诊断分析，结合现代数学教学理念，从中分析传统优势，去其糟粕，取其精华，对数学教学改革与发展提出创新性的观念，充分体现研究数学教学问题的现实性、探索的深刻性、教学的解惑性、方向的指引性。

（三）深度调研和扎根课堂的特征

基于现实数学教学实情的探索与创新必须扎根于真实的数学课堂，做深度调研与精细化的实验，让事实和数据说话，发出数学教学主体学生与教师的声音，特别是一线教师及不同民族学生的最为真切的数学教学之认知、感悟等，从不同的层面，如数学教学理念、数学教学设计、数学教学内容、数学教学实施、数学学习方式、数学教学评价、数学教学管理等维度展开深度调研与精细实验，密切关注高等数学教学改革新动向，从真实的课堂、研究的论文、进行的课题的变迁中管窥出数学教学变革的新动向，要从关注具体的数学教学过程发展到关注数学教学主体—师生的观念、发展特点，再到关注数学教学的效率、理解程度、认知结构、发展水平及素质提升等，不断深入地探析数学教学的实质。在深度调研与精细实验中既要继承我国成功经验，又不忘吸取他国优秀理念，不断地对数学教学进行方法引领、思想转变与境界提升方面的探索工作，同时要从数学教学哲学的高度触摸数学教学发展之动向，促使数学教学系统化地跟进。

第二节　高等数学教学的核心素养分析

一、逻辑推理要素

逻辑推理是主要以事实和命题为切入点，根据规则推导其他命题性质的科学思维方式。逻辑推理一般分为两类，即归纳推理逻辑和演绎推理逻辑。前者主要涉及对事物从特殊到一般的推理过程；后者主要涉及对事物从一般到特殊推理的过程。目前人们运用比较多的推理手段是演绎推理。

逻辑推理是数学严谨性的主要表现，也是构建数学系统和得出数学结论的重要手段。人们在数学活动中产生的思维就属于一种变向的逻辑推理。逻辑推理的涵盖范围比较广泛，如对推理基本形成和规则的掌握、发现问题和提出命题、对已知或未知命题的探索和论证、了解命题体系等。

学生在学习数学的过程中，能够掌握一些基本的逻辑推理，并运用逻辑性思维看待和思考问题；可以把握事物发展的脉络，厘清事物之间的关系，把复杂情境中的事物关系变得简易化；形成与逻辑相符的、有条理、有依据的理性精神和思维品质，从而提高自己的沟通能力。

二、数学建模要素

数学建模是对遇到的实际问题建立抽象数学建模，并对数学模型进行求解，最后根据结果去解决实际问题。数学建模过程相对复杂却十分谨慎，包括用数学的视角在实际情境中发现问题、提出问题、探究问题、建立模型、校对参数、计算求解、检查结果、完善模型和解决实际问题。

数学建模是数学应用的重要形式，它将数学与外部世界连接在一起。数学建模主要表现为：发现和提出问题，建立和求解建模，检验和完善建模，分析和解决问题。数学建模不仅是通过数学解决实际问题的便捷手段，更是推动数学发展的强大动力。一方面，学生在学习数学的过程中，能够有意识地运用数学思维和语言表达方式发现问题、提出问题、解决问题，并能认识到数学与现实之间存在的微妙联系；另一方面，学生可以学会利用数学建模去解决实际问题，从而获取更多的数学实践经验。深刻意识到数学建模涉及的各类领域，对社会乃至国家发展的隐形推动作用，从而增强学生的创新意识和科学探索精神。

三、直观抽象要素

直观想象是借助了对几何空间的想象对事物的形态与变化进行感知，从而理解或解决数学方面问题的素养，其所利用的几何空间一般为图形。直观想象具有情境性、直接性、生动性、丰富性和经验性等特点。

直观想象是探索和形成论证，并构成抽象结构的思维基础，通过直观想象，可以发现问题、提出问题、分析问题，并解决问题。直觉想象有多种表现形式，例如，通过几何直观理解问题，建立形式和数字之间的关系，用几何图形描述问题，通过空间想象理解事物等。学生在学习数学课程的过程中，不断提升数形结合的能力，使几何直观能力和空间想象能力得到更为深远的发展；形成利用几何直觉和空间想象力思考问题的意识；在头脑中形成数学直观，用数学直观感悟事物的本质。

第三节　高等数学课堂教学的规律探索

基于现代教学论视角下的教学重点是提高学生的思维能力。数学教学的目的是使人变得更聪明，学习数学的目的是获取更多解决现实问题的逻辑思维能力，即让自己变得更聪明。在此基础上，总结数学理论教学和数学活动过程的突出之处。要想使高等数学教学的讲授变得更为生动、形象，教师就应当在教学过程中适当引入数学理论形成史和数学家在思考这些数学理论过程中所使用的思维模式等内容，如此不仅有趣，还更有说服力。除了可以解决数学问题外，数学方法还是反映数学思维的重要途径和方法。人们可以通过数学思维来了解数学方法和知识的基本属性，并在这个过程中对数学形成新的观点和看法。由此可见，数学方法和数学思想是相辅相成的关系，数学方法是数学思想的依据和体现，是数学方法的内隐，二者缺一不可。数学思想被突出，教学方法才有了依托，才能具有指导意义，被更好地普及。

没有被实践过的理论就是纸上谈兵，高等数学也是如此。实践应用是证明理论正确与否，以及可行性的必要手段。人们之所以学习高等数学，为的就是后期的应用，学会用数学理论和思维去解决现实中遇到的问题。也就是说，只有突出了数学问题，才能更好地在现实生活中发现问题、解决问题。一般而言，在教学中坚持"三突出"是符合"实践—认识—再实践"的认识论原理的，下面就高等数学课堂教学的"三突出"规律进行阐述。

一、突出数学活动

教师在向学生讲授数学理论形成过程时，实际上就是在向学生揭示着数学家的思维过程，这一活动就是所谓的"突出数学活动"。突出数学活动不仅可以激发学生对数学思维的兴趣，还能使学生灵活掌握数学知识，引导学生积极参与到"发现"数学的活动中来，从而不断更新和完善其内部知识结构。为了突出数学活动，一方面，教师应当更多地将侧重点放到学习和掌握数学史和思想史知识方面。只有这样，才有可能揭示一个数学理论形成的思维过程。例如，教师有必要在讲授极限理论前带学生探究"无限"概念的形成过程，并讲述数学家对无穷小的研究史；另一方面，教师在讲授教材内容的时候，需要进行加工或逻辑处理。

受多方面因素影响，目前的通用教材大多是具有专著性质的科学著作，这就要求教师改变旧的教学观念，以现代数学思想为基础，通过现代数学语言和方法，把数学教学课程转化为适合教学的"课堂教学"或"学校教学"，从而使学生在教学演变过程中形成正确的数学思维模式。对于教材方面的逻辑，教师可以多跟学生聊一聊关于数学逻辑关系和数学语言存在的意义。

在教学中，我们常发现用证明 $\lim\limits_{x \to x_0} f(x) \neq A$ 来代替 $\lim\limits_{x \to x_0} f(x)$ 不存在的结论，这除了是极限概念不清之外，主要原因就在逻辑关系不清。想要突出数学活动还需要创设良好的数学活动情境，这样可以更好地帮助学生去发现问题，从而激发起他们对数学的兴趣和激情。例如，学生对导数和定积分概念的学习，在上一教学阶段中，学生已经对分割术和切线求面积的知识有了一定认知，所以在学习导数或定积分时，教师完全可以鼓励学生自己去"发现"相关的概念和相关知识。举一反三来说，基于逆运算角度下的不定积分也可以让学生自己来"发现"。

二、突出数学思想

第一，数学思想是在数学活动中形成的观点和想法，人们通过数学思想可以了解到数学相关知识和方法的本质。众所周知，"函数"是高等数学的主要研究对象。那么，在研究过程中会产生哪些观点和想法呢？实际上，动态思想和变量思想是一直贯穿于高等数学中的两种思想。简单来讲，人们在大多数情况下会将事物或现象视为动态可变的。所以教师应直接向学生表明，虽然高等数学中的函数十分抽象，但它实际上是用来解决日常生活中发生的问题的重要策略和方法，是高等数学的重点研究对象，同时也是学习高等数学的最基本的思想。

第二，研究高等数学的另一个基本思想是极限的思想或无穷小的思想。这一思维的主要应用策略是"分割"。实数理论是建立在近似策略基础上的理论。为了"逼"出确界，确界定理的证明一般会采用构造区间套的方法。教师在讲授微分、导数和积分的定义时，往往使用无穷小和极限思想。不仅如此，教师在讲授定积分应用过程中，引入的"求和取极限"和"分割取近似"思想也充分体现了这一思想。

第三，化归的思想是研究高等数学的又一重要基本思想。换元、变换、构造等策略都是这一思想的体现。事实上，在求极限值时，有一类问题就是通过变换或换元，化归为"一、二类重要极限"而求得极限的。在计算非定积分过程中，为了把问题转化成积分公式计算，就需要减少被积函数。在计算曲面或曲线的面积积分过程中，为了符合奥高公式或格林公式的需求，往往要构造闭曲线或闭曲面。一般情况下，微积分中大多数问题的解决最终都会归结为一个规则、一个公式或一个结论上。

三、突出数学问题

学习是为了在认知自我、提升自我的基础上，将学到的内容加以应用，从而推动个人乃至国家的发展。就目前而言，高等数学课程中已经涉及到了一些相对复杂的问题，如函数性质、几何量、物理量等。这些问题大多是被过分标准数学化的或是呆板的、或是人为的问题，对于它们的解析更多的是机械化。因为这些问题的表述没有实际的背景和过程，只是一个被确定好各方面数据的数学建模，虽然它们看上去属于应用问题，但其本质与计算题几乎一样。显然，突出数学问题阻碍了学生思维和能力的发展。但数学建模是数学与实践之间的纽带，任何不谈建模建立的应用都是低水平、简单的应用。

此外，为了更好地实现数学建模的建立，教师有必要引导学生建立和学习极限理论中的复合建模。例如，教师如果直接讲授导数概念及其应用方式，学生可能会觉得比较抽象且枯燥。但如果教师是利用多媒体向学生讲解当前的经济问题，并逐渐引入变化率和导数的概念，最后再把导数的应用结合到经济问题分析之中，学生就会觉得非常有趣，能够更好地掌握导数的概念及相关应用知识。再如，教师在教授微积分方程时，应当给予学生一定的引导，一是使其重视对数学建模建立的研究；二是引导学生探究解决数学的过程，使学生明白探究解决问题的过程实际上是理解问题、建立数学建模，最终通过数学语言去讨论、求证和评价的复杂又有趣的重要过程。

第二章　高等数学课堂教学及其思维培养

高等数学作为各大高校的基础性课程之一，提高高等数学课堂教学的有效性能够提高学生的逻辑思维能力，有利于将学生培养成国家所需的高素质人才。本章主要分析数学课堂教学与数学思维分析、数学课堂教学中的创造性思维、数学课堂教学中的思维能力的培养。

第一节　数学课堂教学与数学思维分析

一、数学课堂教学

（一）数学课堂教学模式

在教学课堂中，各种教学模式屡见不鲜，当教师碰到各种各样的课堂教学内容时，他们可以根据具体内容选用合适的教学模式，进而充分发挥教学效果。

"随着我国新课改深入发展，教育模式与教学理念得以创新。充实教师教育体系，提高课堂的教学质量具有积极意义"[①]。数学课堂教学模式具有多维动态、多层次的特点。它的多层次性主要体现在大众数学教育层面以及数学教育教学观念中。同一地区的文化属性和文化特征不同，另外，同一地区的学习对象也具有差异性，因此，数学教学应该具备层次性，应该做到因材施教，并充分发挥学生所长。数学课堂教学模式的多维动态特征主要体现在教师的教上，教师在教学的过程中应该根据学生的个体差异性作出对应的要求；主要体现在教材上，教学教材应该具备多层次性，国外已经形成了层次性教材，与此同时，随着国内课程改革实验的不断推进，多套教材被研发出来；主要体现在学生的学习上，一方面，教师鼓励学生积极选择适合自己的学习方法，另一方面，教师引导和帮助学生量力而行，轻松愉快地学习。

[①] 席卿芬. 新课改下的高中数学课堂教学模式探究［J］. 教学管理与教育研究，2018，3（12）：94.

数学课堂教学模式的多维动态性是由数学教育观念的系统性、开放性所决定的。数学教育涉及多因素和多变量的影响和作用，具体包括教育教学环境、教师和学生、科学和文化以及学生、教材等，所以，数学教育具有多维动态特征；教育的发展离不开社会的发展，不同时期的教育内涵不同，所以，一定时期的教育内涵在另一个时期必须作出合理的调整和优化，另外，随着教育教学过程的不断优化和发展，受教育者的认知水平也不断提高，所以，教学方式也在不断调整和优化，进而展现出数学教育的动态性。由此可知，数学教学模式的多层次性和多维动态性非常突出。数学教育模式直接影响数学课堂教学模式，因此，也具有多维动态性和多层次性。

大部分数学课堂教学模式都是由基本的教学模式复合形成，不同的教学侧重点和教学针对性形成了不同的数学课堂教学模式。在基本教学模式的基础上，结合各种各样的针对性因素，形成具有针对性、独特意义和独特价值的数学课堂教学模式，各种不同的数学课堂教学模式共同构成了数学课堂教学模式体系。数学课堂教学的基本模式有两种：教师讲授模式和启发式教学模式。

第一种，教师讲授模式。教师讲授模式也被称为"讲解—传授"模式或"讲解—接受"模式。数学教学的基本模式是教师讲授模式，教师讲授模式以教师系统讲授为主。教师讲授模式的重要理论依据是皮亚杰提出的智力发展阶段论、奥苏伯尔提出的有意义言语学习。它的教学目标是通过数学教学引导学生形成对应的数学认知架构。

实施教师讲授模式的主要步骤是：新课导入—新课讲授—新课巩固—布置作业。教师在教学的过程中，应该依据学生的实际情况运用不同的教学技术和方法。教师在讲授新课的过程中可以穿插不同的教学方法，具体包含谈话形式、提问形式等，另外，新课巩固可以运用课堂练习和课堂提问等方式。讲授式虽然对培养学生智力及动手能力的作用较弱，但如运用得法，也可使其不足得到一定的补偿。比如，含蓄的讲授方法可以启发学生思考；生动有趣的讲授方法可以激发学生的学习兴趣和创造力；突出重点的讲授方法可以引导学生形成正确的概念，可以发散学生思维，提升学生的数学应用能力。

数学教学模式主要包含三种：思想方法教学模式、启发式教学模式以及教师讲授模式，三种教学模式相互交叉复合，可以融合形成其他教学模式，将这些教学模式体系运用到优化数学教学的过程中，进而实现数学教育教学目标。

数学课堂教学模式多种多样，每一种教学模式都可以分为几种不同的变式。数学教学活动中存在很多变量，具体包括数学教材性质、数学教学目标以及学习者水平等。因此，每一种课堂教学模式可以描述不同的教学过程。在数学教学过程中，不同地区、不同学校、不同年级和不同班级应该运用不同的教学模式，如果都用一成不变的教学模式，很难实现教学目标。为了适应时代发展和教育改革，数学课堂教学模式应该不断优化和发展。

第二种，启发式教学模式。启发式教学模式是教学基本原则——启发性原则的具体体现，它作用于各个具体教学过程之中，换言之，有数学的地方就有启发式模式的运用。启发式教学模式经历了时代发展的实践和证明，属于基本教学模式。简而言之，启发式教学模式更加注重培养学生的独立思考能力和实践能力，不是教师简单地讲授知识，而是引导和帮助学生独立解决学习问题。另外，启发式教学模式具有发展性，在数学教学的过程中，启发式教学模式可以充分发挥学生的创造性和主动性。启发式教学模式的基本操作步骤是：教师先提出一个学习问题，然后引导学生自主解决问题，学生则从中获得专业知识和思想方法；经过一定的思考之后，教师提出更深入的问题，引导学生逐步解决问题，进而形成完整的学习经验和方法。

实施启发式教学模式的根本要求是教师应该组织好学生，换言之，教师应该充分发挥学生参与学习的主动性和积极性，运用预先评价法把学生需要掌握的知识先整合起来，形成完整的知识架构，然后，让学生在教师的引导下独立思考，最后解决学习问题。而启发式教学模式在具体的实施过程中有不同的启发方式，主要有以下类型：

第一类，归纳启发式。在归纳启发式教学模式中，处于支配地位的是归纳过程，此种教学模式的突出特点是从特殊到一般。学习者在归纳启发作用下，可以运用直观法和逻辑分析法概括具体事例、教学技巧和解题方法等因素的共同性质，进而创造出新的知识。在实际教学中，归纳启发式教学模式比较常见，具体而言，数学概念、数学公式和数学原理等都可以运用举例子的方式启发教学，教师在应用归纳启发式教学过程中应该明确学生的实际情况，让学生通过教学掌握教学重难点，进而总结概括教学内容，此外，教师还应该为不同概念提供不同例子，进而充分说明教学概念。为了避免出现错误概念，教师还应该准备反面例子。

第二类，演绎启发式。在演绎启发式教学模式中，起支配地位的是演绎过程。演绎启发式教学的特点是从一般到特殊。学习者在演绎启发式教学的作用下，充分运用逻辑思维方法和直观方法形成抽象概念的概念。首先，教师应该制定准确的学习问题和学习目标，让学生形成自己的思维逻辑和思考空间，其次，教师应该使用预先评价方法明确学生应该具备的知识技能和概念原理，进而发挥演绎启发式教学的作用，具体而言，教师可以组织全班学生思考和讨论，随后引导学生演绎相关内容。演绎启发式教学适用于定理推导和定理证明，并在此基础上启发学生思维，对学生的要求较高，因为演绎启发式教学模式需要充分调动学生的抽象概括能力和数学思维逻辑能力。相较于归纳启发式教学，演绎启发式教学需要更多学习和研究时间，并且，很容易让学生陷入困境，所以，实践的过程中需要教师指导和帮助。

第三类，类比启发式。类比启发式教学模式需要借助类比思维启发学生。类比启发式教学的突出特点是学生认识活动的基础是明确对象或现象之间在特定关系中的相似性。此种教学方式和前两种教学模式不同，它是从相似的一方直接到另一方，是由特殊到特殊、具体到具体的教学方式。类比启发式教学非常重要，需要教师先引导学生研究数学对象的相似物，根据问题的相似性设置对应的问题情境；然后，教师应该激发和组织学生运用类比的方法探索活动，进而引导学生找到相似的问题属性，明确问题的相似性，运用类比推理的方法假设问题和检验问题。

第四类，实验启发式。数学并不属于实验科学，但是，可以运用观察和实验的方式研究数学对象的某一性质，另外，观察和实验还可以判断研究对象的正确性，从这个角度来看，观察和实验可以确保数学结论的准确性。1986年国际数学教育委员会也提出"有必要去选择那些鼓励和促进实验方法的数学课题或领域"。的确，有些课题从实验入手引导学生发现结论是很有效的。学生可以通过数学实验研究问题，并且通过实验操作来具象化相对抽象的数学概念，让学生经历数学发现的过程。

教师在使用实验启发式教学时，需要开展以下三项特殊活动：第一项，预先准备实验材料，如果教学实验主要由学生自己动手，教师需要先安排好相应的实验材料。第二项，制订实验计划，监督学生开展实验活动的计划。第三项，教学生如何实践操作。如果有必要，教师可以提供相应的活动程序，即引导学生明确实验目标；思考数学实验需要解决的问题；根据实验结果概括实验中的典型关系；陈述学生的实验收获；分析和总结实验方法和实验过程。

无论是哪种启发方式，教师都应该正确引导和帮助学生将启发教学得出的结果整合在一起，形成有用的知识体系和结论，此外，教师还应该应用知识结论解决相关问题，将这些结论融入学生的认知体系中，进而激发学生的学习积极性。

在教学实践的过程中，启发式教学模式主要表现为启发式谈话教学方式。直接影响学生的学习态度。无论是在课堂教学中，还是在家庭作业中，只要学生可以独立找出问题的解答方法，就会产生学习成就感，进而激发学生的学习兴趣。

值得一提的是，在运用启发式教学模式的过程中，可能需要较长的教学时间，因此，不能完全使用某一特定的启发式教学模式进行教学，而是应该将复合式教学模式和教师讲授充分融合，进而实现教学目标。

（二）数学课堂教学方法

数学教学过程的重要模型是数学教学模式，数学教学模式是以数学教育理论为基础抽象形成。判断模型优劣性的唯一标准是教学模式是否有利于实现数学教学目标，是否符合数学教学要求和规律。因此，实现数学教学目标需要以数学教学模式为基础，找到有效的教学方法和教学规律。只有这样，数学教学模式才能将数学教学实践和数学教学理论有机融合，进而完善和优化教学内容和方法。

1. 数学课堂教学方法内涵

数学课堂教学方法是指教师在数学教学的过程中，将教育教学工作方法和学生学习方法有机融合。教师的数学课堂教学方法主要包含启发、指导和检查学生在认识活动中使用的教学手段和方法。学生的学习方法主要包含获得技能和知识、自我检查的方法及手段。数学课堂教学方法属于教学论中的手段和方法，这些方法整合了完整的数学知识体系。运用数学课堂教学方法，教师实现了技能培训、思想教育和知识传授等教育教学目标，将教和学有机融合。

2. 数学课堂教学方法分类

在数学课堂教学方法中，既有教师教的方法（讲解、演示、指导等），也有学生学的方法（听讲、观察、阅读、讨论、练习等）。既有教师的启发，又有学生的探索。教学方法大体可分为五个系列、三个层次。

（1）数学课堂教学的五个系列，具体如下（图2-1）：

第一，传递接受型。传递接受型是指由教师运用讲解法让学生理解和

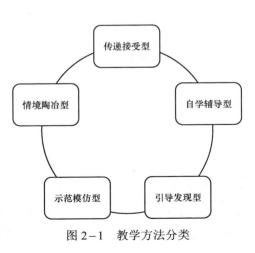

图2-1　教学方法分类

掌握知识。

第二，自学辅导型。在教师的指导下，引导学生将教师讲解的一部分内容自行理解和掌握，比如辅导法、阅读法等。

第三，引导发现型。教师提供研究材料给学生，引导学生探索研究材料，并从中得出对应的结论，比较常用的方法有问题探索法、引导教学法以及迁移教学法等。

第四，示范模仿型。先由教师示范课本内容，引导学生模仿练习，不断培养和提高学生的学习技巧和学习能力，比较常用的方法包括尝试教学、示范教学等。

第五，情境陶冶型。营造良好的教学环境烘托教学氛围，充分利用可暗示性，积极调动学生在知识领域的潜能，让学生在良好的氛围中学习。比较常用的方法有情境教学法、暗示教学法以及游戏法等。

（2）数学课堂教学的三个层次，具体如下：

第一层，最基础的数学课堂教学方法，具体包含练习法、讲解法、实验法和演示法等常用的教学方法，这些方法是教法体系的重要基础。数学课堂教学以这些教学方法为基础，创造出了多种多样的教学方法。

第二层，综合性强的教学方法，实际上，主要由基本教学方法组成。比如，引导发现法结合了实验法、谈话法等；自学辅导法结合了练习法、阅读法和讨论法等。

第三层，创造性强的教学方法。以综合性教学方法为基础，学习和模仿综合性教学方法，创造性教学方法注重创新，教师引导学生不断创造新的教学方法，不断激发学生的创造力和想象力。

二、数学思维分析

（一）数学思维基本特征

一直以来，数学思维能力是数学能力的核心。因此，在数学教学过程中，传授知识和培养学生的智力、发展学生的思维能力尤为重要。

数学是一门逻辑性、严密性、科学性非常强的学科，它不像其他学科那样具体、生动、形象，所以让很多学生学起来比较困难和枯燥，失去学习数学的兴趣，从而影响了数学教学的效果。在新课标下优质、高效的数学课堂要求培养学生的数学思维能力，教师需要注意引导和激励，加强师生的互相沟通能力和情感交流，调动学生积极参与思考和参与课堂学习，开展自主合作探究学习使学生的数学思维得到及时激发，从而更好地提高教学效果。新课标强调：教师在教学过程中要培养学生的创新能力、实践能力，这样更体现了新课标以学生发展为本的精神。所以，对于一名新课标指导下的数学老师如何正确和有效地培养学生的数学思维已经刻不容缓。

首先，数学思维的本质是理性活动，当人的大脑和数学学科对象产生交流互动之后，二者之间会遵循一般思维规律进行深层次的交互。在这一过程中，人可以对数学本质、数学规律产生更深刻的认知，与此同时，数学思维也可以间接反映数学学科对象之间的规律以及学科对象的根本属性[①]。详细来讲，数学思维以数量、形状以及数量和形状之间的结构关系为基本的分析对象，数学思维的载体是数学符号、数学语言，数学思维的目的是认识掌握数学规律。处理数学问题过程中，学生需要使用数学思维，从这一角度可以将数学思维理解成数学活动过程中出现的思维。

相比于其他思维，数学思维有更强的概括性，可以揭示出不同事物之间存在的抽象联系，并且以数量或者结构、形状的方式呈现出来。通过数学思维可以挖掘某一类事物的相同特性。举例来说，自然数并不是人们通常理解的自然概念，它并不存在于自然环境中，自然数本质上归纳概括的是多种事物共同具有的数量特性。相同的道理，数学学习过程中的点、线、面、体也是对多种事物的某些共同特性进行抽象化概括而形成的结果。除了数学概念之外，数学逻辑、数学推理、数学方法也具有抽象概括特点。在长久的社会实践过程中，人们对这些特点进行了概括，进而形成了数学方法、数学原理。数学思想方法以及数学思维模式，很好地体现了数学思维的概括性特点。使用数学方法或者模式可以将数学思维的概括性应用在实际问题处理过程中。

数学思维相似性指的是数学思维活动在某种程度上相似，数学思维相似性较为普遍地体现在数学思维活动当中，尤其是在数学创造性思维活动当中扮演重要角色。数学思维当中包含很多同异之间的对比，数学思维相似性体现在几何、结构、关系以及实质等方面。运用数学思维的相似性特点，可以让人们使用联想、猜想、归纳或者类比等方式分析探索事物之间的联系规律，进而获得数学结论。学习和理解具有相似性关联的因素或者关系有助于掌握数学对象的本质联系，有助于加深思维深度，形成创造性思维。对于数学思维来讲，相似性特点至关重要。比如说，可以运用数学思维的相似性特点，在加法交换律的基础上推理出乘法交换律，在除法商不变规律的基础上推理出分数的主要特征。除此之外，也可以在小数四则运算法则的基础上推理出

① 董晓光. 数学思维之我见［J］. 中国校外教育（中旬刊），2014（2）：63.

整数四则运算基本法则，在圆锥体积公式的基础上推理圆柱体积公式，在最小公倍数知识的基础上推理学习最大公约数知识。

数学思维具有三个主要特征，即概括性、相似性和问题性，它们相互联结，前两者寓于问题性中，另外，问题性和相似性的重要基础是概括性，相似性连接着概括性和问题性。这些特征在数学思维过程中从不同侧面起到了至关重要的作用。

（二）常见数学思维方法

著名教育家赞可夫指出："在各科教学中要始终注意发展学生的逻辑思维，培养学生思维的灵活性和创造性。"数学教学的重点是培养数学思维。数学教学强调以学生思维的培养和创新发展为教学核心。如果数学学习过程中没有形成数学思维，那么，数学学习的意义将无法体现。所以，新课程标准明确强调要将数学思考设置为数学学习的学段目标，要让数学教学活动与学生数学思维水平的提升息息相关。与此同时，新课程标准要求数学教师在讲解数学知识的过程中，培养锻炼学生形成数学思维，帮助学生提高数学思维能力。具体来讲，在培养和提升学生数学思维能力的过程中，经常使用以下几种数学思维方法：

1. 假设思维方法

假设思维方法具有非常明显的推测性特点。假设思维方法在数学应用实践过程中有较为普遍的应用，而且有助于数学实践问题的解决和处理。有一些数学问题很难使用普通的顺向思维或者逆向思维进行处理，此种情况下，可以使用假设方法，假定某些未知条件在数量方面相等，或者假设某一个未知条件是已知条件，如此就可以获得隐藏在数学题目当中的数量关系，让数学对象之间的联系变得简单明了。将隐蔽的关系简单化明朗化是假设思维方法的重要特征。

在确定需要假设的具体任务之后，可以根据假设之后形成的条件或者数量关系列出数学计算公式，解出数学问题的答案。

假设的思维方法是创造性思维的核心，培养学生假设思维能力是数学教学的重要任务之一。对于一些问题，按照一般的分析方法，综合方法去想，很难找到解题的线索，如果作一番假设，问题就会得到较容易的解决。因此，恰当地运用好假设，可以帮助学生掌握和理解基础知识，优化解题方法。

2. 联想思维方法

联想思维方法强调依托新旧知识之间存在的内在关联处理问题。学生可以依托新旧知识之间的联系进行想象，将知识迁移运用在新知识的学习或者问题处理过程中，从全新的角度审视问题，进而顺利快速地处理问题。数学联想实质上是属于一种数学想象，以掌握的各种信息为基础，结合数学形象和数学直觉，对数学形象的性质、规律、特征进行推理及探索。

学生是否具有数学的联想思维是能否解决问题的关键。教学中，老师引导学生产生联想，由一个知识点发散到其他的知识点，由此及彼，由表及里，让学生在大脑里建构起一个知识网络图，在培养学生多角度思考问题的同时，也可发展学生的数学思维品质，为培养学生创新能力奠定基础。例如，数量关系"甲比乙多多少"；教师可指导学生进行联想，甲是乙的多少倍（或几分之几）；甲比乙多多少倍（或多几分之几）；乙是甲的几分之几；乙比甲少几分之几；再如小数和分数除法、比和分数之间都有着密切的联系。教学中教师应及时指导学生进行变式联想以沟通它们之间的联系。在数学教学中利用联想思维可以帮助学生弄清不同知识间的联系，沟通数量间的关系，培养学生运用知识的能力。

3. 发散思维方法

发散思维，又称辐射思维、放射思维、扩散思维或者求异思维，"发散思维自身具有极强的扩散性，并且呈现出一种独特的变化模式"[①]。它表现为思维视野广阔，思维呈现出多维发散状，发散思维模式指的是个人在思考时，从多个方向、多个角度思考，让思考覆盖多个方面，最终形成多种思考答案。使用发散思维模式容易形成独特的观念想法，这种发散性的思维在数学中的应用尤为广泛，需要学生们冲破已有的传统解题方法，找到新的解题思路，这种发散性思维对于培养创新型的学生具有重要的意义。

数学发散思维的核心是培养学生的创造性思维和创新能力，激发学生独立思考和创新的能力。传统数学教学过程中使用较多的思维方式是集中思维。教材选择的学习材料、学习题目基本遵循相同的数学学习模式。在数学教材和教师教学方式的共同引导下，学生问题处理思路可能会趋于常规、逐渐固化，此种方式虽然有利于基础知识或者技能的学习掌握，但是不利于学生兴趣的培养和创造性思维的培养。但是，发散思维不同，它有助于学生形成创造性思维，可以帮助学生进行更丰富的联想和想象，在发散思维的作用下，学生可以得到多种问题处理的方案。例如，在教学《乘法初步认识》一课中，先出示几道连加算式让学生改写为乘法算式。在学生掌握乘法意义的基础上，一年级学生可以顺利完成以上数学练习。随后，教师给出"3+3+3+3+2"的

① 郭雪松. 数学发散思维的培养 [J]. 福建茶叶，2020，42（3）：416.

问题，并引导学生思考和讨论，判断这道题能否改写成含有乘法的数学算式，经过学生积极讨论和教师指导之后，学生得出了"$3+3+3+3+2=3×5-1=3×4+2=2×7…$"的数学算式，在这个过程中，学生耗费了较多的时间，但是，此种训练方式激发了学生积极探索的兴趣。所以，教师可以在数学教学中充分运用"冲突性引入""障碍性引入"和"趣味性引入"等数学导入方法，这样可以充分激发学生的探知思维活动，进而调动学生的学习积极性和学习兴趣。

4. 逆向思维方法

逆向思维是与正向思维相反的思维过程。一个人的思维可分为正向思维和逆向思维两种形式，它们处于矛盾的两个方面，没有逆向思维也就没有正向思维，没有正向思维也就没有逆向思维，它们相辅相成。逆向思维是指由果索因，知本求源，从原问题的相反方向着手的一种思维。它是数学思维的一个重要原则，是创造性思维的一个组成部分，也是进行思维训练的载体。

逆向思维的培养不是短时间就能达成，教师对学生进行逆向思维的训练要自始至终贯穿于教学过程中。在数学教学中，我们要注重培养学生乐于利用逆向思维解决问题的习惯，还要注重培养学生的互逆性思考习惯。例如，① 指导正逆向观察，在教学商不变规律时，引导学生从上往下观察，再从下往上观察，比较被除数和除数发生怎样变化时商不变，通过顺向和逆向观察总结出商不变的规律；② 在计算中可以利用加减法、乘除法的互逆性，进行验算；③ 思考问题时，既可以从条件出发解决问题，也可以从问题出发，逆推出必需的条件再解答，既会用算术方法也会用解方程来解决问题，让学生双向思维并重；④ 在数学课堂教学中，教师要有意识地挖掘蕴含在教材中的互逆元素，把正逆思维交织在一起，精心设计练习和问题，避免学生孤立地用一种方法思考问题，使逆向思维不断深化。

5. 比较思维方法

在数学教学中，比较思维属于常见的思维方式，比较思维可以促进学生的思维发展。教师在数学分数应用题中，可以引导学生通过比较思维对比数据变化，进而帮助学生更快地找到解题思路。举例来说，对比长方形、平行四边形、正方形以及梯形四种形状的特征。对于长方形来讲，当长度和宽度处于相等状态时，就会变成特殊的正方形；对于平行四边形来讲，当中有一个内角是 90° 时，就会变成长方形或者正方形；对于四边形来讲，如果某一组对边处于平行状态，那么，就会变成梯形。对比四种图形的周长计算方式，可以发现不同图形之间也存在密切联系。计算长方形周长或者正方形周长时，需要计算四条边长的总长度，因为正方形每一条边长都是相等的，因此，计算周长时只需要边长×4即可。对于长方形来讲，因为对边的长度相等，所以，计算周长时只需要将长和宽的总和求出×2即可。在对比分析不同图形的周长求和公式的过程中，学生可以知道知识如何形成，会更加清晰地认识知识，也能更加灵活地运用知识处理问题，此外也更容易分辨较为相似、容易混淆的知识。

6. 类比思维方法

类比思维方法是指根据两种数学对象的相似性将已知的数学对象性质迁移到另外一种数学对象上的思维方式，比较常见的有乘法交换律、三角形面积公式、长方形面积公式等。类比思维方法不但可以帮助学生更简单地理解数学知识，还可以让数学公式变得更加简洁，进而方便记忆。

为了提升学生对于数学知识的认知能力，数学教学中合理地运用类比手法是十分必要的，概念性内容属于数学教学内容的一部分，同时也是奠定学生数学能力的前提。但是因为在数学课本中有一部分概念还是比较抽象的，对于学生而言，在理解上存在一些困难，为了能够帮助学生更加快速的认识、吸收和消化这些知识，教师可以采用类比法进行概念教学，教师要借助学生以前学过的知识，强调新概念与旧概念之间的区别与联系，通过相同类型概念的比较分析，帮助学生更加清晰地认识不同概念之间的区别，为日后解决数学问题奠定基础。例如，"质因数"这个概念的讲解，教师首先要从旧的"质数""因数"两个概念进行分析，在这个基础上，再结合"质因数"概念的类比讲解，通过例题 $7×8=56$，教师展开来讲解，7 和 8 分别是 56 的两个因数，而其中 7 又是质数，因此我们又将 7 叫作 56 的质因数，这个过程就是类比教学的方法，教师通过将学生学习过的知识与新知识之间的联系与区别进行类比分析，从而强化了学生对于新知识的理解，也巩固了对知识的掌握。

7. 符号化思维方法

随着数学的不断发展，数学世界越来越符号化。符号是数学在应用过程中的具体体现。著名数学专家罗素在理解分析数学时，认为符号和逻辑的结合就是数学。数学和符号相辅相成，数学学习过程中，避免不了使用符号。对数学和符号的关系进行细致分析，可以发现符号的使用在很大程度上助推了数学原理的论证以及数学知识的表达。数学符号除了可以帮助数学理论以及知识的表达，还可以帮助学习者数学思维的发展与提升。现阶段使用的数学教材中非常注重符号化思维的体现。

在数学内容中，符号化思维十分常见，因此，教师应该有意识地渗透这种思维。抽象知识的结晶和基础是数学符号，如果学生不能理解抽象知识的内涵和功能，那么，这些抽象知识就像"天书"，让人难以理解。所以，在教学的过程中，教师应该注重知识的可接受性。

教师讲解数学加法原理时，需要向学生讲述"＋"在数学学科当中的具体含义。举例来说，讲解一年级数学加法知识时，教师可以借助多媒体向学生展示两幅气球图片，将图片放在一起，然后提问气球的具体数量。数学教师可以要求学生运用语言表述图片当中的场景信息，讲解图片带给自己的直观感受。在交流的过程中，教师要引导学生理解数字的合并就是加法。当教师清晰地表达加法的具体含义之后，可以列出算式，使用"＋"连接数字，并且不断地引导学生使用自己的语言表达"＋"的具体含义，让"＋"可以应用在具体的数学实践活动中，让"＋"变成学生的日常语言，这有助学生正确运用数学"＋"。

8. 转化思维方法

转化思维方法指的是处理困难问题时，借助观察方式、分析方式、联想方式或者类比方式变换数学问题处理的方法，将问题转变成更有助于自己理解和处理的新问题，进而通过新问题的处理解决原来的数学问题。这种处理数学问题的方法就是转化思维方法。对于数学问题处理来讲，转化思维方法是根本方法。处理数学问题的过程离不开思维的转化，问题的一步步解决就是思维的一步步转化。

转化思维除了应用在数学问题分析、数学问题处理过程中之外，也应用在人们实际生活当中。在数学学习过程中，如果教师可以向学生有效渗透转化思维，那么，学生应可以顺其自然地将转化思维应用在生活实际中，这有助于学生生活当中多种多样问题的顺利解决。当学生形成转化思维之后，在遇到不熟悉、不规范、没有顺序或者相对烦琐的问题时，可以主动将问题转化成熟悉、规范以及有顺序、相对简单的问题。因此，必须在数学教学中进行转化思维的渗透教育，帮助学生掌握处理问题的基本方法、基本策略，丰富问题处理的途径。

在数学教学中不仅要重视显性的数学知识的教学，也要注重对学生进行数学思想方法的渗透和培养。转化思想是数学思想的核心。在近几年的教学过程中，始终紧扣"转化"这根弦，把隐含在知识中的转化思想加以揭示和渗透，让学生明确转化思想的作用，体会运用转化思想的乐趣，提高学生的数学素养。例如，圆的面积教学，教师在教学过程中，先请学生把圆16等分以后，请他们动手拼成近似的平面图形，即用转化思想，通过"化曲为直"来达到化未知为已知。学生兴趣盎然，通过剪、摆、拼以及多种感官协同参与活动，拼出学过的图形，从而比较顺利地解决问题。

9. 化归思维方法

在解决数学问题的过程中，比较常用的思维方法是化归思维方法。化归思维方法是指把未解决的问题通过转化过程归结为比较容易解决的一类问题，进而解决未解决的问题。客观事物之间可以相互转化，并且，不断发展和变化，这是世界万物的发展规律。在数学中，很多问题都充满矛盾，比如简单与复杂、困难与简单等，为了有效转化这些矛盾，将未知的知识转化为已知的知识，将复杂的知识转化为简单的知识，应该充分运用化归思维方法。数学问题的解决过程就是未知转化为已知的过程，这个过程是等价转化的。值得一提的是，化归思维方法属于基础性、典型性数学思维方法。

化归思想是一种重要的数学思想，强调应用数学知识或者处理数学问题的过程中，不过于关注问题结论，而是先从自己较为熟悉的角度出发去看待问题，将问题转化成自己熟悉的、相对规范的问题，然后处理问题。综合来看，化归思想强调对问题进行转化，让问题从复杂问题变成简单问题。数学教师在开展数学教学活动时，需要引导学生构建新旧知识之间的联系，让学生尝试使用已有知识处理全新问题。举例来说，一年级数学学习过程中，在掌握 10 以内加减法之后，学生就有了拆数和凑数的基本知识，在此基础上，学生更容易学习掌握 20 以内加减法的相关知识。

10. 分类思维方法

在数学概念中，每一个概念都具有独特的本质特征，会依据一定规律扩展和变化，它们的关系是从质变转化为量变。因此，教师在正确认识这些概念时，应该参照具体标准，此种思维方式就是分类思维。分类思维是指在一定标准下，把研究对象拆分成若干个细分对象进行分析和研究。

通常情况下，分类时应该满足互斥、简便和无遗漏原则。比如，以能否被 2 整除为例，整数可以分为偶数、奇数，根据自然数的约数个数，可以将整数分为质数、合数、1。又如，学生在学习"角的分类"时，有很多与之相关的概念，并且，概念与概念之间渗透着量变和质变的规律。其中，有几种角是根据照度大小区分的，如钝角三角形、直角三角形和锐角三角形。另外，三角形根据边的长短关系可以分为不等边三角形和等边三角形，其中，等边三角形分为正三角形、等腰三角形。分类标准不同，分类结果也不同，由此形成了新的数学概念、新的数学知识结构。一方面，学生在学习数学的过程中受到了辩证唯物主义思想的启蒙教育，不断优化自身的学习效果，另一方面，分类思维方法明确区分了学生的学习能力，另外，在现实生活中，更需要分类研究数学知识，所以，分类思维方法受到人们重视。

11. 集合思维方法

集合是近代数学中的一个重要概念，集合思维已成为现代数学的理论基础。把一组具有相同性质的对象放在一起，作为讨论的范围，这是人类早期就有的思想方法，继而把一定程度抽象的思维对象放在一起作为研究对象，这种思维就是集合思维。数学教学活动常常把点、数、图、式放在一起作为讨论和研究的对象。在数学教科书中，一般结合具体的基础知识，采用图集的形式，初步渗透集合思想。

12. 统计思维方法

在研究生产、生活和科学的过程中，人们需要有目的地调查、分析问题，并且，此过程中还需要把原有的数据信息整理归纳在一起，进而分析、推理出研究对象的特征，运用的就是统计思维方法。比如，数学知识中的求平均数就是统计思维方法。另外，最常见、最简单的统计方法是比较两个班级的学习情况，且比较的依据是班级学生的平均成绩。

13. 数形结合思想方法

数学教学研究对象的两个侧面是数和形，数形结合思想是指将空间形式、数量关系充分结合，全面分析和解决问题。数形结合思想可以借助示意图促进学生抽象思维、形象思维的协调、统一发展，其中，示意图包含简单的符号、文字和图形等，此外，数形结合思想方法还可以将数学知识联系在一起。数形结合思维方法是数学教材的重要特征之一，是比较常用的解决问题的方法。

数学课堂教学中的画示意图、线段图解决问题就是应用了化数为形、数形结合的数学思想。数形结合的数学思想可以将数学中一些抽象的代数问题形象化，将复杂的代数问题赋予灵活变通的形式，这正是利用数形结合的思想方法解决数与代数问题的有效途径所在，这方面的例子在数学中有很多。从教材上的内容而言，五年级的认识公倍数与公因数就很好地体现了这一点。用长 2，宽 3 的长方形可以铺满边长是 6 的正方形，而不能铺满边长是 8 的正方形。从图形拼摆中说明 6 是 2 和 3 的公倍数，而 8 不是它们的公倍数。

14. 极限思维方法

事物发展会经历从量到质的变化。极限思维方法强调借助量变完成质变。在学习圆的周长以及圆的面积这一部分知识的过程中，教师可以使用"化圆为方"的极限思维方法，将圆进行分割，并且想象分割之后圆形的极限状态。在教师的引导下，学生可以掌握极限思维方法。

具体理解极限思维的概念，可以发现极限思维指的是问题分析以及问题处理过程中使用的极限思想。在运用极限思维时通常遵循以下步骤：先围绕未知量设定与之有关系的其他变量，确认这变量通过无限过程的结果就是所求的未知量，最后用极限计算来得到结果。

数学的很多知识和极限有关，比如说循环小数、自然数、偶数、奇数，这些数量概念中涉及很多极限思想。再比如说平行线、直线、射线等线条均具备无限延展的特性。如果在数学教学过程中，教师可以将这些极限特征发掘出来，并且借助这些知识向学生渗透极限思想，那么，学生就可以掌握极限思维，开拓思维，掌握更多的知识，并且将极限思维运用在后续的问题处理过程中。

15. 量不变思维方法

数学应用题解题的思路虽然变化无穷，但通过认真分析总是有规律可循的。利用"量不变思维"解题，在纷繁复杂的变化中如何把握数量关系，抓不变的量为突破口，往往问题就迎刃而解。不仅可以拓展学生的解题思路、提高解题能力，而且还可以使学生在解题的过程中，加深对基础知识的理解、沟通知识之间的联系、提高学生解决实际问题的能力。

16. 对应思维方法

对应思维方法是现代数学的基本概念之一，是指人根据固定的思维把握两个集合之间的问题联系。在数学教学中，渗透对应思想主要通过虚线、实现和箭头等元素把不同元素、不同实物、数与算式等联系起来。

17. 批判性思维方法

批判性思维是对自己或别人的观点进行反思、质疑，弄清情况和进行独立分析的过程，其核心在于反思批判性思维，从哲学上来讲，即体现"辩证之否定"，是一种创新培养学生的批判性思维，也体现了《新课程标准》的要求："应形成实事求是的态度以及进行质疑和独立思考的习惯"。所以应让学生做到敢于怀疑，勇于提出批判性、发展性意见，发展实践能力与创新精神。换言之，学生的数学素养，只有在批判错误、肯定正确的过程中才能获得提高。在数学教学中，学生思维的批判性表现为愿意进行各种方式的检验和反思，对已有的数学表述或论证能提出自己的看法，不是一味盲从，思想上完全接受了的东西也要谋求改善，提出新的想法和见解。

18. 模型思维方法

数学模型指的是以存在于客观世界当中的现实事物为参照而构建出来的具有现实事物某些特征的数学结构。构建数学模型时，需要进行一定的简化处理、假设处理以及形式化处理。数学学习过程中，使用到的数学方程、数量、公式以及数学概念都是数学模型。举例来说，自然数 5 是客观世界当中 5 本书、5 棵树等事物的抽象处理结果，可以客观地反映现实世界当中的数量关系，是为了反映数量关系而存在的数学模型。数学模型思维指的是为了处理实际数学问题而构建与之有关的数学模型，进而处理实际数学问题的思维方法。数学模型思维在数学教学当中的有效渗透有助于学生提高数学思维能力水平、数学感知能力水平、数学应用水平以及数学逻辑思考水平，可以说，数学模型思维的渗透有助于学生构建起更完善的知识体系，有助于学生综合发展。

19. 随机思维方法

生活中的事件可以分为两大类：一类是确定事件，即在一定条件下一定发生和一定不会发生的。例如，太阳东升西落、父母的年龄比子女大等即为一定发生的，而相应的，太阳从西边升起、父母年龄小于子女则是一定不会发生的。另一类是随机事件，在一定条件下可能发生也可能不发生，如明天是否下雨、用左手还是右手写字、彩票是否中奖、体育赛事孰胜孰负等，都属于随机事件。生活中的很多现象其实都是随机现象，其结果不能确定。但如果能够将所有可能的结果罗列出来，并尽可能准确地预测每种结果的可能性大小，就可以为我们的生活带来很多方便、解决很多问题。例如时至今日，随着科学技术的不断发展，诸如天气变化等随机事件已经能够被比较准确地预测以便人们提前作出反应，减少因恶劣天气造成的损失，这正是依赖于分析统计数据并衡量随机事件中各个可能结果发生的概率，进而作出合理的推测。因此，深入统计与概率领域，掌握随机思维，对于人们的工作与生活而言均是必要的。在数学课堂教学中，随机思维主要应用于统计与概率领域。

20. 整体思维方法

对数学问题的观察和分析从宏观和大处着手，整体把握化零为整，往往不失为一种更便捷更省时的方法。数学思维方法随着数学科学与其他科学进一步发展，还将产生更大的变化，因此，决不能用僵化的思想看待每一种思维方式的应用。合理、科学地应用数学思维方法不仅有利于数学问题的解决，而且更有助于教学中数学思维方法的渗透。

数学不同于语文、英语等语言类学科，是一门基础性、逻辑性与抽象性极强的学科。由于数学知识可以转化到各项具有理科性质的学科中去，所以一位学生在小学时期数学知识的掌握直接影响了他未来对物理、化学、生物知识的掌握。如果在数学教学过程中教师能够对教材内容及习题的结构进行整体判断、分析与改造，有目的地引导学生梳理已学数学知识，那么学生能够在整体思想的推动下，联系脑海中所有已学知识并加深自身对这些知识的理解和认知。作为教师，应从整体出发研读教材，不仅仅是自己所任教的年级，还要了解以后的教学内容、教学要求，这样才能抓住教学内容的整体结构或主要矛盾，这样教学才能高瞻远瞩。

第二节　数学课堂教学中的创造性思维

创造性思维是探求和创造新知识的思维形式和思维方法。创造性思维由于对于认识世界和改造世界具有极其重要的意义，因此引起了人们越来越多的关注，成为理论界的重要课题，教育的使命不仅在于传授知识，更在于培养学生的创新精神和创造能力。这需要教师转变教育思想，采用创新的教学观念和教学模式，激发学生的创造意识和创造性思维。创新能力是未来社会所需的核心能力之一，具有创新能力的人才才能在激烈的竞争中脱颖而出。因此，教育应该注重培养学生的创新能力，让他们在未来的职业生涯中具备更强的竞争力和适应能力。同时，教育应该注重培养学生的实践能力，让他们能够将创新思维转化为实际行动，为社会的发展作出贡献。数学是一门博大精深、富于变化、丰富蕴含创造性思维的学科。它是培养学生创造性思维能力的肥沃土壤，因此，在数学教学中培养学生创造性思维能力也就成为重要任务。

一、数学教学中创造性思维的认知

数学教学中创造性思维不同于一般的逻辑思维和非逻辑思维。数学创造性思维是高度复杂的思维过程，需要个体具备深厚的数学知识储备、敏锐的洞察力和创造力，以及对问题的全面理解和分析能力。在这个过程，个体需要通过对问题的深入思考和探索，不断地寻找问题的本质和关键点，从而找到解决问题的突破口。这个过程中，个体需要运用逻辑思维和非逻辑思维相结合的方法，通过直觉、灵感等非逻辑思维的作用，采用最优化的数学方法与思路不拘泥于原有理论与具体内容细节，而完整地把握面临问题有关知识点之间的联系，实现认识的飞跃，从而达到数学创造的成功。

数学创造性思维的成功不仅仅是解决了数学问题，更是对数学知识的创新和发展，对社会的贡献也不可忽视。因此，数学创造性思维的培养和发展非常重要。在教育中，应该注重培养学生的数学思维能力，鼓励学生在解决问题的过程中发挥自己的创造力和想象力，同时也要注重对数学知识的深入理解和掌握，这样才能更好地发挥数学创造性思维的作用，为数学的发展和社会的进步做出更大的贡献。

在数学的创造性思维中，它要求把已知的数学知识、数学方法、数学理论进行独特的发展，从而体现出数学的创造力。数学教育中强调创造性思维，是要把传统的教授知识的方式与培养非智力因素提升到一个新的水平，即在数学的学习中提倡主动探索，培养创造性思维。

数学的发展离不开创造性思维。有些对数学发展作出重大贡献的数学家不仅自己独具创造力，而且还把自己的创造性思维的过程传给后人。数学家欧拉是一个多产的数学创造者，在微积分、微分方程、函数理论、变分法、无穷级数、微分几何以及数论等领域都作出了杰出的贡献。这样一位数学家不仅自己善于创新，而且十分注意讲授发现的思想。实际上，数学的知识、理论、方法是可以从图书馆查到的，一个人可以忘记他以前学过的数学理论，但是那种引导人们创新的数学发现思维过程以及学习这种数学发现的个人体验却是永远引导人们向前的力量。

二、数学教学中创造性思维的特征

数学教学中创造性思维是逻辑思维与非逻辑思维的综合，又是数学中发散思维与收敛思维的辩证统一，它不同于一般的数学思维之处在于它发挥了人脑的整体工作和下意识活动能力，发挥了数学中形象思维、灵感思维、审美的作用，因能按最优化的数学方法和思路，不拘泥于原有理论的限制和具体内容的细节，完整地把握数与形有关知识之间的联系，实现认识过程的飞跃，从而达到数学创造的完成。

思维是人类最为重要的认知能力之一，是人类智慧的源泉。在现代社会中，随着科技的不断发展和知识的不断积累，人们对于思维能力的要求也越来越高。因此，如何培养和提高自己的思维能力成为了一个重要的问题。在这个过程中，有五个方面的能力尤为重要。

第一，独创性是思维能力的重要组成部分。独创性是指思维不受传统习惯和先例的禁锢，超出常规。在学习过程中，学习者需要对所学知识进行深入思考，不仅要理解其表面含义，更要深入挖掘其中的内涵和逻辑关系。只有这样，才能够在思维中突破传统的束缚，创造出新的思维模式和解决问题的方法。

在实践中，学习者需要不断地提出自己的观点、想法，对所学知识进行质疑和探究。质疑和探究不是简单地否定或者批判，而是要有科学的怀疑、合情合理的"挑剔"，从而推动自己的思维向更高层次发展。

学习者还需要不断地尝试新的解题思路、解题方法、解题策略，不断地实践和反思，从而不断地完善自己的思维模式和解决问题的能力。只有这样，才能够在学习和实践中不断地创新和进步，成为具有独创性和创新能力的人才。

第二，联想性也是思维能力的重要组成部分。联想性是一种思维能力，可以帮助人们在面临某种情境时，快速地向纵深方向发展思维。当觉察到某一现象时，联想性可以帮助人们立即设想出它的反面，从而更好地理解此现象。思维的连贯性和发散性，可以让人们从一个点出发，不断地扩展思维的范围，从而更好地理解事物的本质。

联想性的作用不仅仅局限于理解事物，还可以帮助人们在创造性思维方面取得更好的成果。当面临一个创造性的问题时，联想性可以帮助人们从不同的角度去思考问题，从而找到更多的解决方案。举个例子，当面临一个设计问题时，联想性可以帮助人们从不同的角度去思考问题，从而找到更多的设计方案。

除了在创造性思维方面，联想性还可以帮助人们在学习方面取得更好的成果。当学习新知识时，联想性可以帮助人们将新知识与已有的知识联系起来，从而更好地理解新知识。这种联系可以让人们更好地记忆新知识，并且可以帮助人们在应用新知识时更加得心应手。

联想性是一种非常重要的思维力，它可以帮助人们更好地理解事物，更好地解决问题，更好地学习新知识。如果人们能够不断地锻炼和提高自己的联想性，那么人们的思维能力将会得到更大的提升。只有具备联想性，人们才能够在思维中不断地拓展自己的思路，从而更好地解决问题。

第三，求异性也是思维能力的重要组成部分。求异性是指在思维上具有独特的见解和创新能力，能够提出新颖的想法和方法，从而在学习和解决问题的过程中获得更好的成果。学习者应该保持开放的心态，不仅仅局限于传统的知识领域，而是要勇于探索新的思路和方法，不断创新和突破。在解题过程中，学习者应该尝试多种不同的求解方法，不满足于一种方法，而是寻求多种解决方案，以达到更好的效果。只有这样，才能真正实现求异性的目标，不断提高自己的学习和解决问题的能力。只有这样，才能够在思维中不断地寻找新的思路和解决问题的方法。

第四，灵活性也是思维能力的重要组成部分。灵活性是一种思维能力，它能够帮助学生突破定向、系统、规范和模式的束缚，不受书本所学或老师所教的内容的限制。当学生面对具体问题时，灵活性能够帮助学生快速适应并找到最佳解决方案。这种能力不仅仅是一种技能，更是一种态度和思维方式。灵活性的重要性在于它能够帮助人们在不同的情境下做出最佳的决策，同时也能够帮助人们更好地适应变化和不确定性。因此，人们应该不断地培养和提高自己的灵活性，以应对未来的挑战。只有具备灵活性，学生才能够在思维中不断地适应不同的情境和问题，从而更好地解决问题。

第五，综合性也是思维能力的重要组成部分。综合性思维是一种高级思维能力，它涉及对局部与整体、直接与间接、简易与复杂的关系进行调节和协调。在面对大量信息时，综合性思维能够帮助人们概括、整理和归纳信息，从而提炼出较为系统的经验和规律。这种思维能力还可以帮助人们将抽象的概念具体化，将繁杂的内容简单化，从而更好地理解和掌握所学的定律、公式、法则以及解题策略。综合性思维是一种非常重要的能力，它可以帮助人们更好地应对复杂的问题和挑战，提高人们的学习和工作效率。只有具备综合性，才能够在思维中不断地整合各种信息和知识，从而更好地解决问题。

总之，独创性、联想性、求异性、灵活性和综合性是思维能力的重要组成部分。只有在这些方面不断提高和发展，人们才能够在现代社会中更好地适应各种情境和问题，更好地发挥自己的思维能力。

三、数学教学中创造性思维的重要性

在当今世界，科技和经济的发展速度越来越快，这也意味着需要更多的创新来应对这些变化。因此，培养学生创新思维已经成为了教育的重要任务。创新不仅仅是一个民族进步的灵魂，也是一个国家的核心竞争力。只有不断地创新，才能在激烈的市场竞争中立于不败之地。

然而，要想培养出创新思维，需要从教育开始。数学教师在教学中应该注重培养学生的创新能力，而不是仅仅传授知识。数学是一门需要思考和创新的学科，只有通过不断的思考和实践，才能真正掌握数学的精髓。因此，数学教师应该引导学生在学习中思考问题，提高他们的创新能力。

要认识到，只有创新者才能成为时代的人才。因循守旧、故步自封的人只能成为时代的落伍者。数学教师所面对的教育对象是祖国的未来，是 21 世纪建设祖国的栋梁。只有通过培养学生的创新思维，才能为祖国的未来培养出更多的人才，为国家的发展做出更大的贡献。

培养创新思维是素质教育的一项重要任务。教师不仅要"传道、授业、解惑"，更要让学生在学习中培养各种能力，尤其是创新思维能力。学校的教

育目标不仅仅是让学生掌握知识，更重要的是培养学生实际操作能力和创新思维能力。在现代社会，知识的更新速度非常快，学生需要具备快速学习和适应新知识的能力。因此，学校应该注重培养学生的学习能力和自主学习能力，让他们能够在未来的工作和生活中不断学习和成长。

除了基本的学科知识，学校还应该注重培养学生的实践能力。实践是检验理论的最好方式，只有通过实践，学生才能真正掌握知识和技能。因此，学校应该为学生提供更多的实践机会，让他们能够在实践中学习和成长。

学校还应该注重培养学生的创新思维能力。在现代社会，创新是推动社会进步的重要力量。创新思维的培养环境，让学生能够在学习中不断探索和创新，培养出具有创新精神的人才。

归纳而言，学校的教育目标不仅仅是让学生掌握知识，更重要的是培养学生的实际操作能力和创新思维能力。只有这样，学生才能在未来的工作和生活中取得更大的成就。

四、培养数学教学中创造性思维的方法

随着当今社会科学技术的迅速发展，人的知识、能力特别是创新能力已成为知识经济、社会发展的主要源泉和动力。而创造性思维能力又是创新能力的基本组成部分，爱因斯坦曾说过："全民族创造性思维的自由发挥将决定着国家未来的繁荣昌盛。"可见创造性思维的发展对于个人、国家乃至整个人类的进步都起着至关重要的作用。任何一个生理、心理正常的人都有其创造力，然而，先天素质只是人的创造性思维发挥的自然基础，而后天的培养与实践则是人的创造性思维发挥的决定因素。教育工作者都应重视对学生创造性思维的培养，而数学是思维的体操，是培养学生创造性思维能力的重要途径。

（一）教师改变教学观念

在新课改中，学生的学习主体地位得到了充分的重视，教师应当积极响应这一改革，将课堂还给学生，让学生在课堂中充分发挥自己的主观能动性和创造力。为此，教师需要不断更新自己的教育理念和教学方法，以更好地适应新时代的教育需求。

首先，教师应当注重培养学生的创新能力。在课堂中，教师可以引导学生进行探究式学习，让学生自主思考和解决问题，培养学生的创新思维和实践能力。同时，教师还可以通过课外活动、科技竞赛等方式，为学生提供更广阔的创新平台，激发学生的创新潜能。

其次，教师应当注重学生的个性化发展。每个学生都有自己的特点和优

势，教师应当根据学生的不同特点和需求，采用不同的教学方法和评定标准，让每个学生都能够得到充分的发展和关注。

教师应当注重学生的综合素质培养。除了学术知识外，学生的综合素质也非常重要，教师应当通过课堂教学和课外活动，培养学生的社会责任感、创新精神、团队合作能力等综合素质，让学生在未来的社会中能够更好地适应和发展。

作为教师，应当积极响应新课改，将课堂还给学生，注重培养学生的创新能力、个性化发展和综合素质，为学生的全面发展提供更好的支持和保障。

（二）激发学生的求知欲

为了能够更好地激发学生的求知欲，教师也应该全面地了解自己的学生，知道每一个学生喜欢的教学方式和学习的弱项在哪里，然后从学生的学习需求和学习兴趣出发，让每一个学生都能够在数学课堂上学习到自己想要学到的知识，提高自己的课堂效率。教师在进行这一个知识点讲解的时候，就可以在上课之前先向学生说出这到底是一个什么知识点，然后用一些比较有趣的问题来激发学生的好奇心，例如，教师可以说"你们都知道二减一等于一，那么你们知道一是否能减去二；若是能够减去的话那一减二等于多少。"通过这样的小问题，让学生对接下来所要学习的知识产生期待，并且迫切地想要知道最终答案，这会让学生带着最饱满的热情投身于学习。

（三）采取多种教学方式

教育的目的是培养学生的创新能力，而数学教育是培养学生创新能力的重要途径之一。为了实现这一目标，教师需要采取多种教学方式，以激发学生的创新潜能。

第一，教师可以营造活动情境，激发学生的创新能力。在数学教学过程中，教师可以创设适合学生的良好环境，通过活动的背景刺激学生的好奇心和创新意识，让他们产生创新思维，发展创新能力。例如，在学习几何知识时，教师可以组织学生玩几何拼图游戏，让学生在游戏中体验几何知识的应用，从而激发他们的创新潜能。

第二，教师可以通过动手实践，培养学生的主动创造力。动手操作可以促进手脑协调发展，打破定式思维的影响，激发学生的好奇心和求知欲。例如，在学习代数知识时，教师可以组织学生进行代数方程的编程实践，让学生在实践中掌握代数知识，培养他们的创新能力。

第三，教师可以利用诱导提问，鼓励学生拓展求异思维。通过各种启发性问题，教师可以拓展学生的发散性思维，鼓励他们寻找别人想不到或者没试过的方法，尽量创新，尽可能新奇，走与众不同的路线。例如，在学习数学应用题时，教师可以提出一些开放性问题，让学生自由发挥，培养他们的创新能力。

采取多种教学方式是培养学生创新能力的有效途径。教师应该根据学生的特点，创设适合他们的教学环境，通过动手实践和诱导提问等方式，激发学生的创新潜能，促进他们全面有序地发展。

以教学"圆的周长和圆的面积的计算"为例，一个 $2r$，一个是 r^2。如果对两者区别对比不够，学生也会把它们混为一谈。老师的做法是这样的：第一，先画出一个圆及它的半径。第二，让学生在上圆中，画出 $2r$。第三，再让学生画出 r，通过图形的展示，学生对 $2r$ 和 r^2 的实际意义就十分清楚了。它们的共同之处在于已知圆的半径，不同的地方则在于一个是先求半径的 2 倍，另一个是先求出半径的平方。然后又是它们的共同之处，即都需要扩大 3.14 倍。由于半径的 2 倍是直径，是个长度，所以它的 3.14 倍还是个长度；而半径的平方是个面积，所以它的 3.14 倍就是个面积。教师独具匠心的教学诱导对培养学生的创新意识，发展学生的学习能力是很有帮助的。在课堂上善于启发诱导，会使学生在诱导中学到知识、开启智慧，获取能力。

（四）运用类比迁移

在教学中，教师抓住知识间的有机联系，有意识地为学生利用迁移学习后续知识作准备。设计好铺垫题，将问题逐步引申，使知识自然过渡到新知识的学习中，使之形成合理的认知结构，开阔学生视野。例如，教学"工程应用题"时，把工作总量抽象为单位"1"，学生感到难以理解。为此，可设计铺垫题：一条长 15 km 的公路，由甲工程队单独修建需要 20 天，由乙工程队单独修建需要 30 天，两队合修需要多少天；学生解答后，把第一个条件变为 20 km、10 km 或 5 km，通过计算学生发现总千米数虽然变化了，但结果是相同的。再让学生把算式改写成工作总量、工作时间、工作效率之间的关系，学生就很容易理解了，然后把铺垫题中的"一条长 15 km"换成"一项工程"导入例题。后来学生还能很自然地把工程问题的解法迁移到解决相遇问题、购物问题、水管问题等方面。

第三节　数学课堂教学中的思维能力的培养

数学课堂教学是数学活动的教学，即数学思维活动的教学。分析当前的数学思维能力培养现状，探究如何在数学课堂教学中培养学生的思维能力，养成良好思维品质是教学改革的一个重要课题。教师要精心设计每节课，要使每节课形象、生动，创造动人的情境，设置诱人的悬念，激发学生思维的火花和求知的欲望，并使学生认识到数学在四化建设中的重要地位和作用。经常指导学生运用已学的数学知识和方法解释自己所熟悉的实际问题。拓宽思维的广度和深度，对开发学生的智力有着极其重要的意义。

在教学中，老师应为学生的思维提供空间和时间，让学生自己学习，老师只是思想诱导，交给学生解决问题的过程，为学生的思维创造良好的环境，培养数学灵感。将学生的思维有效拓展，对成绩的提升和学习更高级的数学课程都有积极作用。而如果数学思维行之有效，学生就会找到一套适合自己的学习方法，这也将会深刻影响到学生的未来。

一、数学课堂教学中思维能力的培养原则

"数学思维能力，是学习各学科的重要基础，是理性分析和逻辑思考的桥梁。在新时代需求下，教师要注重加强对学生数学思维能力的培养，提升学生的综合素养使其全面发展"[①]。学生数学课堂教学中思维能力的培养，是数学的一项重要教学内容。我们要认真遵循数学思维能力培养的基本原则，调动学生学习数学的积极性，促进学生积极参与思维过程，加强对学生的数学思维训练，促进学生数学思维能力的提高。数学思维能力培养的基本原则主要有以下四个方面：

第一，遵循新课标原则。新课标是当前数学教学活动的重要指导，学生数学课堂教学中思维的培养应遵循新课标要求。在数学课堂教学中思维能力培养内容选择上，应严格按照新课标基础标准进行设置并适度拓展，保证学生数学思维能力培养的有效性。在数学课堂教学中思维能力培养方法的选择上，教师应该尊重学生个体差异，要秉承新课标因材施教的理念、思维培养教学与学生兴趣爱好相结合，进一步激发学生的积极性与创造性。在数学课堂教学思维能力培养评价标准确定上，教师应重视过程评价，将学生思维能力的提升幅度纳入评价体系之内，保证新课标对于学生学习过程关注的要求。

第二，理论实践结合原则。数学课堂教学中思维的培养单纯依靠理论讲解与记忆是无法完成的，将数学课堂教学中思维理论与数学学习练习活动相结合才能全面提升学生的数学思维能力水平。教师应结合数学教学任务与目标，结合学生数学知识掌握与应用水平，设置相应的作业与综合实践活动，

---

① 孙德义. 浅谈数学思维能力培养 [J]. 科教导刊–电子版（中旬），2021（8）：204.

给予学生充分的践行与发挥空间，引导学生利用数学知识能力进行观察和探讨研究，帮助学生从多个角度深层次地理解数学思维的现实作用，并进行积极的总结反思，全面提升学生的数学思维能力。

第三，循序渐进原则。学生课堂教学中数学思维能力的培养是一个长期的过程，教师应尊重这一教学规律，循序渐进地安排教学内容，逐步提升学生数学思维能力水平。教师应对现有数学教学资源进行有效的筛选整合，为学生制定出系统性的思维能力培养规划，逐步提升教学内容难度，通过小组合作学习、任务驱动等教学模式进行的积累与实践，使学生通过持续性的认知与实践活动提升数学思维能力。

第四，求异思维原则。教师在运用各种教学方法时对学生要提出明确的任务和要求，同时还允许学生提出不同的看法，让学生在观察中和比较中掌握题目的关键和核心，如练习数学习题时，不少同学受题目影响，影响正常思路，从而偏离题意。教师应在讲解示范时提示学生题目与有什么共同点和不同点时，允许学生提出不同的看法，在练习中允许学生尝试用不同的方法并和之前类似习题进行比较，从而使学生加深对课本知识的巩固和认识。

在数学课堂教学中，有的学生在数学的学习中知识接受能力、理解能力比较强，能够很快地掌握所学的知识；而有的学生在数学学习中接受知识的能力、理解知识点的能力相对而言都比较弱，不能够很快地掌握所学的知识，所以在学习中会变得很困难。而在数学课堂教学中，如果能够培养学生的数学思维能力，那么这些问题都能够在一定的程度上得到解决。因为学生思维能力的获得能够帮助他们快速地理解数学知识，快速地找到解决方法，并且使其做到学以致用。所以，在数学教学中，培养学生的数学思维能力，一方面能够帮助学生将自己所学的知识与自己的数学技能完美地结合，让其在学习的过程中能够运用各种思维方式来进行数学问题的解决，提高学生的学习能力。具体的数学思维能力培养意义有以下方面：

一是，实现学生原有思维转化，减少学生心理压力。学生的数学思维能力仅仅能够从事物的一个方面进行思考，很难多维度地思考问题。在面临一个数学问题时，经常会出现难以理解的现象，学生无法更好地掌握思维变换的技巧，常见的表现就是"钻牛角尖"，部分学生无法从问题的答案中推出解题的过程。

学生在学习数学知识时，经常会用自身所见所感的生活经验或者学习得到的知识对学习中的问题进行理解，学生所掌握的知识一般情况下能够运用已经获取的知识或者经验解决学习中遇到的问题，但是当教师在讲解新知识的时候，学生往往难以通过已有知识结构理解新知识，教师就需要强化对新的思维方式的灌输，让学生能够掌握更多的思维方式，从多个角度思考问题。

二是，激发学生学习兴趣，强化对新方法的接受能力。新课改的全面深入开展，对数学教学有了更高的要求。新课标中指出：要将智力的发展和能力的培养贯穿到各年级教学的始终。由于学生们的思维正由具象向抽象过渡，思维能力的锻炼培养又是一个需要长时间进行的过程，而数学教学给学生思维能力的培养提供了积极的条件。

三是，提高数学学习效率，挖掘学生自身潜力。数学是由较多判断组成的体系，其中的术语具有一定的抽象性和代表性，数学中常见的就是数字和符号，对于这些数字和符号，学生必须要充分把握其代表的含义，理解数学符号代表的运算才能够更加快速地进行数学计算。在高年级数学学习中，学生经常会遇到逻辑关系的判断或应用题的题解，这些都需要具备逻辑思维的帮助，需要进行推理和论证，需要进行分析和综合，需要学生具备良好的逻辑思维和抽象思维。虽然数学知识并没有较为复杂的论证推理，但判断推理还是普遍存在的，这就给学生思维能力的锻炼提供了良好的途径。

二、数学课堂教学中思维能力的培养策略

学数学离不开思维，没有数学思维，就没有真正的数学学习。数学教学就是数学思维活动的教学，数学教学实质上就是学生在教师指导下，通过数学思维活动，学习数学家思维活动的成果，并发展数学思维，使学生的数学思维结构向数学家的思维结构转化的过程。数学教师不仅要教知识，更要启迪学生思维，交给学生一把思维的金钥匙。因此，在数学教学中如何发展学生的数学思维，培养学生的数学思维能力是一个值得探讨的课题。

如何在数学课堂教学中培养学生的思维能力，是教学改革的一个重要任务。就数学课堂教学而言，培养数学思维能力，有以下方法：

（一）直觉思维能力培养

直觉思维是不受特定逻辑思维规则约束，以浓缩、简化和高度省略的方式直接理解事物本质的思维形式，也可以视为特殊的心理现象。相信数学教师在教学生涯中对这种现象深有体会，即在解决数学问题时，数学成绩好的学生往往会产生思维的活跃、灵感的突发等情况。他们甚至可以通过想象和猜测对问题的答案做出快速判断，这就是数学直觉思维的体现。基于数学思维背景下的个人直觉能力的高低，决定了个人判断能力的高低。不得不承认的是，每个人的先天数学直觉能力是不同的，但更多在于后天的培养。学生

直觉思维能力的培养是一个漫长的过程，它是在学习数学过程中逐渐形成和发展起来的，不可一蹴而就。在数学教学过程中训练学生的直觉思维极其必要，它不仅有助于学生找到解决问题的方式和方法，还有助于发展学生的智力。

1. 多做练习

通过大量例子取得了处理问题的足够多的经验后，往往就会产生一种这个问题是怎么回事及结论是否正确的直觉。学生可能虽然存在疑惑，但依旧具有自己的判断，正逐渐形成自己的是非观。当一个问题多次被强调后，就算他们不懂内在深层次的原因，也会有最基本的认知反应，因此，对学生而言，多做练习是在学生直觉思维培养中最简单、最基础的一部分。

2. 拓展知识面

教师不能仅仅要求学生掌握书本上的知识，还要鼓励学生阅读数学相关的课外书籍扩大自己的知识面。当学生积累了丰富的知识，思维能够慢慢活跃起来，反应速度也会越来越快。既要鼓励学生发展数学直觉思维能力，又要帮助他们，使他们的思维在各方面得到均衡发展，提高数学直觉思维的合理性。

3. 营造宽松的猜想氛围

课堂教学中，教师应当有意识地培养学生对数学的兴趣，以及帮助学生建立自信。传统课堂教学更多倾向于以教材的逻辑发展线索进行内容的讲解，这对学生逻辑思维能力的培养有一定帮助，但同时也阻碍了学生的探索精神和自信心方面的发展。数学教师应当摒弃陈旧教学观念，将课堂主战场让给学生，使学生真正获得学习主动权，对所学内容进行大胆设想，从而营造宽松的猜想氛围。教师应当多给予学生肯定，以及合理的鼓励和赞扬，使学生享受到成功的喜悦，在树立起对学好数学自信心的同时，对数学产生更为浓烈的兴趣。此外，在鼓励学生猜想的同时，教师还应当给予猜想方法方面的正确指导，即什么需要猜想，什么不需要猜想，如何正确猜想等，并培养学生心理抗压能力，不怕讥笑、不怕与众不同、不怕出错，面对问题要勇于自我修正的精神。

值得注意的是，如果学生没有听说过也没有见过用直觉思维的方法解决问题，那他们就根本不知道相关事物的存在，当然也就不会关注自己的直觉思维能力的发展。所以教师有必要在日常教学活动中引导和熏陶学生用直觉思维对问题进行猜想，使学生习惯于用视觉思维的猜想能力分析可以使用直觉思维猜想的问题，使学生的直觉思维能力得到快速发展和提高，从而具有较强的自信心。学生在学习数学的过程中能够大胆进行猜想，是他们进步的表现。教师在教学过程中应当通过与学生生活相近的问题来引导学生进行拓展猜想训练，培养学生在数学学习过程中的创新意识，引导学生对未知知识进行主动的探究和获取。因此，适当的拓展训练，能够有效地激发学生的学习潜能，能够促进学生站在更高的角度对数学知识进行探究。教师需要指导学生对数学知识进行应用，通过应用过程，学生能够更好地体会猜想在数学学习过程中的重要性。

（二）逻辑思维能力培养

逻辑思维是借助概念、判断、推理等思维形式所进行的思考活动，是数学思维的核心。强大的逻辑思维能力，是学好数学的重要基础，也是处理生活中所涉及问题的保障。重点强调学生应该从实际生活出发，让学生将数学知识和实际生活经历有机地结合起来，将生活中的实际问题抽象为与之相应的数学模型，并且对其进行正确的应用和解释，从而让学生对数学有一个正确的理解。

1. 重视学习的问题引出

学生的逻辑思维的培养，是以问题为基础的，在数学课堂教学中，教师需要引导学生发现问题、分析问题、解决问题，这是培养学生逻辑思维能力的重要途径。因此，教师在教育教学中要注重问题的提出，为思维能力的培养奠定良好的开端。教师要在引导学生学习好数学知识的基础上，要求学生对数学知识中存在的疑问与问题进行分析、解决的过程。教师要有计划、有目的、有意识地选择问题，这些问题要贴近学生的最近发展区，不能太难，学生失去探究的欲望，也不要太简单，那样就达不到培养学生逻辑思维能力的目的。因此，教师要因材施教，结合学生的实际学习的状况，有效地培养学生的逻辑思维能力。

2. 精心设计教学内容

培养学生逻辑思维能力，要注意逐步培养学生能够有根据有条理地进行思考，比较完整地叙述思考过程、说明理由。要培养学生有根据有条理地思考，就必须不断提高学生思维的逻辑性。首先是求异思维，要求学生打破原有的条条框框，不盲目跟从对任何事物持质疑态度，并能够用自身所掌握的知识去验证质疑事物，大胆发表意见的一种逻辑思维。数学思维教学中，学生求异思维的培养极其重要。学生只有具备求异思维，并在学习过程中大胆地发展求异思维，才能真正养成独立思考和解决问题的良好习惯。因此，对于教学中这种创造性思维的闪现，教师要加倍珍惜和爱护。除了求异思维之外，还有立体思维也需要老师加以重视。

3．小组合作学习

小组教学法或是合作教学法是目前很多老师都会采用的教学方法，并且在数学教学中也拥有很好的教学效果。但很多老师会将教学法局限于合作学习法，而不注重与其他教学方法的结合，时间长了，学生就会养成依赖于老师和同学的习惯，而不去自己思考，这对于教学是十分不利的。所以老师在教学中更加需要注意的是培养学生独立思考的能力，具体而言，就是老师要能够适当鼓励、引导学生思考。例如，老师在讲题时，一般是从头讲到尾，甚至将答案也算出来。但要培养学生的独立思考的能力，最应该做的是讲题时注重解题思路的讲解，将一种或两种解题思路讲给学生，由学生自己完成接下来的解答，或是讲完一种解题思路，鼓励学生想出其他的解题方法。

（三）发散思维能力培养

教师应当在教授数学的过程中，抓住机会引导学生打破范式，挣脱思维框架的枷锁。教师根据当堂课程的核心内容针对性多角度灵活出题，让学生尝试从多元化角度分析、构想和重组，在开阔学生思路的同时，达到培养学生自主分析问题、解决问题、探索新知识的能力，激发学生发散创新意识的觉醒。

1．激发学生兴趣

决定学生思维能力是否得以充分发挥的主要因素是学生的学习兴趣和求知欲望。一个有趣的、能吸引人的思维情境是激发学生学习欲望和激情再好不过的动力条件，但这里所说的有趣且能吸引人的思维的情境是适用于学生学习的情境，而非用毫无教学核心内容的懒散式游戏。学生的思维情境的创设需要教师在讲授一般知识的过程中，激发学生的积极性和主动性，引导学生独立思考，也是培养学生思维能力的重要方法。例如，在学习几何概念的时候，教师可以通过几何模型或者通过电脑和投影放映几何图片，帮助学生从感性到理性地认识，从身边的具体事物上升到抽象的概念中来。教学中，通过设置教学情境，激发学生的兴趣，将枯燥无味的知识融入生动形象的实践中来，引发学生在实践中对此问题的独立思考和解决，这不仅仅是提高了课堂授课的水平，更重要的是，学生通过对身边实际问题的探索，总结经验，也更有利于形成和有效地提高数学思维能力。像这样在教学中呈现一定的思维情境，设置思维障碍，引导学生发现学习数学的意义，更有助于激发学生在学习中的积极性和主动性，更加做到独立思考，数学思维能力自然而然地得到提升。

2. 转换角度思考

发散思维活动的展开需要建立在非定向习惯性思维模式基础上，它需要人们从多元化角度去思考问题，并将问题解决，这就是所谓的思维求导性。从心理学层面来看，由于年龄特征的问题，学生在进行抽象思维活动过程中，往往会使用固有的思维方式分析问题，很难想到或是利用其他思维方向对待问题。也就是说，学生固有的思维模式会对解决新问题产生巨大影响，甚至产生幻觉。因此，教师在培养和发展学生抽象思维能力的过程中，决不能忽视对学生思维求异性能力的培养，使学生形成多角度、多方位的思维方法与能力。教师在教学过程中不难发现，大部分学生只习惯于顺向思维，不习惯甚至不会逆向思维。教师在进行应用题教学过程中，可以引导学生分别从问题和条件入手去解决问题。从问题入手是推导出解题的思路，从条件入手是归纳解题的方法。教师也可以通过对题目的设计对学生进行正逆思维的变式训练。例如，教师可以设计语言叙述的变式训练，简单来讲就是让学生把一句话用叙述的形式变成几句话。此外，对学生逆向思维的变式训练更加重要。教学的实践证明，从低年级开始就重视正、逆向思维的对比训练将有利于学生不同于已有的思维定式。

（四）联想思维能力培养

巴甫洛夫曾说过："一切教学都是各种联想的形成。"联想是发散思维的基础，它是由一个事物想到另一事物的心理过程。在教学中联想也是培养学生数学思维能力的一种重要方法。由此，不难发现数学联想在学生学习中的重要性，联想思维能力的培养具体如下（图2-2）：

1. 概念联想

学习数学的基础是清晰了解数学中包含的各种概念，只有理清了概念，才能对数学有更深入的认知和了解。所以教师在教学过程中，要注意引导学生进行概念的联想。概念联想属于一种思维活动，主要利用发散思维思考某个知识点的概念。如，教师在讲授四边形数学知识时，会先告知学生平行四边形的定义，即在同一平面内的两组对边分别平行的四边形被称为平行四边

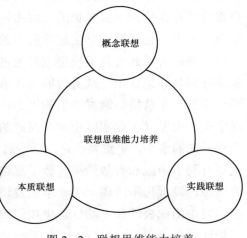

图2-2 联想思维能力培养

形。此时教师为了培养学生的概念联想能力，就可以继续抛出问题，即如果在同一平面内的两组对边平行，但与邻边处于垂直关系，那么这个四边形还是平行四边形吗？由于问题中增加了一条新的条件，所以学生在思考这个问题时，也会在平行四边形的概念上添加一个新条件，就会清晰地了解到这个四边形是一个特殊的平行四边形，它的名字叫作长方形。接下来，教师还可以给这个概念添加限制条件，如果长方形的邻边长度变得一样了，那么还是长方形吗？此时学生就能了解到这个四边形是正方形，并厘清平行四边形、长方形和正方形之间的联系和不同。

2. 实践联想

除了思维以外，动手和实践能力也是对知识理解的重要表现途径。在教学过程中，教师应当为学生提供充分的实践条件，使学生在掌握数学知识理论的基础上，通过实践更加深刻认识和理解知识，并在此过程中培养学生的思维积极性，使学生具备将学过的数学知识通过实践联想融入到生活中的能力，这也是教育的根本目的。例如，教师在讲解数学中的圆的周长这一知识点时，可以让学生先准备一些圆形物体，如圆形的表、圆形的碗底、圆形的手纸切面等，让学生测量圆形物体的周长，在测量过程中，学生就会想尽办法，开动脑筋，发散思维解决问题。有的学生可能会把自己选中的圆形物体放到桌子上滚动一周，然后再用刻度尺量一下滚动距离；有的学生就会用一些线或是绳子将物体缠绕一周，然后再用刻度尺量一下线或是绳子围绕物体的长度。这些举措都在帮助学生培养知识的联想能力。

3. 本质联想

本质联想是概念联想的升华，数学中的本质联想以观察为基础，是学生在对一些知识概念及本质有一定程度的了解和认知后，从本质上探索知识间的潜在联系，最终达到举一反三应用知识的目的。例如，教师在教授学生加法和乘法后，可以向学生提出用多元化解题思路计算 $5+5+5+4$ 的结果。由易到难，大部分学生会直接想到使用加法的方式计算出结果，即 19，此时教师要引导学生转换一下思路，将加法变成乘法的形式，即 $5\times3+4=19$。又因为加法和乘法在本质上相互联系，乘法实际上就是加法，所以也可以将此题用 $5+5+5+5-1=19$ 的方法来计算，即 $5\times4-1=19$。

（五）逆向思维能力培养

1. 概念教学

众所周知，"定义法"是数学解题中比较常见的方法，但定义的逆运用往往容易被教师和学生忽略，也就是人们通常所说的逆向思维，如果学生具有了较好的逆向思维，就可以把复杂的问题简洁化解决。所以教师在概念教学中，应将定义的逆运用作为一个数学定义的命题小知识点，对学生进行引导。教师可以用比较直白的语言讲解知识的逆向思维并给学生举出适当的例子，告知例子中正向思维和逆向思维的点，如教师可以举一个倍数关系的例子，小数点向右移动 1、2、3、4……位，小数点的数值会被分别扩大至 10、100、1 000、10 000 倍；反过来，逆向思维是反向叙述此内容，可以提问学生小数扩大了 10、100、1 000、10 000 倍，那小数点应该向哪个方向移动？需要分别移动几位？教学中这样的例子比比皆是，教师应当按照由易到难的原则循序渐进地对学生进行训练。

在教学过程中不难发现，教学中的一些定理、法则、公式等知识的运用并非都是正向的，其中也有一部分是逆向的，只是部分教师在讲授知识时忽略了对它们的讲解，加上一些学生不能很好地理解或是很好地加以运用，所以就出现了思维呆滞的情况。教师在教学过程中不仅要重视教授学生对定理、公式和法则的正向思维，还要关注于学生定理、公式、法则的变形逆用掌握度，使学生具备用多元化方式处理问题的能力。此外，教师还需要教会学生如何去判断数学定理、公式、法则等知识的逆命题是否正确。如，正向思维的 0 是整数，那么逆向思维逆过来之后就变成了整数是 0，这种机械性的换位使得命题出现了错误，所以教师要引导学生做科学的逆向叙述。

2. 直观教学

感性认识是认识过程中的初级阶段，是理性认识的基础；理性认识是认识的高级阶段，依赖于感性认识。由于数学是一门相对抽象的学科，所以教师在教授数学课程时有必要使用一些直观的教学道具，调动学生的多感官协调参与思维活动。这不仅提高了学生的思维兴趣和效率，而且使他们能够获得更多的感官知识。例如，教师可以利用现代多媒体技术将课堂需要讲授的内容设计出来，将其直观且生动地展现在学生眼前，也可反向呈现某些活动或过程，在培养学生正向思维的同时，也为学生逆向思维的培养和发展奠定基础。

3. 加强教学反证应用

教学中，教师需要利用不同的实例呈现数学理论，证明数学理论的正确性与应用方法。反证法具有一定的间接性，当一些数学问题解决的难度较高时，许多策略解决者都会利用反证法来找到解决问题的正确方法。

从反向出发引出并分析矛盾，从而得出正面的数学结论，是基于数学反证法的主要特点。教师可以通过反证法的教学方法引导学生形成反向角度思考问题的习惯，激发学生逆向思维的形成。在学习数学的过程中，学生会遇到各种命题，教师在引导学生验证这些命题的真假时，可以运用反证法。例如，教师在引导学生验证"四边相等的图形是正方形"这一命题是否正确时，可以利用不是正方形但四边相等的图形进行反证验证。菱形就是四边相等但不属于正方形的图形。教师可以让学生以菱形的性质作为解题的切入点，用逆向思维去验证命题的正确性。

（六）抽象思维能力培养

数学具有抽象性特征，所以可以培养学习者的抽象能力。从计算题到计算法则，从应用题到数量关系，从具体数字到字母，这些教材的编排充分体现了从具体到抽象的具有数学抽象思维特点的过程。新课程标准在"教学思考"方面提出了"经历运用数学符号和图形描述现实世界的过程，建立初步的数感和符号感，发展抽象思维"和"丰富对现实对图形与几何的认识，发展形象思维"的目标。在新课程教材使用的过程中因为直观操作强调较多，有时则忽视了抽象的过程与结果，对由形象到抽象的过程认识与研究不够，从而实战上很不到位。

1. 适度使用教具

合理、巧妙地使用教具，可以使教师教授的内容更加生动、形象，更能引起学生的注意，从而取得良好的教学效果。然而，过度依赖教具会阻碍数学教学的进展，因此教师必须坚持适度原则，发挥教具的最佳作用，提高学生的数学抽象思维能力。例如，教师在教授加减法时，可以利用各种颜色的小圆片教具让学生根据数字的多少自己动手摆一摆，找一找规律。学生在自主实践的过程中，不仅能够感受到学习数学的乐趣，还能掌握学习的知识，并加以实践。再如，教师在教授图形课程时，可以提前给学生布置一下作业，让学生观察身边事物的形状，并把适合的形状物品带到课堂中来，组成小组进行课堂讨论。学生们会觉得很是新鲜，会对受众的物品更感兴趣，观察得也就更为仔细，在快乐中了解到不同图形的特点，以及图形之间的联系。但值得注意的是，在学生观察和触摸图形物品时，教师要维持好课堂纪律，避免学生开小差，影响学习效果。

2. 训练思维语言

一个人的思维往往通过行为和语言来表达。也就是说，个人语言能力的培养有助于提高抽象思维能力。在教学过程中，教师应当要求学生用完整的数学语言表达自己的思维，要重视对学生数学语言的逻辑性、准确性、严密性的培养，除了以上思维能力培养的方法，还有其他，如推理论证思维能力、运算求解思维能力等，这里将不再一一讲述。总而言之，数学思维能力的提高是学好数学的基础，因此，培养与提高学生的数学思维能力是数学教学的一个重要任务，在培养学生数学思维能力的教学过程中，不仅要考虑到能力的一般要求，而且还要深入研究数学学习和数学思维的特点，以提高学生的数学思维能力。

3. 构建习题框架

强化学生的思维训练，启发学生运用正确的逻辑顺序分析问题、解决问题，从而提高学生的抽象思维能力。教师可以考虑使用构建习题框架作为训练学生思维的方法，如教师可以把容易混淆、内容相关、有互逆关系的题目同时呈现给学生，使学生能够区分和识别，从而提高学生的分析能力和判断能力。抽象思维能力的品质也有好坏之分，因为思维品质实际上就是人的思维能力差异的体现。良好的思维品质是衡量逻辑思维能力水平的重要指标。

清晰的数学概念可以帮助学生建立正确的思维模式，教师一定要多训练学生的正确性思维，如在教授计量单位"厘米"时，可以先让学生抽象理解 1 厘米的长度，然后再让学生在尺子上找到 1 厘米刻度区域，这样就能活跃学生的思维，接下来可以让学生去找 1 到 2，7 到 8，3 到 4 等两个相邻数之间的 1 厘米长度。此时学生一定觉得非常有趣，但这还没有结束，教师要让学生在纸上尝试着画出各种方向的 1 厘米线段，学生就会对该知识点有深刻的印象。

第三章　高等数学课堂教学
设计与方法探究

　　基于高等数学课程理论性强、抽象等特点，要有效实现课堂教学效果，需要进行全面合理的教学设计，消除教学设计误区，精心整理、有效实施课堂教学设计。本章从高等数学课堂教学设计及其过程、高等数学课堂教学技能与方法构建、高等数学课堂教学效果的提高方法展开讨论。

第一节　高等数学课堂教学设计及其过程

　　"课堂教学设计就是在课堂教学工作进行之前，以现代教育理论为基础，运用系统科学的方法分析研究课堂教学问题，确定解决问题的方法和步骤，并对课堂教学活动进行系统的安排的过程。课堂教学设计是随着课堂教学形式而发生、发展的。在不同的历史阶段，由于教育思想和教育理念的不断更新，课堂教学设计就有着不同的特点和要求。

　　数学课堂教学设计是根据数学学习理念、数学教学论、数学课程论、数学教学评价理论及数学学习方法论等理论的基本观点和主张，依据课程目标要求，运用系统科学的方法，对教学中的三要素（学生、教师、教材）进行分析，从而确定数学教学目标，设计解决高等数学教学问题的教学活动模式与工作流程，提出教学策略的方案和评价方法，并形成最后教学设计方案的过程。"[1]

　　数学课堂教学设计具备规划性、超前性、创造性和可操作性等特点。数学课堂教学设计既是课堂教学设计理论在实践中应用的过程，又是具备学科特点的数学教学理论指导下的产物，它不仅具有较强的可操作性，而且能充分展示它的技术性的特点，它的主要作用就是构建数学教育理论与数学实践之间的桥梁，让每一位教师把所学的数学教育理论融化在课堂教学实践中，从而到达理想的彼岸。

---

　　[1] 程丽萍，彭友花. 数学教学知识与实践能力［M］. 哈尔滨：哈尔滨工业大学出版社，2018.

一、高等数学课堂教学设计与教案的区别

数学教学设计是教师基于数学教学现实为实施教学而勾画的图景，其核心是教师对数学教学要素进行系统思考而构建的教学流程，主要是对教学活动步骤和环节进行安排，体现设计者对数学教学的期望。在高等数学课堂教学设计中，教学设计与教案都是教师在教学前对上课的准备，即备课。传统意义上的备课主要包括钻研教材、选择教法、编写教学方案和熟悉教案等环节，其中编写教案是备课工作的集中体现，大体包括确立本节课的教学目标与要求、教学重点、教学难点、教学方法和手段、教学过程、小结反思、巩固练习及板书设计等内容。因此，备课是为了课堂教学而进行的一切准备活动。

在传统备课环节，教师在教学目标和任务的确立上通常过于依赖教材和教参，在教法选择、教学活动开展方面也过于依赖个人经验，所以整个教学过程往往过于随意，缺乏客观合理性。不同于传统备课，教学设计的基本出发点是先进的教学理念，通过客观全面地分析教学过程中的各个要素，来逐步完成系统化设计教学目标的任务。相较于传统备课，教学设计的显著特征在于对理论与实践的有机融合，特别是通过构建教学情境、综合运用教学手段来表现出鲜明的创造性和灵活性。而作为教学设计的重要表现形式，应用最为普遍的教案往往缺乏全面性。具体来讲，教案与教学设计的本质区别主要表现为以下几点。

（一）差异化的概念范畴

作为一个教育科学领域的基本概念，教案这一具体化的教学方案主要以课时为单元设计单位，是极为重要的教学环节，也被称为课时计划，主要由教学活动安排、教学纲要、实际应用的方法以及合理分配各个组成部分的时间等细节化的教学进程组成。作为教育技术学科的重要分支，教学设计（也称教学系统设计）也有宏观和微观之别，其根本目的在于系统分析方法的应用、教学问题的解决和教学效果的优化等。作为一种基于教学理论、学习理论、传播理论形成和发展的系统化教学设计，教案的操作性、再现性、科学性和理论性特征十分突出。

（二）差异化的设计出发点

作为教师与教材意图的直接体现，教案的核心本质就是基于教师所理解的教学内容而设计而成的教学方案，相较于对学生主体地位的尊重，教案更加看重教师主导作用的发挥。与教案不同，"一切从学生出发"是教学设计的

核心原则，强调基于学生的知识理解能力、掌握情况来设计教学方案，在设计过程中，教师除了要设计教学方法，还需要设计学习方法，也就是要将确保学生学习质量、教学实际成效的双重提高作为教学设计的指导思想。

（三）差异化的对应层次

某种程度上来讲，教案与教学内容文本相一致，是教师教学活动的重要工具，也是对教师备课质量进行考察的重要依据。而教学设计的研究对象在于学习者，所以，教学设计的范围既可以是一堂课、一个问题的解决，也可以是一个学科、一门课程。当前，课堂教学仍然是教学组织的主要形式，所以，在教学设计中，课堂教学设计也是应用最为普及和广泛的层次。从研究范围角度来看，教案只是构成教学设计的一个环节，所以，教学设计与教案之间并不存在完全对等的层次关系。

（四）差异化的包含内容

教学目标、教学方法、重难点分析、教学过程、教具使用、课型、实际应用的教法以及时间分配等是构成教案的主要内容，这些内容使得课堂教学的计划和安排得到了充分体现。从理论层面来讲，教学设计主要涉及七个元素，即教学评价、分析使用媒体、制定教学策略、分析学情、阐明重点学习目标、分析教学内容和教学目标，但是，教育工作者在实际教学工作中通常重点讨论的内容主要集中于教学评价、教学策略和学习目标三个元素。

（五）从内容层面来讲，教案与教学设计之间的差别主要表现为以下几个维度

1. 目的与目标

教案中的教学目的大多以教学大纲的要求为主要来源，具有较强的抽象性、较差的可操作性，有效重视了课程的整体性、统一性，但是也存在使学生个性发展被忽视、世界观和人生观修养被忽视等问题。而教学设计的教学目标的制定通常以新课程标准和学生的实际水平为依据，因而更加符合素质教育的要求，所制定的目标也更加具体和具备可操作价值。

2. 重点、难点分析与教学内容分析

教学大纲是分析教案重难点内容的主要来源，而教案中的重点、难点分析也为教师内容讲解和学生学习提供了内容。分析教学设计中的教学内容，要立足学习者的实际情况，确保系统化和连续性，媒体设计时所针对解决的对象就是对教学内容进行分析得到的重难点。

3. 教学进程与新课程教学过程设计

教案教学的本质就是教师以怎样的方式来讲好教学内容的过程，教师的主导性十分明显。另一方面，教案教学也强调封闭式的知识讲解和技能训练。而一个完整的教学设计通常由准备环节、实施环节和评价环节构成，课型不同，就会有不同教学过程的设计流程。但无论哪种设计方式，都需要尊重学生教学对象和教学主体的双重身份。

4. 教学方法和教学用具

应用于教案中的教具往往较为简单，主要集中在挂图、模型等公开发行的教具。而教学设计中的教具更加多元、创新，更具针对性，特别是媒体在教学设计中应用，以理想化教学效果的达成为目标，要特别强调媒体使用的最佳时机和理想效果。

5. 教学评价

在教案编写过程中，教学评价并未得到明显的体现。而在教学设计中，教学评价始终是教学活动完整链条的重要环节，需要以学生对知识的掌握、能力的培养情况等为依据来开展及时有效的评价。

综上所述，作为经验科学的产物，教案的理论化仍有很长的路要走，尤其是教育思想和教育媒体现代化水平的不断提高和有效渗透，更使得教案的编写面临着严峻挑战。尽管，教学设计的理论框架已经初步建立，但仍需要借助实践来不断丰富和优化。

二、高等数学课堂教学设计的要求

第一，充分体现高等数学课程标准的基本理念，努力体现以学生发展为本。高等数学教学设计要面向全体学生，着眼于学生掌握最基本的数学知识和思想方法，提高学生的数学思维能力，激发学生的学习热情，提高学生的数学素养，促进学生的全面发展。

第二，适应学生的学习心理和年龄特征。数学教学设计不能只见书本不见人，认真研究不同阶段的学生的学习心理，了解学生学习数学的认知方式和学习情况，以保证他们的学习需求、知识经验基础、学习方式与课程内容得以很好地配合。

第三，重视课程资源的开发和利用。教材为学生提供了精心选择的课程资源，是教师上课的主要依据，教师在细心领会教材的编写意图后，要根据自己学生的数学学习的特点和教师自己的教学优势，联系学生生活实际，对教材内容进行灵活处理，及时调整教学活动，例如，更换教学内容，调整教学的进度、整合教学内容等，对教材进行二次加工。同时，还要注重现代化教育技术的整合和有效使用，加强课程内容与学生生活、现代社会科技发展的联系，关注学生的学习兴趣和经验。

第四，辩证认识和处理教学中的多种关系。高等教学设计作为一种对教学活动中的各种要素和资源的系统规划与安排，必然要处理好多种关系——师与生、生与生、教与学、书本知识与生活经验、知识的结构与过程、目标与策略等关系。在认识和处理这些关系时，要多一些辩证法，少一些绝对化；多一些基本理念，少一些个人观念，这样才能在和谐宽松的教学环境中实现教学目标。

第五，注重预设和生成的辩证统一。教学方案是高等教师对教学过程的"预设"，教学方案的形成依赖于教师对教材的理解、钻研和再创造。理解和钻研教材，应以本标准为依据，把握好教材的编写意图和教学内容的教育价值；对教材的再创造，集中表现在：能根据所教班级学生的实际情况，选择贴切的教学素材和教学流程，准确地体现基本理念和内容标准规定的要求。实施教学方案，是把"预设"转化为实际的教学活动。在这个过程中，师生双方的互动往往会"生成"一些新的教学资源，这就需要教师能够及时把握，因势利导，适时调整预案，使教学活动收到更好的效果。一个富有经验的教师的教学总能寓有形的预设于无形的、动态的教学中，真正融入互动的课堂中，随时把握教学中的闪光点，把握使课堂教学动态生成的切入点，促使学生进行个性化的思考和探索。

第六，整体把握教学活动的结构。教学设计要通过教学目标把教师的教学、学生的学习、教材的组织以及教学环境的构建四个要素统一起来，形成有序的教学运行系统，让课程变成一种完整的、动态的和生长的"生态系统"，达到系统化组织化资源。

三、高等数学课堂教学设计的过程

教学设计是根据教学对象和教学目标，教师对课堂教学的过程与行为所进行的系统规划，形成教学方案的过程，高等数学课堂教学设计的阶段如下：

（一）进行教材内容分析

1. 教材处理

教材处理的实质是备课者通过对教材进行教学法加工，把教材内容转化为教学内容。

（1）调整教材内容，具体如下：

第一，取舍，对符合课程目标的内容取而用之，不符合者弃而舍之。

第二，增补，对有利于完成课程目标但教材中欠缺的内容予以适当的补充。

第三，校正，对教材中有用同时又有误的内容予以修正或改进。

第四，拓展，对教材中的重点内容表述不充分的部分或材料不充足者加以充实展开。

第五，变通，将教材中的例子加以适当改进，使之一题多做或多解。

第六，调序，对教材的原有陈述顺序予以调整，使之顺应教学程序。

（2）加工教材内容。教材内容的加工主要体现在以下方面：

第一，深化，对蕴含在教材中的思想、精神和本质等予以深入挖掘，并视学生可能接受的程度作为揭示的尺度，过深会适得其反。

第二，提炼，对优选的教材内容或教材的重点进行比较分析，把最精粹、最有价值的内容展示给学生或用以作为学生探索和思考的目标，也可以理解为从重点内容中提炼出若干要点来。

第三，概括，越是概括程度高的知识越具有迁移力，越是高度概括化的语言越是便于记忆。因此，应对每堂课的教学内容加以概括，加以总结。高度概括即简化。

第四，类化，把知识对象归属到一定的类别中去，从而把知识的范围放大，实际上是构成较为广泛的知识体系。

2. 教材分析

具体分析教学内容在单元、学期及整个教材中的地位、作用、意义及特点，分析这一部分数学知识发生、发展的过程，它与其他数学内容之间的联系，以及对于培养和提高学生素质所具有的功能和价值，包括智力价值、教育价值和应用价值。

数学教材分析是数学教师教学工作的重要内容，也是数学教师进行教学研究的主要方法之一。数学教材分析能充分体现教师的教学能力和创造性劳动。通过教材分析能不断提高教师的业务素质，加深教师对数学教育理论的理解。因此，数学教材分析对于提高教学质量和提高数学教师的自身素质都具有极其重要的意义，具体要求为：① 深入钻研课程标准，深刻领会数学教材的编写意图、目的要求，掌握数学教材的深度与广度；② 从整体和全局的高度把握教材，了解数学教材的结构。地位作用和前后联系；③ 了解有关数学知识的背景、发生和发展的过程，与其他有关知识的联系，以及在生产和生活实际中的应用；④ 分析数学教材的重点、难点、易混淆点。学生可能产生错误的地方；⑤ 了解例题、习题的编排、功能和难易程度；⑥ 了解新知识和原有认知结构之间的关系，起点能力转化为终点能力所需先决技能和它们之间的关系。

（二）开展学情分析

学的对象是学生，高等教师在备课或进行教学设计的时候，关注学生情况是理所当然的事情，这既反映教师教学设计的基本出发点，也体现了教师是否切实将以学生发展为本的教学理念落到实处，所以，学情分析是教好一堂课的前提和关键。很多教师按常规备课、写教案、作教学设计，都做得很完美，但是教学效果不佳，很重要的一个原因就是脱离实际（尤其脱离学生的实际）。按照认知结构的观点，学习过程只是不断重建的过程，这一过程必须以学生原有知识的认知结构为基础。因此，教师在教学设计中必须认真分析学生的情况，这样的教学才有的放矢。

学情是一个内容庞杂的概念，学生的学习情况可能会受到多重因素的综合影响，如学生的学习基础、学习能力、学习方式、学习环境、学习兴趣、生活环境、学习内容、学习时间、学习初衷、学习结果，以及学生现有的知识结构、兴趣点、思维养成情况、认知状态、发展规律、心理与生理情况、个性特征、发展预期与发展状态等。可以说，这些影响因素都为学情分析提供了切入点。具体来讲，学情分析主要从以下方面进行：

1. 学生学习的起点能力

（1）学生学习的起点能力理论基础：① 加涅的学习层次理论——学习是累积性的，较复杂较高级的学习是建立在基础性学习之上的。学习任何一种新的知识技能，都是以已经习得的，从属于它们的知识技能为基础的。② 布卢姆的掌握学习理论——教育目标是有层次的结构，有连续性和累积性。学习变量对学习成绩变化起的作用，认识准备状态占 50%，情感准备状态占 25%，教学质量占 25%。③ 奥苏伯尔的同化学习理论——影响学习的最重要因素是学生已知的内容。学生能否习得新信息，主要取决于他们认知结构中已有的概念。

（2）学生学习的起点能力的分析内容：① 对学生预备技能的分析。预备技能是指进行新的学习所必须掌握的知识与技能。尤其是对大一学生预备技能的分析，能了解学生是否具备了进行新的学习所必须掌握的知识与技能，是否具备学习新知识的基础。② 对学生目标技能的分析。目标技能是指教学目标中要求学会的知识与技能。对学生目标技能的分析就是了解学生是否已经掌握或部分掌握了教学目标中要求学会的知识与技能。如果学生已经掌握了部分目标技能，那么这部分教学内容就可以省略。③ 对学生学习态度的分析。对学生学习态度的分析就是要了解学生对所要学习的内容是否存在偏见或者误解。如果学生对所学内容态度积极，就会认真学习所要学习的内容，就有可能取得好的学习效果。

2. 学生学习的背景知识

学生在学习新的数学知识时，总要与背景知识发生联系，以有关知识来理解知识，重构新知识。高等数学教师对学生背景知识的分析，不仅包括对学生已具备的有利于新知识获得的旧知识的分析，还包括对不利于新知识获得的背景知识的分析。

（三）制定教学目标

高等数学教学目标是指在教师的主导作用下，对教学后学生学习过程及结果的预期，具有导向、指导、评价、激励等功能。课程目标是进行教学目标设计的基础，因为课程不仅是国家教育意志的具体体现，也影响到人们之间的思想学术交流，更关系到教师对课程标准的认识以及对其中课程目标的落实，因此教学目标的实现是该课程目标达成的前提和基础。

1. 教学目标类型

（1）知识与技能目标。知识与技能目标这一维度指的是数学基础知识和基本技能，其内容包括三类：第一类是数学概念、数学命题、基本数学事实这样一些用于回答"是什么"问题的陈述性知识；第二类是数学概念、数学命题、基本数学事实的运用，用于回答"做什么"问题的程序性知识；第三类是数学技能，包括智力技能和动作操作技能。

（2）过程与方法目标。过程与方法目标又称表现性目标，其表述是不需要精确陈述学习结束后的结果，主要描述内部心理过程或体验的方法，即主要描述过程性或体验性目标。

（3）情感态度与价值观目标。情感态度与价值观目标如同过程与方法目标，其表述也是不需要精确陈述学习结束后的结果，主要描述内部心理过程或体验的方法，这里的情感是指，在数学活动中比较稳定的情绪体验。态度是指对数学活动、数学对象的心理倾向或立场，表现出兴趣、爱好、看法等。情感态度与价值观目标这一维度的内容还包括宏观的价值观和书写审美观等。例如，对数学科学价值、应用价值和文化价值的看法；辩证的观点；数学的简洁美、统一和谐美、抽象概括美、对称美。

上述三维目标在一个空间内构成了立体的教学任务区。在知识技能方面规定了教学的知识的起点和终点；在过程与方法方面构建了联系目标能力与原有能力的问题情境；在态度情感方面确定了目标态度的内容和相应的态度活动情感体验，这为后面的教学设计应用学习原理和教学原理，进行分析与设计奠定了重要的基础。三维目标体现了教学应使学生在知识、能力和态度情感三方面和谐发展的课程改革理念。在实际的教学活动中，这三方面是相互联系、相互促进的。学科思想方法、学习能力只有在具体的学科知识的学习过程中才能得到发展，从价值观和方法论的角度审视知识教学，可以使学生站得更高，看得更远。

2. 教学目标阐述

阐述教学目标，可用 ABCD 目标陈述法。在教学目标陈述中，一般包括四个要素：行为主体（Audience）、行为动词（Behavior）、行为条件（Condition）和表现程度（Degree），简称 ABCD 型，利用这四个要素陈述教学目标称为 ABCD 陈述技术。

（1）行为主体。行为主体即学习者，目标描述的不是教师的教学行为，而应该是学生的行为。把目标陈述成"教给学生……""使学生……"等就是不妥的。

（2）行为动词。使用可以描述学生所形成的、可观察的、可测量的行为动词，它是行为目标的最基本成分，应说明学习者通过学习后，能做的内容，行为的表述要具有可观察、测量的特点，陈述的方式使用动宾结构的短语。

（3）行为条件。行为条件是指学习者表现行为时所处的环境。换言之是指影响学生产生学习结果的特定的限制或范围。

（4）表现程度。表现程度指学生学习之后预期达到的最低水准，用以衡量学习表现或学习结果所达到的程度。

（四）使用教学媒体

教学媒体是在教学过程中传递和储存教学信息的载体和工具。传统教学媒体包括教科书、黑板、图示、模型和实物等，现代教学媒体包括展示台、计算机和网络等。在数学教学设计中，必须重视教学媒体的选择与设计，因为它直接影响到教学信息的传输和表达的效果。

教学媒体在教学中具有重要作用，具体表现为：提供感知材料，提高感知效果；启发学生思维，发展学生智力；增强学习兴趣，激发学习动机；增加信息密度，提高教学效率；调控教学过程，检测学习效果。在选择教学媒体时，通常需要遵循以下原则：目标性、针对性、功能性、可能性、适度性。当前高等数学教学使用教学媒体，主要表现在以下方面：

1. 采用先进教学模式

高等数学教学改革的进程离不开新媒体提供的重要支持，因为当前的高等数学课程有较多的课时和庞大的信息量，而新媒体在教案制作过程中的应用，能够实现对教学内容的自由编排，同时能够保障所制作电子教案与大学生实际的适配度。比如，得益于计算机辅助教学（CAI）课件的形象、直观、创新、多元、高效等优势，教师可以进一步丰富数学教学内容，而借助于图形，教师也可以更加高效地组织抽象、复杂、理解难度较大数学问题的教学活动，除了提高了课堂教学的直观性，还赋予了课堂以独特性。再比如，在教学过程中融入多媒体，教师需要首先完成信息的网络途径查询、科学化筛选，而后再制作相应课件。同时，学校也需要给予教师教学系统支持，使教师能够借助该系统特有多媒体教案、题型分析、真题讲解、备课系统等模块，整合和利用系统中的备课元素，从而实现教师备课效率的提高、备课时间的缩短、教学个性化水平的提升，以及正向促进立体化教材体系的构建。

2. 丰富数学教学活动

站在学院的立场来看，可以依据不同的主题（如数学竞赛群、数学社群等）来设置不同的微信群，由学生进行群管理，并安排指导教师适时指导和引导，这样一来，就可以吸纳很多具备相同兴趣爱好、理想信念的学生，使他们能够聚集在网络数学学习环境，共同完成问题的探讨、信息的共享和活动的组织等，同时也可以实现传统教学模式下不必要时间和成本的有效节约。另外，针对那些对数学建模充满兴趣的学生，学校也可以为其开通数学建模群和互助群平台，学生可以充分利用教师分享在群内的微课视频、数学相关资料、题库等，以实现自身数学层次的有效提高。在帮助学生更好地学习数学课程之余，教师可以为学生们的情感互动搭建多元平台，如朋友圈、微博、空间等，及时了解不同学生的心理动态，并通过正能量文章的发布，来激励学生们明确自己的奋斗方向。

（五）构思教学过程

设计教学过程时，可以考虑数学知识与学生生活实际联系起来，以此来对学生的现有生活经验加以激活，同时锻炼学生向数学知识的学习迁移经验的能力。当存在生活化的数学知识应用情境时，还应当基于数学知识的学习和数学基本技能的形成，来锻炼学生们的数学知识应用能力，使学生在运用所学知识和技能的过程中获得数学与生活之间密切关联，以及在实际问题的解决过程中活用数学知识的体验与认知，进而实现学生数学学习热情和信心的有效强化。此外，在面对和解决现实生活问题时，学生需要对自身已经掌握的数学知识加以提取，此种情况下，就需要实现生活问题向数学问题的转化，而这种能力既是数学学习的重要保障，更是数学转化思想的直接体现。

在教学过程设计中，教师个人的创新也可以得到有效体现，建议教师以教学顺序为依据来完成各个教学环节的编写，比如选择不同的教学环节来构建命题探究性和知识应用性课堂，如创设情境，设置问题；实践探究，结论假设；结论验证；应用巩固；课堂总结与作业设计等。同时，建议标注清楚各个教学环节的活动内容，即各个教学环节的实际内容（应当完成的教学计划）、最终目的（设计这个环节的具体原因）、活动细则（教师和学生应当采取怎样的活动方式、这种方式更加得当的原因，学生有哪些可能的活动表现，教师应当采取怎样的方式来应对学生们可能出现的表现）。

（六）课后教学反思

所有教学设计的最终服务对象都在于特定的学生群体，指向性非常明确，所以，针对不同的学生群体，就应当在教学设计上有所差异化；另外，以不同学生的具体学情为依据，教学设计应当做到重点突出、方向明确，既需要点明本教学设计能够促进学生发展的维度是哪些，又需要明确关注度欠缺的部分，倘若教学设计依然只固定在同一水平的学生，强调学生不同方面的发展，教学设计应当调整哪些内容等。

当本节课的教学活动结束后，需要引导学生回顾本节课的教学全过程，同时对本节课教学目标的达成情况建立基本认知，也就是要明确取得了怎样的成果，影响这些成果达成的因素有哪些以及如何调整以更好地适应未来的教学需要。

第二节 高等数学课堂教学技能与方法构建

一、高等数学课堂教学技能

（一）高等数学课堂教学中的导入技能

高等数学课堂导入技能是在新的数学教学内容的讲授开始时，教师引导学生进入学习状态的教学行为方式。任何事情，良好的开端是成功的保障。作为数学课的起始，虽然所占时间短，却能对教学起到良好的作用。在教学的过程中，数学教师应该认真研究和掌握的技巧是如何在上课初始的 3～5 分钟吸引学生的注意力，并运用精准的语言和实例引起学生思考，在此过程中，教师还需要设置好教学情境，让学生保持振奋的学习状态，进而集中精力准备接下来的学习。所以，数学教师必须具备的基本功是高效导入数学课堂内容，创设良好的教学情境。

1. 导入技能的使用目的

数学课的导入在遵从一般课堂教学的规律之外，由于高等数学教学内容的特点，还有其自身的目的与功能。数学课导入的目的具体如下：

首先，吸引学生注意力。课程刚开始时，如果教师可以根据学生的兴趣爱好设计好课堂导入内容和方法，运用准确、贴切的语言导入新课，新课导入就可以引起学生对课堂内容的关注，进而充分调动学生的学习积极性。只有吸引学生的注意力，才能引导学生产生学习意识。教师在刚开始教学时，应该运用合适的教学导入语言，进而吸引学生注意力，完成特定的教学任务，在此过程中，教师应该激发学生的学习兴趣，引导和帮助学生收敛课前思想，此外，教师还应该引导学生在大脑皮层和相关神经中枢形成课堂的"兴奋中心"，将学生的注意力快速吸引到课堂中，进而形成良好的学习心理。

其次，唤起学生思考。好的导入方法可以激发学生思维，也可以拓宽学生思维，形成灵活、广阔的思维逻辑。发挥各种能力都离不开思维。在教学的过程中，学生的思维逻辑能力会因为教师运用的形象化语言设计教学变得更强，进而启发学生积极思考，让学生充分发挥想象力和逻辑能力。所以，生动形象的新课导入可以激发学生思维，可以培养学生的创新能力和思维逻辑能力，此外，还可以通过这些活动引导学生从多角度分析问题、解决问题，最终拓宽学生思维，让学生感受到思维的乐趣。采用多种方式，为学习新知识、新概念、新定理作准备，唤起学生对本节课教师所讲内容的思考，或出示疑难问题，或提出悬念，给学生大脑皮层以较强的刺激，使之形成对新内容的兴奋中心，从而对本节课的内容深刻地思考，达到消化理解的目的。

再次，激发学习兴趣。兴趣是入门的向导，是感情的体现，能促进动机的产生。兴趣是认识和探索一切事物的内在动力，培养兴趣是教育的积极因素，可以鼓励学生积极获取知识和发展智能。积极的学习态度、强烈的学习兴趣可以充分激发学生对知识的求知欲望，让学生自主、愉悦学习，在此过程中，学生的毅力也得到加强，并充分展现出高昂的探索精神，最终实现事半功倍的学习效果。另外，教师应该将枯燥乏味的数学知识转变为灵活生动的数学形象和数学模型，让学生直观地理解和掌握数学概念，让学生对学习充满兴趣，进而强化学习动机。毋庸置疑，兴趣是最好的老师，也是学习动机中最活跃、现实的组成成分。因此，教师应该善于运用教学导入技能，为学生营造轻松、愉悦的学习环境，进而引导学生保持稳定的学习动力。

最后，强化师生情感。新课改要求教师和学生建立新型师生关系，建立新型师生关系不仅是新课程改革的重要内容和任务，也是新课改的必要条件和前提。师生关系是指师生之间的情感关系。在现实生活中，人们重视师生情感关系问题，但从总体的角度来看，现在的师生情感关系难以令人满意。如果师生情感关系出现问题，教学活动就会受到影响，并让教学活动失去动力。所以，重建师生情谊和优化师生情感关系是师生关系改革的必要前提。特别是高等数学，在实施师生关系改革的过程中存在一定困难，因此，教师和学生之间必须建立良好的师生情感关系。在数学学习的过程中，情感因素具有不可忽视的作用，在教学课堂上，教师应该亲切指导、悉心指正，给予学生殷切的希望，进而构建良好的师生情感关系。

2. 导入技能的设计原则

导入技能的设计原则有以下几个方面（图 3-1）。

（1）启发性原则。成功的课堂教学离不开积极的思维活动。启发性导入可以引导和帮助学生发现问题，可以充分激发学生的学习兴趣，因此，教师应该给学生营造轻松、愉悦的教学情境，帮助学生自主探索知识，进而发挥教学导入的引导作用。在备课的过程中，教师应该深入研究学科教材，在新课导入环节选择具有启发性的素材，只有这样，

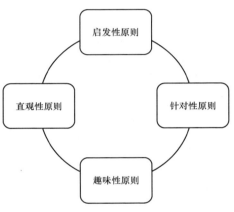

图 3-1　导入技能的设计原则

才能引起学生注意，有效启发学生学习和思考。

（2）针对性原则。导入要针对教材内容，明确教学目标，抓住教学内容的重点、难点和关键，从学生实际出发，抓住学生特点、知识基础、学习心理、兴趣爱好、理解能力等特征，做到有的放矢。真正做到教材内容的逻辑顺序与学生的认知程序相一致。

（3）趣味性原则。趣味导入就是把与课堂内容相关的趣味知识，即数学家的故事、数学典故、数学史等传授给学生来导入新课。虽然高等数学面对的是相对成熟的大学生，但是导入技能中运用趣味性原则，依旧可以避免平铺直叙之弊，可以创设引人入胜的学习情境，有利于学生从无意注意迅速过渡到有意注意。

（4）直观性原则。教师在高等数学教学的过程中，应该深入挖掘和研究教材中的操作素材，并在教学过程中设计操作性强的实操活动，比如实验、体验、画和测量等，另外，教师还可以充分运用多媒体技术，将现代化教学

手段融入教育教学中，充分激发学生的学习积极性，调动学生的思维器官和其他相关器官，现代化教学方式可以强化学生的合作能力及探索能力，充分挖掘和发挥学生的创造能力，经过自主探索，学会数学和会学数学，最终使学生能够既知道事物的表面现象，也知道事物的本质及其产生的原因。直观导入易于引起学生的兴趣，能帮助学生理解所学知识的形成与发展过程，便于学生在轻松愉悦的氛围中获得新知。

3. 导入技能的主要类型

教学形式并不固定，任何一堂课都没有固定不变的教学导入方式。在教学的过程中，因为教育内容和教育对象的不同，导入环节也各不相同，即使教学内容和教学对象相同，不同教师运用的处理方法也不同，所以，数学教学的导入类型多种多样，具体如下：

（1）直观导入型。常见的直观导入型有以下方法：

第一，直观描述法。直观描述法是从感性材料出发，联系生活实际和学生实际以直接感知的方式导入新课。

第二，实验导入法。实验导入法是教师利用学生的好奇，尽量设计一些富有启发性、趣味性的实验，使学生通过对实验的观察去分析思考、发现规律，进行归纳总结，得出新课所要阐述的结论。运用这种方法能使抽象的数学内容具体化，有利于培养学生从形象思维过渡到抽象思维，增强学生的感性认识。

第三，教具演示法。教具演示法即教师通过特制的教具进行恰当的演示导入新课。在演示中最好让学生也参加进来，观察、抚摸，让他们也动手，可以调动学生的积极性，使所学的知识直观形象地展现在他们面前。

（2）问题导入型。常见的问题导入型有以下方法：

第一，问题启发法。问题启发法是教师通过问题引起高等学生的注意，启发学生深入思考解决问题的方法，从而导入新课。

第二，巧设悬念法。教师设计一些学生急于想解决，但运用已有知识和方法一时无法解决的问题，形成激发学生探究知识的悬念而导入新课。

第三，揭示矛盾法。揭示矛盾法即通过揭示已有知识结构中无法解决的矛盾，突出引进新知识的必要性导入新课。

（3）联系导入型。常用的联系导入型有以下方法：

第一，结合数学史导入。比如，在引入微积分基础理论时，教师可以向学生介绍牛顿等相关科学家在该领域所做的开拓性工作；在引入微分中位数定理时，教师可以向学生介绍数学大师拉格朗日；在讲解《运筹学》基础知识时，着重讲述华罗庚为推动数学研究取得突破性进展而努力的故事。教师结合数学史导入数学知识，可以促使学生认识到追求真理的重要性，在崇高思想的熏陶下，培养实事求是、不畏艰难、独立思考的科学精神。

第二，类比导入法。类比导入法即根据新旧知识的内在联系，在原有知识基础上通过类比的方式导入新课。类比导入法是指新知识和旧知识的相似度较高时，学生运用旧知识类比推导出新知识，可以提升学生发现问题和构建逻辑思维的能力。类比是以两个或两个以上对象为基础，形成内在属性关系，并在某些方面存在相似性。类比方法又可以被称为类比推理法，一般情况下，类比方法可以为学生提供广阔的思维空间。

第三，实例导入法。实例导入法即通过分析与这节课联系密切的具体实例揭示一般规律的导入方法。相对于"一般"而言，"特殊"的事物往往比较熟悉，简单且直观，更容易被接受和理解。数学具有较强的逻辑思维，在辩证唯物主义中，认识论认为形成科学概念的重要基础是个别事物和个别内容的表面形象和知觉感受。在高等数学教学中，充分运用比较、分析和抽象等方法逐渐把具体、感性的内容去掉，最后，将这些内容概括成一般性本质数学概念。当前，大部分高等教学教材都应用了实例导入法，这种导入方法在课堂教学实践中非常常见，特别是教学时间有限时，教师针对不同教学对象和教学目标使用实例导入法，效果非常明显，且具有较强的实效性。从如何提升教学导入效率的角度来看，这种教学导入方法和传统的教学方法不同，需要教师改变教学模式：一方面，教师在教学的过程中，应该将教学重心落在共同数学的本质特点上，这种教学方式有利于开展高效的数学导入。比如，在学习积分概念的过程中，教师可以在导入环节从液面压力和物体垂直等例子入手，值得一提的是，虽然这些问题不符合具体的概念，但在实际解决问题的过程中可以实现教学目标。另一方面，教师的教学重点是导入概念实例，在统计和整理数据的过程中，如果因为导入参数而需要假设和举例，教师应该先把已知的条件和需要解决的问题讲清楚，把这些内容整合为参数假设问题。

（4）导入技能的注意事项。具体有以下：

第一，导入方法的选择要有针对性。要根据课堂教学的内容和重点而考虑所选择的类型与方法，同时还要考虑学生的认知特点和知识水平以及学校的现有设备条件，以学生的思维特点为中心确定导入所采用的方法。

第二，导入语言要有艺术性。既要考虑语言的准确性、科学性和思想性，又要考虑可接受性。教师创设情境时，语言应针对学生思维中的问题，启发他们思考，留有广阔的思考空间，既要清晰流畅、条理清楚，又要娓娓动听、形象感人，使每句话都充满激情和力量；直观演示时，语言应该通俗易懂，富有启发性；联系导入时，语言应该清楚明白、准确严密、逻辑性强，这样的教学语言，最能拨动学生的心弦，使他们产生共鸣，激起强烈的求知欲和进取心。

第三，导入方法要具有多样性。不同的内容用不同的方法导入，每节课都给学生一种新的体验，有利于调动学生学习的积极性。最好是同一内容也要尝试着用不同的方法导入，然后对比分析，从中领会各种方法的优缺点。尤其是对师范生的培训更应该要求他们用不同的导入方法。

总而言之，在数学课堂的导入的过程中，第一要务是创设和谐自然的课堂研究环境，引导学生产生思维冲突和学习情感体验，进而激发学生的学习积极性；教师在发展学生综合能力、落实双基的过程中，还需要重点培养学生的自主探索能力。在高等数学教学中，再好的导入规划也要灵活地具体操作，要在课堂教学中探究新生成的思路，不断完善自己的导入设计，让高等数学教学在自然和谐的状态中保持有效的学习。

（二）高等数学课堂教学中的讲解技能

教师运用语言知识传授数学知识时采用的教学方式是高等数学课堂讲解技能，此种讲解技能是教师通过语言技巧启发学生的数学思维和引导学生表达学习情感。数学学科的主要内容是推证和运算图形、数和式，一直以来，这种教学方法以教师讲解为主。讲解仍然是教学的主导方式，是数学教学中应用最普遍的方式，讲解技能是数学教师必须掌握的主要教学技能。讲解实质上就是教师把教材内容经过自己头脑加工处理，通过语言对知识进行剖析和揭示，使学生把握其学习内容的实质和规律。在这一转换过程中，注入了教师的情感、智慧，使得难以理解的内容变得通俗易懂，对学生具有感染力。

讲解技能是数学课堂教学的主要方式，因为讲解是高等教师按教学设计向学生传输信息，主动权掌握在教师手中，便于控制教学过程；教师通过讲解最易把自己的思考过程和结果展示在学生面前，最容易引导学生思维沿着教师的教学意图进行，能充分发挥教师的主导作用；讲解能迅速、准确并且较高密度地向学生传授间接经验，快速高效。由于教师的精心组织，可将大量的知识在较短的时间内讲授出去，这是其他教学技能所不能比的，讲解可减少学生认识过程的盲目性，使学生快速获得数学知识。讲解为教师提供了主动权、控制权。当然，在现代课堂教学中，不需要满堂讲，而需要与其他技能相配合，才能取得最佳效果。

1. 讲解技能的使用目的

（1）传授数学知识和技能。传授数学知识和技能是讲解的首要目的，它与数学课程标准的教学目标和数学课堂中的具体目的都是一致的。高等数学课堂教学的首要任务是通过教师的细致讲解，使学生掌握符合社会发展需要、数学发展需要和学生成长需要的知识体系与技能。

（2）提高思想认识，培养数学学习情感因素。教师通过对结合数学内容的思想、方法的来源，形成与发展的深入浅出、生动具体的讲解，让学生在领会数学知识内容的同时，思想认识得到提高，形成辩证唯物主义观点，并具有坚毅、认真的良好学习品质，激发学习数学的兴趣，培养学生数学学习的情感因素。

（3）启发思维，培养能力。教师通过讲解揭示数学知识的结构与要素，阐述数学概念的内涵和外延，开启学生的认知结构，让学生在教师的讲解中领悟到数学思维方法，培养学生运用数学知识分析问题和解决问题的能力。

2. 讲解技能的设计原则

讲解技能的设计原则有以下几个方面（图3-2）。

（1）启发性原则。数学课的讲解一定要遵循学生的认知特点，由浅入深、由具体到抽象，采用多方启发诱导，让学生自己动脑思考去发现数学事实。注意观察学生听讲的表情反应，按接收回来的反馈信息，不断调整自己的讲解速度和方法。启发学生参与教学活动，注重师生双边活动。

（2）科学性原则。由于数学的学科特点，数学课的讲解必须保证知识准确无误，推理论证符合逻辑，数学语言简

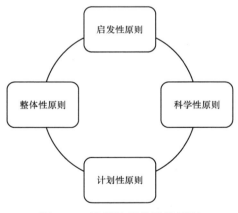

图3-2 讲解技能的设计原则

练清晰。在讲解过程中，结构要组织合理，条理清楚，逻辑严谨，结构完整，层次分明。

（3）计划性原则。每堂数学课的讲解程序要计划周密，准备充分，深入分析教材，设计讲解方法。突出重点、分散难点、解决关键是讲解的三大要点。在备课时一定要分条列目，讲解时才能充分流畅。

（4）整体性原则。数学课的讲解不是孤立的，要同板书、提问、演示、组织等技能配合起来，综合运用，才能发挥课堂的整体效应。数学课的讲解

要遵循整体原理，注意同其他技能协调配合的原则。

3. 讲解技能的主要类型

（1）应用型讲解。应用的广泛性是数学的一大特点，数学应用在讲解中占一定比例。一系列数学理论被学生接受后，就是应用理论解决实际问题。应用型讲解要注重分析问题的已知到未知，采用分析、综合、类比、归纳、构造数学模型等方法去解决问题。

（2）问题型讲解。高等数学内容的理解主要是靠解决问题来实现，问题型讲解在数学课堂中就十分重要。一般而言，数学课堂基本是由问题组成的。高等数学的课程改革，有些优秀教师提出了"问题串"的教学模式，即把每节课的内容设计成"问题串"，随着一个一个问题的解决，要讲的主要内容就基本结束了。

（3）解释式与描述式讲解。解释式讲解主要解释和说明简单的知识，引导和帮助学生理解和掌握学科知识。此种讲解方式主要应用于题目分析、概念定义和公式说明等方面。但如果解释和说明复杂的知识，此种讲解方法很难达到较好的效果，对于复杂的知识，教师应该结合其他技能，比如实验和板书等技能。描述式讲解的主要内容是描述数学知识的发生过程、发展过程以及变化过程，此外，还描述数学知识的内在含义和外延知识，让学生形成完整的数学知识体系，进而强化学生对数学知识的认识和理解。描述根据教学目的和教学内容可以分为顺序性描述、结构性描述。具体而言，结构性描述需要充分展现数学知识的内在结构和层次关系，在这个过程中，教师应该抓住关键点，运用生动形象的类比及比喻描述数学知识。另外，顺序性描述需要重视数学知识的阶段性，重点把握数学知识的关键点。

4. 讲解技能的注意事项

（1）讲解内容要正确，讲解方法要得当。高等数学的知识在论述时，要一环扣一环，层层深入，顺其自然地得出结论。讲解时，一定根据教学内容、学生的知识水平、能力以及学校的设备条件等来选择最佳的方法，重点突出，条理清晰，符合逻辑规律。这是数学课堂教学要求的独特之处。

（2）教师的讲解要有精、气、神，讲解时要面向全体学生。教师的讲解要有精、气、神表现在课堂教学中就是给人一种自信、稳重、令人信服的感觉。在高等数学课堂教学中，教师的声音要洪亮有力，吐字清晰、准确，语速快慢适中，感情充沛感人。有时高等数学课堂人数较多，有的教师教学时只面向少数学生，不顾及大多数学生的感受，这是错误的。无论是哪种讲解都要关注全体学生，这是高等教育课程改革的理念。

（3）讲解与板书技能、演示技能、提问技能相结合。讲解时，必须与其他技能有效配合，否则将会事倍功半，学生难以接受。有经验的教师在数学课堂上，会巧妙地利用讲解技能，充分发挥其他媒体的优势，边讲边练，师生互动，将抽象的数学知识化解为具体形象的实践过程，通过精心设计的提问引导学生理解数学知识的实质。

（三）高等数学课堂教学中的板书技能

在课堂教学中，板书和讲授相辅相成，板书可以传递重要的教学信息给学生。对教师来说，板书技能是一项必备的基础教学技能。除了精心钻研教材内容，教师还需要根据教学要求、教学目标以及学生的具体情况设计板书，所谓的正板书是指将文字、线条和图形等适宜符号组合排列在黑板上，一般情况下，正版书写在黑板的突出位置。板书技能是指教师为辅助课堂口语的表达，运用黑板以简练的文字或数学符号、公式来传递数学教学信息的教学行为方式。

板书又可以被称为教学书面语言，是一种言语活动方式，主要用于传递教学信息，可以帮助教师厘清教学思路，可以帮助学生深入理解和掌握教学内容。板书深受教师和学生喜爱，因为板书的特点是简洁、形象、方便记忆等。在课堂教学的过程中，板书至关重要，将教学知识和教学语言充分融合，可以提升教学效果。

由于数学的学科特点，在课堂教学中有大量的定理、公式需要证明和推演、论证。大量的数与式需要计算或推导，几何教学还需要图形、坐标的绘制。数学课的板书（包括版画）技能尤为重要。

1. 板书技能的使用目的

教师精心设计的板书是教学教材的精华，可以充分启发学生智慧，在课内，可以帮助学生听课和做笔记，在课后，可以巩固学生复习，进而加强学生对所学知识的理解和记忆，并且，还可以给学生带来美的享受。对教师来说，板书可以帮助学生熟记教学内容和教学步骤。通常情况下，板书技能的作用包含以下几点：

（1）突出教学重点与难点。教师在设计板书的过程中应该充分结合学科特点和教学内容特点，通常情况下，板书内容是教学的重难点，另外，教师还可以标识关键内容，比如，在书写和绘画的过程中运用不同颜色的笔。以教学重难点为主的设计板书应该运用简单扼要的书面语言，以此达到深化教学内容和教学思想的目的。明确本节内容与相关内容的逻辑顺序，使之条理清楚，层次分明，有助于学生理解和把握学习的主要内容。

（2）启发学生的思维，突破教学难点。直观的板书可以弥补教师在语言讲解上的缺点，可以全面展示教学思路，并帮助学生理解教学内容和理清教学层次，突出重难点。好的板书可以运用静态文字引发学生思考，激发学生学习兴趣。

（3）集中学生的注意力，激发学习兴趣。板书中运用的文字符号、图形图表、颜色差异等具有独特的意义，可以激发学生的学习兴趣和吸引学生注意力，此外，好的板书可以让学生感受艺术的魅力，可以训练学生的思维。与此同时，板书可以将学生的视觉刺激、听觉刺激充分融合，避免学生出现分心、疲倦的现象，帮助学生集中注意力，在此过程中，好的板书设计还兼顾了学生的有意注意、无意注意，并帮助学生开拓学习思路。

（4）记录教学内容，便于学生记忆。板书可以充分反映整节课的内容，通常情况下，板书将教学材料浓缩成提纲形式，并且，还可以有条理地将教学重难点、教学线索等呈现给学生，可以帮助学生理解基础定义和基础定理。教学板书通常就是学生的笔记，所以，教学板书有利于引导学生课后复习，便于学生理解、记忆。

（5）明确要求和示范，提高课堂教学效果。数学无论是对定理的证明方法、格式、步骤，还是对平面、立体图形的画法都有严格而具体的要求。通常情况下，良好的教学板书是学生记笔记的模仿典范，具体包含板书字体风格、板书运笔姿势以及板书教学内容等。从心理学的角度来看，优美的板书可以让学生形成正确的空间视觉形象，具体包括板书速度、板书位置和方向以及板书幅度等，并且，优美的板书有利于形成正确的动作技能。在学生看来，教师的板书就是典范，因此，教师正确的黑板字、图形，规范地使用圆规、直尺绘图及标准的解题步骤，都使学生养成了精细、严谨、整洁的数学学习习惯和方法。

2. 板书技能的设计原则

（1）目标明确，突出重点。板书是为一定的教学目标服务的，偏离了教学目标的板书是毫无意义的。设计板书之前，必须认真钻研教材，明确教学目标，只有这样，设计出来的板书，才能准确地展现教材内容，真正做到有的放矢。板书要从教材特点、学科特点和学生特点出发，做到因课而异、因人而异。板书的主要作用是突出教学内容的重难点，引导和帮助学生更系统地掌握相关知识。所以，教师设计的板书应该符合数学逻辑，应该结合教学内容和教学顺序等内容，在设计板书的过程中，教师还应该做到条理分明、重点突出，并且，教师还应该正确引导学生理解和掌握教学重难点。由此，教师还应该设定完整、周密的教学计划，明确教学板书内容和板书格式，只有这样，教师才能根据教学计划推进课堂教学。

（2）形式多样，布局合理。

第一，形式多样，丰富多彩。形式多样的板书可以使学生对所学内容形成清晰的记忆，为理解知识、回顾所学内容提供了明确的思路。富有趣味的板书形式，能促使学生产生美好的学习体验与感觉，激发学生强烈的学习热情，帮助学生更好地理解并掌握这些知识，提高学生思考问题的水平和能力。在高等数学课堂上，要针对特定的教学内容，结合学生的思想特征，充分利用好"板书"这种形式多样的教学手段。

第二，布局合理，计划性强。板书一定要在备课时预先计划好，该写哪些内容，应写在哪些位置，中间可擦掉哪些，最后黑板上留有的内容，都应认真考虑、周密计划。若板面不够或为了节省时间，可以预先将提问问题、定理内容等体现在多媒体课件上，做预先辅助板书。计划性是防止板书散乱，发挥板书示范作用必须遵守的原则。

（3）语言正确，书写规范。语言正确，书写规范这是从内容上对教师板书提出的要求。板书设计的具体要求是：用词用语准确合理、线条流畅美观、语言准确等。教师设计板书的最终目的是帮助学生理解教学重难点，进而引导学生积极思考，避免出现不必要的错误。除此之外，板书设计应该注重直观性，教学板书不仅需要传授学科知识，还需要培养学生良好的书写习惯。所以，规范的板书需要具备准确性和美观性。另外，板书必须确保学生都能看懂，字体大小一定要合适。在书写板书的过程中，还应该确保书写速度，尽可能节约课堂时间。

3. 板书技能的主要类型

板书技能的主要类型，具体如下（图3-3）。

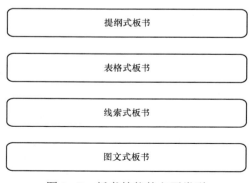

图3-3　板书技能的主要类型

（1）提纲式板书。提纲式板书是指运用简洁明了的重点词句分层次地列出教材内容的提纲。提纲式板书常用于结构清晰、层次分明、内容多的教学内容。其突出特点是内容条理清晰，层次分明，给人的印象是清晰完整，方便学生理解和记忆教材内容及教学体系。

（2）表格式板书。表格式板书是指教师把教学内容要点和教学内容的内在关系以表格的形式呈现出来，主要依据教学内容设计板书。首先，教师提出对应的教学问题，然后，教师引导学生分析和思考，并提炼出扼要的内容填入表格，另外，教师也可以边讲解边在表格中填入关键词，又或是按照一定规则填入相应的内容，经过归纳总结之后，编辑成表格。表格式板书可以将复杂的内容简单化，可以帮助学生将教学知识框架梳理清楚，全面加强数学教学的透明性、整体性，与此同时，表格式板书还可以强化学生对某一特定事物的认识。

（3）线索式板书。线索式板书是指以某一个教学主线为中心，找准内容关键词，运用箭头和线条等将数学内容板书出来，并呈现出一定的结构和脉络。线索式板书具有较强的指导性，可以简化数学知识，帮助学生厘清知识架构，充分了解教学思路，进而提高课堂效率和课堂效果。

（4）图文式板书。图文式板书是指教师通过边讲边画图的方式授课，在此过程中，教师运用单线图呈现教训内容的关系结构和事物形态，具体包含示意图、模式图以及图画等多种形式。图文式板书可以将数学知识形象直观地呈现在学生面前。这种板书运用图文并茂的形式展现教学内容，更容易吸引学生注意力，激发学生的学习积极性，进而培养和提高学生的逻辑思维能力和观察能力。

4. 板书技能的注意事项

（1）在高等数学课堂教学过程中，汉字、罗马字母与数字符号书写必须符合特定的标准，不能使用生僻字、繁体字，更不能随意简化书写汉字，比如，将高等数学教材中常见的"圆"改为"园"。在书写高等数学常用符号时，要注意笔画顺序，防止出现倒写的情况。与此同时，还要做到字迹规范、工整，线条和图表的书写能够遵循高等数学课堂板书的书写原则。

（2）画图是高等数学课堂板书的重要内容。比如，在代数学相关知识的讲解过程中，关于函数图像与几何图形，应该尽量采用正交的方式，由左至右、由上至下都是一条直线；求解曲线方程式时，首先要确定直线坐标，然后才能手绘曲线函数图；在绘制图像和图形时，教师需要规范使用画图工具，除了手绘图像和图形之外，所有的板书内容都要用标准的工具进行绘制，要做到边界清晰、位置合适、尺寸适度。此外，教师还应该对图形、文字和图片等进行适当排版，以达到最佳的综合视觉教学效果。

（3）教师在黑板上手写高等数学相关概念的定义时，不能一直沉默不语，要配合讲授，时不时回头观察学生的表情并给出详尽的解释与分析，或者在写具体的概念、定理、结论前，鼓励学生自主思考。教师只写不说，这样的教学行为没有任何意义。

（4）教师可以使用彩色粉笔强调知识要点或者对授课知识进行分类标记，但是，需要注意尽量避免将黑板书写得太鲜艳，以书写配色不影响学生学习为前提。如果教师在黑板上书写的过程中出现差错，必须用板擦将黑板上的错误内容擦干净。如果学生已经将错误的知识点记在了笔记本上，教师应该及时提示学生纠正错误。

（四）高等数学课堂教学中的提问技能

提问是一项具有悠久历史渊源的教学技能，在数学课堂上，提问主要表现为师生对话，提问的过程就是教学信息双向交流的过程。在教学的过程中，提问展现了教师高水平的智力动作。高等数学课堂提问技能有利于实现教学目标，可以加强教师和学生的沟通交流，可以促进教师和学生的思维，可以巩固学生学习和引导学生充分运用数学知识。从学习者的角度来看，学习的过程就是提出问题、分析问题和解决问题的过程。巧妙的提问可以激发学生的思维和求知欲，另外，还可以为学生解决疑难问题提供有效途径，可以引导学生探索知识、获得知识，同时，还可以增加学生智慧，培养学生形成良好的思考习惯。提问属于综合性技能，提问水平既可以展现出教师的综合素质和个人修养，又反映了课堂教学观念的影响。

1. 提问技能的使用目的

高等数学课很重要的目的之一是培养学生的思维能力、空间想象能力、数学运算能力、数学表达能力，增强数学建模能力，从而提高工程技术，提高国家科技力量，而教师适度地提出问题正是能够启发学生思维的导引。数学课堂的实质就是从问题开始，通过讲解有关的概念、定理、法则而使问题得到解决。在数学课堂上运用提问技能，可以使教师与学生双向知识信息交流系统运作通畅，反馈信息快捷而真实，进而教师可由反馈得到的信息来调整自己的教学行为。数学课提问技能运用的目的如下。

（1）把握好课程进度，调控好教学导向。反馈机制是数学课提问技能调节的重要先决条件。有效的提问能够确保教师快速地获得反馈信息，从而掌握学生理解、掌握和应用知识的水平，发现问题的根源，并根据这些原因，适当地调整课堂教学过程。如果教师发现学生认识问题存在偏差或障碍，那么，通过启发式的提问，能够适时地改变求解问题的思路，做到灵活思考问题，从而掌握问题的求解方向。

（2）启发学生思维，激发求知欲望。教师根据学生已学过的知识或他们的社会生活实践体验，针对他们思维困惑之处的设问，使教材的内容与学生已有的知识建立联系，通过新旧知识相互作用，形成新的概念。教师的提问能激起学生的认知冲突，激发学生的好奇心，使学生产生探究的欲望，迸发学习的热情，产生学习的需求，进入"愤、悱"状态。在数学课堂无论是教师的设疑，还是学生的质疑，都是学生求知欲的催化剂，也是他们思维的启发剂。

（3）了解学习状况，检测目标达成。导入时的提问用于前期诊断，目的是了解学生的认知前提，寻找新旧知识的衔接点；讲授中的提问则是知识形成过程中的评价，是形成性评价的提问；概念、定理、法则讲完后，要利用举例应用的方式提问，来了解学生对新知识的理解与掌握情况。教师的提问，能了解学生能否使用数学语言有条理地表达自己的思考过程，是否找到有效的解决问题的方法，是否有反思自己思考过程的意识。在教学过程中，学生的基础知识和基本技能掌握得如何、课堂教学目标是否实现；目标达成度的检测等都有赖于教师的提问。

（4）加强对已学新知识的认识。为了增进学生对数学概念、规律和定理的理解，需要教师通过问题思考激发学生内化知识的能力，帮助学生构建认知框架，提高学生综合运用高等数学知识的能力。通过有目的地提出问题，可以有效解决教学过程中存在的问题，帮助学生理顺解题思路；运用解释性问题，帮助学生构建有效的高等数学知识体系；通过提问环节，可以使学生更深刻地理解并牢固掌握高等数学知识。

2. 提问技能的设计原则

提问技能的设计原则有以下几个方面（图3-4）。

在高等数学教学课堂上，提出问题的目的并不只是为了获得正确的答案，更主要的目的是要促使学生对所

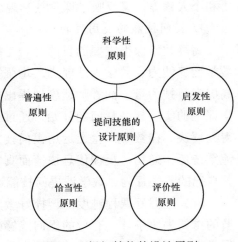

图3-4　提问技能的设计原则

学知识形成更加深刻的理解，从而能够运用已经掌握的知识求解新问题，从而将高等数学教育推向更高的层次。为了促使问题得到有效回答，教师在设计提问时必须遵循以下原则：

（1）科学性原则。教师在数学课堂上所提的问题必须准确清楚，符合数学的学科特点。教师不可以将含糊不清、模棱两可或无定论的问题在课堂上提问给学生。提出的问题必须具备一定的科学性和合理性，问题包含的信息量要适度，太多问题或者太少问题都不符合学生的思维规律，导致提问失去现实指导意义。在回答问题方面应该做到明确而独特，甚至对于无关紧要问题的回答也应当不超出预期的回答范围。提问方式要科学，不可以先点名后提问。提问的顺序要符合逻辑和学生的认知规律。

（2）启发性原则。教师所提的问题必须符合学生的认知水平。把学生暂时接受不了的问题提问给学生，会造成学生的为难情绪和心理压力。把学生不需任何思考的问题提问给学生，又起不到启发思维或复习巩固的作用。教师提问的内容是学生需要经过认真思考才能回答上的，要具有启发性。

（3）评价性原则。教师提出问题，学生回答后，教师要给予分析和评价。对回答正确的同学给予肯定和表扬，对回答有缺欠的同学给予补充，对回答不出来的同学给予启发和提示，最后给出标准答案。这样才能使提问真正发挥作用。教师恰当的评价可强化提问的效果，教师的一句赞许的话会使学生备受鼓舞。另外，教师提示时，要亲切诱导、平易近人，这样才可调动学习的情绪，学生真正得到提高。

（4）恰当性原则。教师要依照教学的需要和学生思维的进程不失时机地提问，防止提出不必要的问题而画蛇添足，要考虑所提出的问题在教学中的地位、作用和实际意义。课前的复习提问要与新知识联系密切的；讲解中的提问一定是有利于下一环节的理解；讲完新知识的提问应是巩固所学新知识的；总结时的提问一定是概括所学新知识的，并起到提升作用。

（5）普遍性原则。提问的目的在于调动课堂上全体学生的积极思考，必须遵循普遍性原则，面向全体学生。要让所有的学生都能积极思考教师提出的问题，就应该把回答的机会平均分配给全班的每个学生。应针对学生个人的水平，分别提出深浅各异的问题，要使每个学生都有参与的可能，思维的积极性就能得到发挥。

3. 提问技能的主要类型

提问技能的主要类型，具体如下（图3-5）。

（1）检验性的提问。检验性提问可以分为两种，即知识性提问和理解性提问。其中，最简单的提问方式是知识性提问，检验性提问可以考查学生对知识的理解程度及记忆情况。具体而言，检验性提问方式只需要学生根据自己的记忆分析和回答问题。一般情况下，这种提问方式只需要学生将已经掌握的知识应用到实际中。这种提问方式会限制学生思考，且无法给学生提供思考机会，如果长期这样提问容易造成学生机械性硬背的学习习惯。因此，课堂提问不能局限在这一层次上，偶尔运用是可以的。

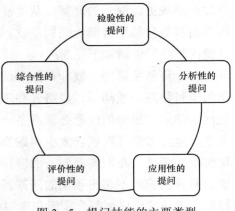

图 3-5　提问技能的主要类型

（2）分析性的提问。分析性提问需要学生将事件的来龙去脉整理清楚，在此过程中，学生需要先整理清楚数学知识结构与知识概念之间的关系，教师则需要引导学生分析问题、解决问题和得出结论。分析性提问最重要是培养学生的分析能力和判断能力，进而理清楚问题产生的条件和原因等。如果学生只凭借记忆回答这类问题，很难实现学习目标，所以，分析性提问必须经过材料加工和组织，必须认真思考，找到问题的根源，进而有效解决问题，常用于分析事物关系和事物原理等。

（3）应用性的提问。应用性提问可以引导和帮助学生更深入地理解和掌握学科知识，可以对学生的知识应用能力进行检查。

（4）评价性的提问。评价性提问属于评论性提问，要求学生充分运用知识定理和知识概念解题，并根据评价判断问题的价值。换言之，评价性提问是比较和选择的提问方式，需要结合所学知识和实践经验，在此过程中，还需要融入自己的价值观和感受，让学生独立思考之后回答问题，所以，评价性提问要求学生形成自己的思维方式，需要较高的专业知识水平。

（5）综合性的提问。综合性提问要求学生在发现知识内在联系的基础上重新组合教材内容的规则和概念等，重视内容理解的整体性和有效性，以此为基础，教师还应该引导学生思考原本的内容，将原本分散的内容以创造性的方式组合起来，形成不同的内在关系，进而得到全新的教学结论。这种提问方式可以激发、培养和提高学生的想象力和综合能力等。

4. 提问技能的注意事项

（1）提问必须具备科学性。要使提问达到科学目的就必须做到主次分明、直接提问、围绕中心、言语规范、概念准确、范围适中。提问时应立足于学生的现实，并与学生的认识程度以及学生对问题的了解程度保持一致。提问可以激发学生的创新思维。在高等数学的教学过程中，教师应该根据学生的学习基础和学习情况，设计难度适中的问题，尽量鼓励更多的学生参加问题的解答过程；根据教科书和学生掌握知识的先后次序，按照由易到难、由浅到深、由简到繁、由近到远的原则设计问题。首先，提出认知理解性问题；其次，全面剖析问题；最后，通过设置评判性问题，降低学习难度，促使教学过程层层深入，从而提升课堂教学效率，实现使所有学生都能在原来的水平上获得进步的目标。

（2）问题设计的趣味性较强。在设计教学提问的过程中，教师应该从学生的兴趣点出发，根据学生的兴趣设置问题。趣味性问题可以充分激发学生的学习积极性，可以引起学生的注意力，并且，在此过程中，还可以引导学生积极思考问题，加强学生的合作能力和逻辑思维能力。所以，在设计问题时，教师应该从教学目标、教学内容出发，设计符合学生需求和兴趣的教学内容，如果教学问题与教学目标、教学目标脱离关系，问题设计就会失去它自身价值。另外，提问设计还需要突出内容的重难点和关键点，以此突破教学重难点。

（3）营造有利的提问环境。在高等数学课堂教学过程中，教师提问时应该营造紧张的氛围，促使学生集中注意力认真听课，但是要注意不能使用咄咄逼人的语气提问。教师要注重与学生保持积极的情感沟通关系，帮助学生克服焦虑情绪，促使学生成为自身命运的"主宰者"，通过主动解答问题表明所思所想。与此同时，教师还必须具备足够的耐心倾听学生的解题思路。面对暂时无法解答的问题，教师需要及时地开导学生并鼓励学生，切忌随意插话，更不能无端责备，而应该允许学生厘清思路，巩固知识体系。

（4）问题设计注意语速和停顿。注意提问的语速和停顿，提问后不要随意地解释和重复，要给学生一定的思考时间，一般而言，问题提出后应留有 3～5 秒钟的思考时间。当学生思考不充分或抓不住重点时，教师不应该轻易地否定学生给出的答案，也不应该忽视学生的存在，而应该从不同的侧面、采取不同的方法，对学生进行启发教学或暗示教学，培养学生的解题思维，同时增强学生独立思考的意识以及解决问题的能力。此外，教师在提问时应该表现出亲切、谦虚的姿态，借助面部表情和身体姿态拉近与学生之间的距离，促使学生感受到信任与鼓励的力量。教师在提问时注意语速和停顿，可以为学生预留充足的思考时间，为学生回答问题创造有利的条件。

（5）正确对待意外情况。学生对某些问题的回答通常会令人感到出乎意料，针对这些意外答案，教师可能不能及时应对和处理。当面对此种情况时，教师不能随意评判，应该及时向学生说明具体情况，避免误导学生，在此过程中，教师还可以和学生一起研究和探讨。如果学生指出并纠正了教师的错误答案，教师应该虚心接受，对学生及时指出错误的行为表示肯定，进而促进共同学习、共同进步。

（五）高等数学课堂教学中的演示技能

高等数学课堂的演示技能，是教师根据教学内容和学生学习的需要，运用各种教学媒体让学生通过直观感性材料，理解和掌握数学知识，解决数学问题，传递数学教学信息的教学行为方式。在数学教学中，由于数学自身的特点和信息时代对数学的要求，任何选择和使用的教学媒体，对数学教学信息的传播都有着重要的作用。随着教育的发展，现代教学技术设备的更新，高等办学条件的改善，当前更多使用常规媒体与现代媒体的有机结合。

由具体到抽象，由感性认识到理性认识，是人们认识一切事物的普遍规律。高等数学教学中运用直观演示手段，可以减少学生掌握新知识的困难，可以丰富学生的感性思维和体验。学生理解和掌握书本知识的基础是直接经验，教师传授课本知识的重要基础是抽象语言文字，从学生的角度来看，他们的感性认识是有限的，在理解新知识时难免会遇到困难。因此，为了保障课堂教学的有效性和系统性，不能只靠学生自己悟。另外，运用直观演示手段可以避免教学内容过于抽象空洞，让学生难以理解。人的思维发展是从形象到抽象的，高等学生的思维需要具体的、直观的感性经验来支持，进而达到抽象。因此，演示在中学数学课堂教学中得到广泛应用。如今，大量的新技术和新媒体进入教学领域，为教学演示提供了丰富的手段和材料，对改革教学方法起了极大的推动作用。

运用演示技能可以让学生生动直观地理解和掌握专业知识，可以强化学生的认知，并引导学生将实际事物和课本知识充分融合，进而形成更加深刻的知识概念；演示技能可以让学生感性地理解抽象知识，减少学生的学习困难；此外，演示技能还可以增强学生的实操能力；可以帮助学生降低学习的厌倦和疲劳程度，进而培养学生的观察能力和逻辑思维能力；演示技能可以激发学生的学习积极性。

1. 演示技能的主要类型

高等数学课堂的教学媒体包括常规媒体和现代媒体，具体如下：

（1）教科书与图书。高等数学教科书与图书是根据最新的课程标准编写而成的具有内在逻辑的书面材料，属于重要的教学资讯载体，也是构成高等数学课堂教学演示技能的主要类型。

（2）实物与模型。在高等数学教学过程中，为了使学生更好地掌握抽象概念和定理，教师通常需要借助具体的实例开展教学活动。无论是实物还是模型，都表现出直觉的形象化与定量化特征。模型建构是立体表达事物外形、内在构造的重要手段。教师将高等数学原理使用简单、清晰的线段展现出来，有利于培养学生的空间想象力。

（3）图表。在高等数学教学过程中，图表是形象描绘概念的重要手段。图表可以清楚地显示出各种形式之间的关系。教师适当运用图表开展高等数学教学活动，可以展现不同数学模式之间的关系，从而发现其中的规律。图表还可以激发学生的求知欲，帮助学生找到解决问题的方法，从而促使学生有效地掌握所学的知识。

（4）计算机。计算机是一种具有交互作用的媒体，它以"刺激—反应"为基本模式，通过人机对话功能构成了媒体与刺激对象之间的交互作用。在所有的现代教学媒体中，计算机具有高速、准确的运算功能，能够记忆储存大量的教学信息，能将抽象的内容形象化，还能进行动态图像的模拟等。恰当地使用计算机技术，可以使其为教学服务，成为教师教的有力工具，学生学的好帮手，学校教学改革的良好平台。

2. 演示技能的注意事项

（1）演示的媒体要恰当。首先要熟悉教材内容，明确教材的重点和难点，按照传统方式准备好教案；其次要根据教学内容选择教学媒体，并考虑各种媒体综合运用的效果。并不是所有的内容都可以使用多媒体，只有适合用视听媒体提高教学效率的关键性内容才使用它。不同的内容要用不同的媒体。

（2）演示的媒体要实用。教师应该将演示媒体作为展示教学重点或难点的工具，并与教学方案紧密地结合起来，避免为了达到视觉和听觉效果，致使演示媒体内容变得杂乱不堪。富有创意的演示媒体可以激发学生的学习兴趣，但是，单纯追求演示媒体形式的多样性，忽视演示媒体内容的实用性，容易导致学生注意力分散，被演示媒体的形式吸引，而不是被演示媒体的内容吸引。教师在设计演示媒体内容时，必须根据学生的认知规律，将理想的外部形态和实际内容有机融合起来，从而实现既定的高等数学教学目标。

（3）演示必须与讲解技能相结合。为了使学生的观察更有效，教师在恰当地使用演示技能的同时，还要用简洁的语言适时地引导和启发学生思维，使其更好地掌握所观察的内容。媒体的演示要与语言讲解恰当结合。如果教师只运用媒体展示教学内容，只凭学生自己观察教学内容，那么，最终的教学成果也会受到影响，所以，此种教学方式并不符合实际。反之，如果全程都是教师的讲解，没有运用讲解技能，那么，课堂教学内容也无法给学生留下深刻印象，所以，这种教学方式也不正确。正确的方法是将演示和讲解有机融合，进而充分展现教师的教学艺术。

（4）演示的时机要适当。密切结合教学内容使用媒体，掌握适当的演示时机，过早的演示容易使学生产生依赖心理，而不再去积极想象所学内容的形状，演示过晚同样不利于学生的思维。高等数学教学中有命题、定理的推演过程，一般要求板演进行，如果想通过媒体演示则要求必须与讲解同步，最好是分步演示。

（六）高等数学课堂教学中的变化技能

从教师的角度来看，数学课变化技能属于智力动作。变化技能可以充分反映师生之间的相互作用，事实上，变化技能形成了数学教学系统的信息回路，因此，教师应该依据学生的具体情况作出调整，进而有效控制教学内容和教学系统，它也是当今新课程改革中，所提到的最新教学模式——生成性教学。数学课堂上教师运用变化技能的目的是唤起学生的数学学习兴趣，形成生动活泼的课堂学习情境，增强学生学习本节课的求知欲，调动学生学习数学的主动性。

1. 变化技能的主要类型

在实际高等课堂教学中变化技能是丰富多彩的，从不同的角度可以分为不同的类型，具体如下。

（1）声音变化。声音变化指教师在讲话的过程中，语调的变化、节奏的变化和速度变化等，这些声音变化可以引起学生的注意，可以让教师的叙述和讲解更具戏剧性，更能突出教学重点。另外，声音变化还能暗示上课不认真听讲的学生。如果是有经验的教师，他们会先吸引学生注意力，然后再用稳定的语调讲解课堂内容。如果是经验不足的教师，通常不会使用声音变化的技巧，课堂一旦出现激烈讨论的情况，教师为了让学生安静下来，会加大自己的音量劝说学生。这种方法一般不会奏效，而且会影响学生的学习热情和教师威信。在讲解或叙述中适当使用加大音量、放慢速度可以起到突出重点的作用。

（2）节奏变化。节奏的变化主要指教师在讲解的过程中，适当地改变节奏能起到引起学生注意力集中的作用。一般而言，最常用的是停顿。停顿在特定的条件和环境下传递着一定的信息，是引起学生注意的有效方式。在讲述一个事实或概念之前作短暂的停顿，或在讲解中间插入停顿，都能引起学生的注意，有利于学生掌握重点和难点。停顿的时间一般为三秒左右，时间不宜过长。恰当地使用停顿，会使人感到讲解的节奏而不觉枯燥。

（3）肢体变化。肢体的变化可以分为目光的变化、头部动作变化、表情的变化及位置的变化。

第一，目光的变化。眼睛是心灵之窗，它是人与人之间情感交流的重要方式。教学中教师应利用目光接触与学生增加情感上的交流。作为教师，讲话时要与每个学生都有目光接触，以增强学生对教师的信任感。在进入教室的瞬间，教师应该自觉地运用充满关爱的眼神，将目光尽量均匀地投射到所有学生身上，这样既可以拉近师生之间的心理距离，也可以促使每位学生体验到被重视、被关注的感觉，从而促进师生之间的情感交流。在教学中，教师的目光切忌游离不定，切忌注视窗户、天花板，如此不利于教师和学生交流。在教学的过程中，教师应该善于运用目光，通过对视与学生对话，运用目光的力量影响学生。如果教师可以运用好目光变化，就可以加深学生的印象。

第二，头部动作变化。从学生的角度来看，学生可以根据教师的头部动作感知教师的情感，并且，这也是一种情感交流的方式，可以将教师的丰富情感传递给学生，可以加强学生和教师的交流，学生也可以通过教师的头部动作判断自己的回答是否正确。教师的头部动作不仅可以鼓励学生，还可以让学生感受到良好的教学氛围。如果教师不满意学生的行为或回答，可以通过头部动作变化委婉地表达自己的感受，这种表达方式更加直接，更具有表现力。

第三，表情的变化。教师和学生在交流情感的过程中，表情变化可以激发学生的情感。很多教师都理解微笑的内在含义和意义，学生也可以通过教师的微笑感受教师的关爱、理解和鼓励。另外，学生也可以通过情感交流感受教师对自己的要求和教育，进而激励学生努力学习。

第四，位置变化。位置变化指教师在教学课堂上移动身体，可以增强学生与教师的交流，可以促进信息传递。如果教师一直固定在一个位置，课堂氛围会变得沉闷、枯燥。所以，恰当的位置变化可以引起学生注意，可以充分激发学生的学习积极性。教师在讲课时由于板书和讲解的需要在黑板前走动，但不要变化太大，否则学生听课容易分心。在学生回答问题、做练习、讨论、做实验时，教师在学生中间走动，这样可以密切师生关系，还可以进行个别辅导、解答疑难、检查和督促学生完成学习任务。

2. 变化技能的注意事项

变化技能实施时应注意以下方面：

首先，依据教学目标选择变化技能。教师在设计教学课堂时，应该针对不同的教学目标做出具体的变化。此外，教师还需要认识到教姿教态对学生的积极作用，在上每一次课时，都应该先明确教学目标，不能为了变化而改变教学计划，应该合理选择变化技能。

其次，依据学习任务和学习特点设计变化技能。教师在选择变化技能的过程中应该充分结合教学内容和教学特点，设计变化技能应该从培养学生学习兴趣和发展学生学习能力出发。变化可以激发学生学习动力和学习兴趣，因此，变化技能必须以学生的学习特点为中心，根据学生的差异性设计不同的变化技能，在运用语言行为变化和非语言行为变化的过程中，必须准确、清晰，让学生充分理解变化技能。

再次，变化技能的应用要有分寸，不夸张。变化技能可以引起学生注意，当教学内容成功引起学生注意之后，教师应该立刻引导学生进入教学过程，此时，教师应该慎重选择变化技能，避免分散学生注意力。例如，学生在做题时，教师应该保持安静，给学生营造安静的学习氛围。

最后，变化技能和其他技能应该流畅衔接。教师在设计教学的过程中，应该将变化技能与其他相关技能搭配。此外，还应该充分考虑与其他技能的衔接，避免过渡过于生硬。正如目光、头部动作和表情是完整的整体，是不可分割的。

二、高等数学课堂教学方法

（一）数学的类比法

高等数学课作为一门非常关键的基础课和工具课，是高等理工类和经管类专业学生的必修课。在高等数学课堂教学活动中，学生学习专业课程内容，理解数学基础知识，运用数学方法解决实际问题，可以提高自学能力。高等数学课堂教学具有内容多、课时短、涉及面宽广、学习难度大等特征。因此，如何激发学生学习高等数学知识的积极性，提升高等数学教学质量，是高等数学教学工作者目前重点研究、探讨的核心课题。

在高等数学课堂教学过程中，类比法的适当应用，能够更好地反映出高等数学新知识与旧知识之间的相互关联，促使学生深刻认识并理解高等数学基本概念，更好地掌握科学的计算方法，从而激发学生的学习兴趣，优化高等数学课堂教学的实际效果。

"所谓类比教学法就是利用类比方式进行教学，即在教学过程中把新知识与记忆中结构相类似的旧知识联系起来，通过类比，从已知对象具有的某种性质推出未知对象具有的相应性质，从而寻找解决问题的途径"[①]。将"类比"方法应用于高等数学课堂教学，能够更好地促使学生从新的角度出发，理解并把握高等数学课程内容。此外，利用类比法开展教学活动，可以有效地调动学生的学习积极性，使学生能够更好地了解高等数学中的抽象概念，培养数学求异思维，从而更好地发挥学习高等数学知识的积极性。

1. 类比法应用于高等数学概念教学

在高等数学课程中，概念教学的实施难度较大。教师讲解高等数学知识时，可以将同样或者类似的数学概念，通过应用类比法为学生提供指导，使学生能够意识到新知识与旧知识之间的共性，以及高等数学概念教学的本质属性。通过联想、类比寻找含义相同的概念之间的相似之处，然后进行由浅入深的推理，达到举一反三的目的。应用类比教学法，如微分、拉格朗日中值定理、极值、罗尔中值定理、定积分、不定积分和柯西中值定理等，可以方便学生在学习"连续""左连续""右连续"概念时，可以将其与"极限""左极限""右极限"相比较；在学习导数、左导数和右导数概念时，可以将其再次与连续、左连续、右连续概念展开类比，利用类比方法，指导学生比较并分析概念的含义，使学生把握好高等数学概念的实质，并将旧的知识转移到新的知识上，进而能够正确地理解新概念。

在应用类比法时，教师既要清楚地说明问题的共性，还要明确地指出问题的差异。比如，针对微分中值定理，利用"拉格朗日中值"为"柯西"的特殊情况，并在此基础上提出"罗尔"为"拉格朗日中值"的特殊情形。再比如，在讲解微分几何意义时，教师可以将其与导数的几何意义类比，实现既定的教学目标。首先，教师需要指导学生简要回顾导数的几何意义，根据导数与微分之间的关系，将导数引入到新的概念中去，并在这些概念之间进行比较，从而促使学生能够更好地理解这些概念之间的区别和联系。在讲解不定积分时，教师可以将其与导数的概念做类比，利用此种知识结合手段，最终得到不定积分与导数互为反运算的结论，如此可以引导学生理解不定积

① 李子萍，费秀海. 类比法在高等数学教学中的应用体会［J］. 数学学习与研究，2021（29）：10.

分定义的由来，从而促使概念学习变得更加简单、轻松、高效。运用类比法进行教学，不仅可以促使学生深入了解新概念的内涵与外延，更为关键的是，应用类比法还能提高学生的知识迁移运用能力，训练学生的逻辑思维能力，促使学生掌握多元的高等数学解题思路。

2. 类比法应用于高等数学极限计算教学

在高等数学教学活动中，"极限"是贯穿教学全程的基本概念。因此，掌握好"极限"是高等数学教学的关键问题。但是，"极限"却被认为是高等数学最难解决的教学问题之一。在整个教学过程中，学生面对的最大难题就是计算"极限"的问题，这是由于学生不会灵活地使用计算极限的多种方式，在特定的问题上不会选用合适的计算方式。在进行"极限"计算时，运用类比法能够帮助学生更好地理解不同算法的生成原理。因此，在计算"极限"时，需要首先确定能否运用算法进行运算，如果不能，就需要先确定函数的种类，再根据"极限"的种类选取适当的运算方法。

3. 类比法应用于高等数学不定积分计算教学

在高等数学的教学过程中，"积分"属于常见的计算方法，但由于其本身具有一定的灵活性，因此利用其解决问题时存在一定的难度。而不定积分的运算是建立在积分运算基础上的。因此，从事高等数学教学工作的教师必须掌握不定积分的运算方法与运算技能。在进行不定积分计算的教学过程中，教师可以仔细安排不定积分教学内容的课时，保证学生可以对不定积分计算的基础知识形成全面的了解。在理论基础上，从性质、计算方法以及特点等多个角度着手，将类比法作为重要的教学方法，引导学生对不定积分计算的知识形成自主理解模式，显得极为必要。教师可以利用类比法讲解不定积分的计算过程，具体可以采取如下方式实现教学目标：

（1）关于被积函数类的研究。当被积函数之间存在着和差性的联系时，可以根据被积函数的运算规律及积分公式求解；当被积函数存在乘积或商的关系时，则要对被积函数进行等量变换，将其转换为和差关系，再运用积分运算法则和积分公式进行计算。

（2）通过类比法选取集成方式。当被积函数存在相乘关系时，可以采用分区积分法求取被积函数的积分；当被积函数包含根符号时，可以选择二次变换方法进行积分运算；在其他情况下，可以采用一阶变换方法或一阶有理函数法进行积分运算。

总体来说，在高等数学的教学过程中，类比法具有广泛的用途，教师应该更多地利用类比法进行教学，将学生难以理解的新知识，以类比的方式增进学生的理解与记忆。此外，利用类比法开展高等数学教学活动，还可以培养学生的类比思维技能，在进行知识转移运用的过程中，增强学生发现问题、处理问题、解决问题的能力，激发学生学习高等数学知识的兴趣，进而提升学生在高等数学知识方面的学习水平。

（二）数学的化归法

化归既是一种解题思路，也是一种行之有效的数学思考方法。在研究数学问题时，学生可以利用一些技巧，比如将问题转换成能够解决的问题。"化归法"的应用领域非常广泛，应用方式多种多样，根据分类的不同，应用也不尽相同。

第一，按照需要解决的问题的性质，可以将"化归法"分为证明中的化归方法、计算中的化归方法、构造新学科体系的化归方法。

第二，按照用途可以将"化归法"分为内化归方法、外化归方法。将两种类型的问题转换，此种方法被称为内化归方法。将现实问题转换成数学问题，此种方法被称为外化归方法。

第三，按照运用范围可以将"化归法"分为单维度化归方法、双向化归方法、多元化归方法、广义化归方法。在一个学科系统中应用的转化方法，被称为单维度化归方法。涉及两个不同分支之间转换问题的解题方法，被称为双向化归方法。跨越众多的数理分支，应用于不同学科的换元法、待定系数法等，被称为多元化归方法。超越数理边界的建模方法，被称为广义化归方法。

第四，积分法、映射法、变数法、极值法等，都是常用的化归方法。积分法是指将待解决的难题分解成若干个学生熟知的简单小问题，通过求解小问题实现难题求解。映射法则是将原问题 A 转换为问题 B，找出问题 B 的答案，再用反映射法求解原问题的方法。变数法是常用的解题方法，又可以细分为等价变形方法、逐步变形方法、参数变形方法和换位变形方法。极值法是在求解数学问题时，使用极值思想思考，从而得出容易求解或已知结果的问题，然后再推导出原问题答案的方法。问题通常有多种解题思路，需要学生充分发挥想象力，开动脑筋解决问题。

（三）数学的归纳法

"数学归纳法主要是介于自然数范围、命题下的演绎推理方法，具有严谨的推理模式及科学的使用方法，能综合分析给定命题在整个或局部自然范围下是否成立，探究某种规律或明确某个命题的成立范畴，可以帮助学生更好地理解代数结构、运算及数学分析。"[①]

1. 高等数学的学情分析

学情分析是从知识基础、学习能力和个性偏好等方面对学情进行全面认识的过程。通过了解学生的学习情况，结合学生的学习实际，有针对性地优化高等数学教学活动以及数学归纳法的应用措施，能够明显提高课堂教学效果。

（1）在知识基础方面，教师应该结合学生完成试卷、习题、作业等情况，全面分析学生的知识掌握状况，通过随机抽取的方式，了解学生知识点的掌握程度。如果教师能够长期进行系统研究，则可以更好地理解学生建构数学归纳法、代数学等知识的状况。

（2）在学习能力方面，教师要始终以学生为本，转变以往只考查学生记忆与理解知识点的传统模式，从考查学生掌握知识的广度与深度入手，综合了解学生分析、归纳、综合运用知识点的能力，并在此基础上，全面评估学生的学习能力。

（3）在个性偏好方面，教师有针对性地活跃课堂教学气氛，提高学生主动参与课堂活动的积极性至关重要。教师应该以学生的个性偏好为基础，在全面认识学生的整体兴趣倾向、个性偏好、学习意识、专注程度等方面后，归纳有效的教学措施，帮助学生更好地理解消化数学归纳法、代数学等内容。

在讲解数学归纳法等基础知识时，教师可以全面评估学生运用多项式、行列式、线性空间的水平，从而了解学生在数学归纳法方面具体掌握的知识情况，并在日后的课程讲解过程中，重点回顾学生已经掌握的知识，从而促使学生能够更好地认识数学归纳法和代数学知识。在分析学生的学习能力时，教师可以通过讲解"元"的数理推导过程，为日后授课提供清晰的思路和方法。与此同时，在教学过程中，教师要意识到高等数学属于抽象学科，在教学中，教师讲解知识点时必须注重学生参与教学活动的积极性，运用启发式、讨论式教学方法，激发学生学习高等数学知识的主动性和积极性，提高学生学习高等数学知识的兴趣。

2. 高等数学的目标导向

在目标导向下运用数学总结方法，是指在相对完整的代数教学周期中，教师要主动地将"数学总结方法"的渗透应用工作进行下去，并给予数学总

---

① 田金玲. 高等代数教学中数学归纳法的应用分析［J］. 江西电力职业技术学院学报，2020，33（12）：45.

结方法的基本内容、思维要求等方面充足的关注。

（1）从理论上来讲，在"完全归纳"的条件下，数学归纳方法能够构成严格的推导和证明机制，通过讲解数学归纳方法的内涵、推导和证明机制，增进学生对数学归纳方法的理解。在制订教学方案和进行预习的过程中，教师要给个别授课留下充分的余地，以便使学生能够更好地运用数学归纳方法。

（2）从思维要求的角度出发，以数学归纳法为核心的思维机制，可以更好地帮助学生在积极应用数学归纳法的背景下，对数学问题进行详尽分析。因此，为了有效培养学生的数学思维，教师必须在高等数学的课堂教学过程中，激发学生的主动思考能力。与此同时，教师也要对反向推导、正向验证以及数学问题的共性特征等进行说明，促使学生全面了解数学归纳法的应用情况，并鼓励学生积极地进行多层次的全面思考。一方面，教师要注重学生的基本功教育。在将数学归纳法用于代数课程的教学时，教师可以具体分析数学归纳法的应用情况，从而促使学生对数学归纳法等内容形成更充分的认识，并指导学生掌握将数学归纳法应用于多项式、线性空间、矩阵时展现出的一般特征，在学生对数学归纳法形成初步认知后，教师可以引导学生参与到数学归纳法与代数学的融合教学过程中。另一方面，教师要高度关注学生的数学思维培养情况。教师鼓励学生构思数学归纳法的特征和运用机制，并将数学归纳法与具体的数学问题相联系，借助正反方向推导、验证等手段，逐渐强化学生的数学思维能力。

3. 高等数学的课中质量控制

高等数学的课中质量控制是指教师在教学过程中，注重组织教学语言、优化教学环境、掌握教学节奏。

（1）在教学语言组织方面，教师利用数学归纳法、代数学组织教学语言时，要考虑课堂信息传递效率的问题，通过启发式教学、问题探究式教学等方式，以及暗示、引导和提问等手段，激发学生的思考积极性。为了保证教学信息的传达效果，教师也可以针对教学难度、教学目标、认知误区等，重点优化教学内容。

（2）从优化教学环境的观点来看，将数学归纳方法应用于代数教学中，要求学生细致、深入、严谨、规范地探究高等数学知识，需要教师以此为基础，借助多媒体教学技术帮助缓解学生的无聊感，并善于利用合作探究的教学方式，提高学生的成就感和满意度，营造理想的学习氛围。

（3）在课堂教学的节奏控制方面，教师应该借助教学方法与教学流程、教学内容的有机结合，合理安排教学时间，如果上课时间不够充足，教师可以及时调整教学方案，同时，还应该从鼓励学生在课后进行自主学习的观点出发，帮助学生有条理地建立起数学归纳法和代数学知识体系。具体做法是：① 注重词语的结构。教师可以在阐明相关导出验证机制的情况下，全面、细致、严谨地指出导出过程中出现的误区、难点等，避免学生形成模糊的认识。② 注重优化教学环境。在课堂教学过程中，教师还可以根据课堂教学的实际情况，采用"头脑风暴"等方式，对课堂教学中出现的问题进行深入探讨。③ 加强教学节奏控制。教师能够提前安排高等代数、数学归纳法教学模块中，每个知识点的教学课时分配情况，从而更好地把握高等数学教学节奏。

4. 高等数学的课后评价

在课后评价的优化措施中，最重要的表现是：教师能够实时记录教学信息。当教师在开展教学活动时，能够及时地做好课堂总结、阶段性教学总结等工作，通过详细界定具体的记录类别，及时地发现教学活动中出现的问题，进而为课程的教学优化工作提出有价值的建议。比如，教师合理运用课堂总结方式，详细记录学生在课堂上的行为，并与学生的试卷、习题、抽问结果等联系，然后对学生进行评价，进而为课堂教学活动的开展提供指导。

总体来说，在代数教学中运用数学归纳法，要注重学情分析、数学归纳法渗透、课中控制、课后评价等环节。在实施过程中，要根据实际情况，强化控制每个影响因素，从而可以有效地改善课堂教学效果，切实提高学生的学习效果。

（四）数学的建模法

在传统的高等数学课堂教学过程中，部分教师过度重视数学问题的解题思路训练，而忽略了学生解决现实生活中各类问题的观念引导和能力培养。教师在组织高等数学课堂教学活动时，合理运用"建模法"这种教学方法，可以使学生更好地应用数学理论知识。在教学过程中，建立模型可以优化教学效果，提高教学质量。数学建模法的应用策略具体如下。

1. 引导学生了解建模内涵

学生理解模型的含义，可以有效运用建模思维解决问题。目前，学生掌握的数学知识，都是从生活实际出发，通过归纳法掌握各种数学公式和概念，理解现实生活中存在的多种客观事物之间的抽象关系得出。数学建模是基于基本的数学理论知识构建形成的科学框架。因此，在开展高等数学教学活动时，教师应该指导学生注意现实生活中的各种问题，引导学生从现实问题中提取有关的数学概念，借助基本的数学理论知识了解数学模型，从而逐渐地养成建立数学模型的意识，并掌握数学模型的构建方式。在教学过程中，教师通过深刻剖析不同的数学模型，使学生产生模型来自现实问题的基本认知。这为教师在教学中结合生活实例讲解数学知识，培养学生利用数学知识解决现实问题的能力，创造了有利的条件。

2. 举行数学建模竞赛活动

举办数学建模竞赛活动，可以考查学生的数学建模能力。在高等数学的课程教学过程中，教师可以根据数学教学内容，讲解数学建模思路，指导学生利用数学模型，分析不同的数学问题并得出合理的结论。此种情况下，学生不仅能够产生数学建模的浓厚兴趣，而且还可以有效提高建模能力。通过数学模型分析并解决各种现实问题的过程，可以帮助学生加深对各种数学概念的了解，从而有助于优化数学公式，提高数学建模效率。

为了提高学生的数学建模能力，教师还可以组织专业的数学建模竞赛活动。教师在设计数学建模竞赛题目时，必须以解决现实生活中的问题为命题基础，通过数学建模提高学生解决现实问题的思路、能力和水平。在建模竞赛中，教师要求学生通过建模分析具有现实意义的数学问题，可以激发学生的建模潜能，为人才选拔提供便利。

3. 将建模思想融入课堂中

在高等数学的课堂教学过程中引入建模思想，可以增进学生对数学模型的深入了解。在学习高等数学知识时，学生只需要掌握常用的数学解题方法，之后再灵活应用这些方法，有效解决日常生活中遇到的各种实际问题。由此可见，深入研究高等数学教学过程中出现的问题极为必要。这就要求教师在教学过程中注重问题求解教学指导，提高学生的问题求解技巧，指导学生运用这些数学方法，分析并解决实际问题，为学生构建数学模型奠定坚实的基础。教师在讲解线性代数等方面的数学知识时，可以将其与数学模型相联系，引导学生正确运用相关数学知识。在高等数学的课堂教学过程中，教师应该引导学生灵活应用数学建模思想，并在解答各类具体问题时，寻找将数学理论知识与具体问题相结合的方法，这对于提升学生的数学建模能力具有极大的帮助。

总之，在高等数学教学过程中，将数学模型与教学内容有机结合起来，有助于教师指导学生运用各种数学理论，解决现实生活中存在的问题。在教学过程中，教师要对学生进行科学指导，促使学生逐渐形成构建数学模型的意识，并掌握有效的数学建模方法，这对于全面提高学生的素质，培养能够满足当前社会发展需要的新时代人才，具有十分重要的现实意义。此外，在课堂教学过程中引入数学建模思想，还可以在潜移默化的情况下，培养学生的数学建模思想，为学生运用高等数学理论知识解决现实生活问题奠定坚实的基础。

第三节　高等数学课堂教学效果的提高方法

高等数学是大学教育中一门很重要的课程，高等数学课程的教学质量对学生素质的培养、能力的提高起着举足轻重的作用。高等数学是由较为深入的代数学、几何学和微积分学组成的基础学科，是普通高等教育中理科和经济两大专业学生的必修课程。高等数学是提高学生专业水平素养和培养逻辑思维能力的重要辅助工具。相比其他学科而言，高等数学可以说是一门极其抽象的学科，而且大部分教师在教授高等数学时，往往自顾自说，采用灌输式方法把现成的知识结论灌输给学生，教学方法过于单一，使学生对高等数学失去了兴趣，对于不喜欢数学的学生而言，会更加厌恶数学；对于喜欢数学的学生而言，也逐渐由主动学习变为被动接受，致使学习效果不佳。所以，教师在教学过程中一定要先了解学生各方面的大致情况，然后再对课程进行适宜的设计，采用多样化教学策略和方法，激发起学生对数学的兴趣，从而能够主动学习相关课程知识，进而提高教学效果。以下是教学过程中常用的几种教学策略：

一、针对不同的教学内容，采用不同的教学方式

高等数学中的大部分内容都十分抽象，特别是数学专有名词和概念，但它们都形成于实际生活之中。这就要求教师在教学过程中合理利用在实际生活中发生的问题，抛给学生并提供具体形式的抽象数学结论，以吸引学生的注意，激发他们的学习热情，培养他们解决实际问题的能力。例如，教师在讲解定积分定义时，不要只给学生读一遍书面文字，或是直接用专业术语描述、讲解其定义，可以先从学生学过的与定积分定义有关联的数学知识入手，如规则平面图形的面积公式。教师可以先告知学生今天所学的内容是定积分定义，然后再向学生抛出问题：如何求出曲边梯形的面积？随后就带着学生一同思考和学习定积分，通过"分割，取近似，求和，求极限"认识这一问题的解题思路，进而深入理解定积分的定义。又如，在刚刚接触微积分公式"牛顿—莱布尼兹"定理时，学生一定是处于比较迷茫的状态，为了更好地让学生对"牛顿—莱布尼兹"定理有清晰的了解，教师可以先向学生抛出两个

引导性问题：① 如果使用定义法去解不定积分，那么在被积函数比较复杂的情况下，是否有其他更简单的方式去解定积分问题；② 定积分和不定积分是两个不相同的概念，两个不相同概念之间有联系吗？学生在带着问题去学习的时候，实际上更具积极性和主动性。

二、将传统教学与多媒体教学相结合

图形和数量关系是组成数学的重要因素，所谓抽象思维与形象思维的结合无非就是用直观的图形去表示抽象的数的几何意义，或是用抽象的代数去表示直观图形的意义，其根本目的在于把抽象的问题具体化，把复杂的问题简单化。教师在教学过程中适当借助多媒体，不仅可以激发学生学习数学的兴趣，更能将抽象的数学变成生动活泼的具体化内容。多媒体的加入可以为学生展示更多直观的图形，便于学生发现问题，使学生获取通过数形结合的方式解答问题的技巧，充分展现数学的"数形结合思想"特点。例如，为了调动课堂气氛，教师在讲授正项级数收敛性时，可以先让学生准备纸和笔。首先，在纸上随便画一个三角形，并把每个边都分成三等份；其次，将被分为三等份的一边中的中间段向外画一个正三角，画完后用橡皮擦掉这个"中间段"；再次，一直复刻上述内容，直至不能画出三角形为止；最后，纸上会出现一条曲线，这条曲线的名字为"科赫曲线"。众所周知的"科赫雪花"正是基于上述方法得出，而计算出来的"科赫雪花"的周长和面积，实际上就是两个正项级数的结论。学生在自己动手操作的过程中，不仅能深入了解这一知识点，还能感受到数学的乐趣。科赫雪花图形的面积是有限的，但周长却是无穷大的，学生对这个结果是出乎意料的。这足以激发起学生的好奇心和求知欲（图3-6）。

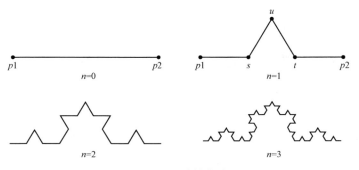

图3-6　科赫曲线

三、利用数学美激发学生学习兴趣

高等数学本身就是一门严谨且抽象的学科，初学者在面对一些数学公式或定理时总会感到迷茫和枯燥，甚至对高等数学产生了一定的排斥心理，进而导致学习主动性被压抑。教师在教学过程中一定要用正确的方法去引导学生，增强学生的学习兴趣、培养学生的审美意识，为提高教学质量提供坚实基础。数学的美往往体现在公式、符号、方法、理论和应用等方面，它们的形式包括对称性、思维性、简单性、和谐性、奇异性和统一性等。但数学的内在美，只能在特定学习活动中体现出来。因此，教师在教学过程中应引导学生发现数学中的美，并将这种美不断扩大化，使这种意识深深扎根在学生脑海中，从而获得最优化教学效果。例如，教师如果直接教授学生二重积分知识，学生可能不仅会难以理解，还不能感受到数学中的美。但如果老师在教授二重积分知识前，先用之前学过的对称性原理作为线索，渐渐引出二重积分，学生就不会觉得过于陌生，并在感受到数学对称美的同时，学会二重积分求解方法。

四、将归纳与类比思想贯穿于教学过程

数学家希尔伯特曾经指出："数学是一个有机整体，它的生命力的一个必要条件是指所有各部分的不可分离的结合。数学的有机统一，是这门科学固有的特点，因为它是一切精确自然科学知识的基础。"学生可以通过归纳与类比思想，对旧知识产生新的认知和理解，从而获得新的知识。由此可见，归纳与类比思想对学生学习新知识发挥着巨大作用。例如，为了使学生更直观地理解二重积分的定义，教师可以把曲边梯形面积的求法作为引子，鼓励学生用类比法计算曲顶柱体的体积。然后教师再借助多媒体课件向学生做直观图形展示，学生就会对极限思想有更深入的认识。

五、将数学建模思想融入高等数学的教学中

大多数学生在学习高等数学的过程中没有发现高等数学与实际生活之间的关联，久而久之就会对这门课程失去兴趣。这就需要教师在教授高等数学的过程中，多给学生举一些实际生活中的例子，帮助他们建立数学模型。用这个方法去解决实际问题，学生就会觉得非常有意思，学习热情高涨，从而提高学习效果。数学建模是数学各领域广泛应用的媒介，是联系数学与实际问题的纽带，教师在教授高等数学的过程中，一定要向学生渗透数学建模思

维，使学生直观地看到数学与日常生活之间存在着极其密切的联系，如此学生便能体会到学习高等数学的重要性。数学建模能促使学生利用数学知识解决现实问题，并使其感受到解决问题的乐趣和成就感，从而渐渐爱上数学。

由此可见，《高等数学》是一门十分重要的课程，如何提高高等数学课堂教学效果，并使学生的学习成绩得到提高是值得教师重点关注的问题。当然，课堂讲授依然是高等数学中的主要教学方式，教师在讲授知识的过程中，应当多多带入实际问题，把传统枯燥的课堂变成趣味性课堂，促使学生将高等数学知识与实际问题联系，培养学生的创新思维能力。教师在做研讨和备课等活动时，可以更多关注于改变教学方法和教学策略，深度挖掘可以激发学生积极性的方法。

第四章　高等数学课堂教学知识及解题模式

高等数学作为高等院校的公共基础课程，在当前教育环境下存在着诸多问题，为解决这些问题，急需改进教学思想与方法，迎合新的教学环境与特点。基于此，本章重点对高等数学知识与问题的解题、高等数学课堂教学中的互动解题、高等数学解题中线性代数方法运用指导进行探究。

第一节　高等数学知识与问题的解题分析

一、高等数学知识分析

部分学生认为数学课只是教师讲授数学专业知识，学生接受确定的、一成不变的数学内容的过程。在课堂上，教师不介绍相应的数学史知识，学生就难以了解该数学知识的背景及产生的原因，学生就会忽视那些有用的数学精神、思想和方法。

在数学各门基础课的课堂教学中有机地融入数学史知识，渗透数学文化，是激发学生学习数学兴趣的好办法。在数学教学中讲授数学史知识时，不能简单地介绍史实，而应该着重揭示蕴含于历史进程中的数学文化价值，营造数学的文化意境，提高学生的数学文化品位。

如今，运用数学史进行数学教育的理论和实践都获得了长足的进步。数学史研究既在学术上不断取得进展，更在服务社会、承担社会责任方面迈出了重要的步伐。数学史知识在我国数学课程标准和各种教材中系统地出现，数学课堂上常常见到运用数学史料进行爱国主义教育的情景。另外，运用数学史进行数学教学也有不足之处，有的只是直接介绍数学史料，如列举"函数"定义的发展历程，却没有展开。在进行爱国主义教育时也有某种简单化的倾向。一般而言，在数学教育中运用数学史知识，在数学教育中运用数学史知识，需要有更高的社会文化意识，努力挖掘数学史料的文化内涵，以提高数学教育的文化品位。

二、高等数学问题的解题

（一）数学问题的解题思路

思路是指思维活动的线索，可以为串联、并联或网络形态出现的思想和方法的载体。"思考"所产生的有效途径就是思路，思路是思考的结果，是思想方法的某种选择和组织。思路有明显的程序性，反映了学习者能力的外显。解题能力较强的人，其主要标志就表现在思路开阔、思维灵活，考虑到更多的知识和方法。

1. 数学开放性问题及解题思路

所谓数学开放性问题是从数学思维程度来看，相对于数学问题的四要素的不完备程度而言的。

（1）数学开放性问题的类型（图 4-1）。

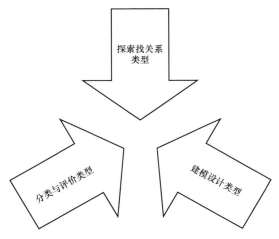

图 4-1　数学开放性问题的类型

第一，探索找关系类型。探索找关系类型其一是给出条件，没有给出明确的结论，或者结论不确定的问题。需要解题者探索出结论并加以证明；其二是给出结论或目标，没有给出条件的问题。需要解题者分析出应具备的条件，并加以证明；其三是改变已知问题的条件，探讨结论相应地发生怎样的变化，或者改变已知问题的结论，探讨条件相应地需发生哪些变化。

第二，建模设计类型。建模设计类要求解题者从实际问题出发，综合运用所学数学知识，对给出的一些数据，通过数据分析，建立数学模型或完成某些规定的设计问题，包括设计某一问题的"算法"（包括测量方法、作图方法、统计方法等）；或在给定的情境中设计（编制）一些数学问题和几何图案等。这类问题与数学应用问题紧密相关，所以数学应用性问题是一类特殊开放型问题。

第三，分类与评价类型。对某些数学对象寻找分类的方法和正确的分类，这也是一种开放型问题；要求对数学结论、结果进行评价也是开放型问题的一种形式。

（2）数学开放性问题的解题思路。开放性问题的核心，就是要求解题者独立地去探究。因此，解答开放性问题，一般需要解题者去观察、试验、类比、归纳、猜测出结论或条件，然后严格证明。这就要求解题者不但会演绎法，还必须会归纳法，不但要掌握严密的逻辑推理，还必须善于推理。以下从思维的角度探讨关于探索找关系开放型问题常见的解题思路（图4-2）。

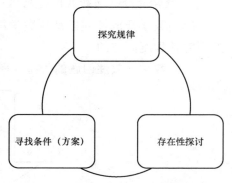

图4-2　数学开放性问题的解题思路

第一，探究规律。这类问题常给出几个具体的关系或某些操作要求，需要解题者对所给的关系或操作要求进行观察、分析、试探、比较，概括出一般规律，或给出一个猜想，然后加以严格证明。

第二，存在性探讨。对于结论不确定的问题，称为存在性问题。存在性问题通常包含三种：肯定性问题、否定性问题和讨论性问题。换言之，在数学命题中，存在性问题通常以恰当的性质和结论出现在人们视野中，比较常见的形式包括"存在""是否存在""不存在"等。其中，"存在"是指问题对象符合某种条件或性质，针对这一类问题，无论用什么方法，都能找到对应的解释和说明；"是否存在"存在两种结论，如果这种结论存在，就需要及时找出来，相反，如果不存在，就需要找到相应的理由；"不存在"是指不管用什么方法都找不到符合条件的对象，所以，需要进一步推理和论证。对于这类问题常采用类比联想，进行分析推理，先假设结论是存在的，若推理无矛盾，即成立；若推证出矛盾，即可否定结论；也可进行直觉估计判断，构造反例予以否定。

第三，寻找条件（方案）。对于给出结论，需探求其结论成立的条件（或方案）的问题，人们称之为寻找条件（方案）型开放问题。求解此类问题需进行深入的分析，进行恰当的转换或特殊化试探，找出一点眉目再进行推导。

2. 数学选择题及解题思路

数学客观题最常见的有填空题、判断题和选择题三种类型。对于这三种类型而言，选择题是最基本的。从某种意义上说，掌握了解选择题的方法，也就掌握了解填空题和判断题的基本要领。因为无论是解填空题，还是解判断题，其实质都是在解选择题。

解填空题的过程，就是在已知条件与已知条件相关联的若干数学对象中，挑选出适当的数学对象，并把它填在指定位置上的过程。因此，填空题可视为一种呈"模型状态"（指备选答案不明确列出）的选择题。

判断题与选择题的关系更为密切，它是一种极简单的选择题，只有正确与错误两种选择。因此，解判断题的实质是解一元二支选择题。另外，还有选择题则是按计算过程或推理步骤作顺序上的某种选择，匹配题是一种配对性的选择等。

（1）数学选择题的结构。数学选择题的结构由四部分组成，具体如下（图4-3）：

第一，指令性语言。通常写在总题号后面，所有小题的前面。一般包括两个内容：一是指明每个题目的备选答案中正确答案的数量；二是说明计分方法。

第二，题干。是指表明考查的完整或不完整的句子或问句。

第三，选择支。即题干后面的备选答案。选择支至少要有三个，一般是四到五个，其中有一个或者几个是正确的，不正确的选择支叫作迷惑支，或称干扰支。

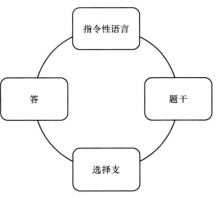

图4-3　数学选择题的结构

第四，答。填上正确选择支的代号的空位。空位一般在题干中出现。

（2）数学选择题的分类。关于数学选择题的分类，由于标准的不同，存在多种分类法。

第一，按确定正确选择支的要求和方式分类。① 单一型：选择支中有且仅有一项是正确答案。② 多选型：选择支中可以有多项是正确答案。③ 组合型：由几个选择支才能组成正确答案。④ 配伍型：题干中包含若干对象，要求这些对象与选择支配伍，其题干中所包含的对象个数可以与选择支的个数相等，也可以不等，在搭配过程中，每个选择支可以重复使用。以上四种类型中的后三种均可以适当改编转化为单一型选择题。

第二，按选择题的思维构成形式分类。一是，发散型：由少量条件可导出多个结论的形式。二是，收敛型：由多个条件得出少量结论的形式。三是，平行型：由多个前提条件与多个结论构成的形式。

第三，按选择题的内容性质分类。一是，定性型：从命题的条件可判定所述数学对象具有某性质或关系。二是，定量型：从命题的条件可推理或计算所述数学对象的数量关系。三是，定性定量混合型：乃定性定量兼而有之。

（3）数学选择题的解答思路。数学选择题的解答方法灵活多样，一般思路如下：

第一，首先应考虑间接解法，不要一味地按常规题处理而单纯采用直接解法。

第二，在间接解法中，应首先考虑排除法，即使不能一次验核而将干扰支全部排除，至少也可排除一部分（有时题干中的部分条件即可排除某些选择支），从而简化了部分的选择程序。

第三，排除法通常与代入法（直接代入，尤其是特例代入，特征检验等）联合应用，兼顾数形结合法。

（4）单一型选择题的常用解法（图4-4）。

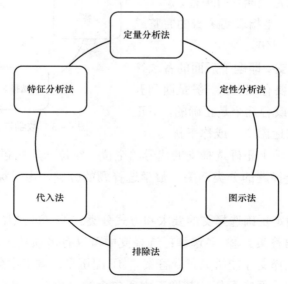

图4-4 单一型选择题的常用解法

第一，定量分析法。这是一种直接解法，偏重计算，以确定某些数学对象之间的数量关系。

第二，定性分析法。这也是一种直接解法，侧重于概念辨析、推理论证及空间想象，以判断所考察的数学对象是否具有某种性质或关系。

第三，图示法。借助函数图像，几何图形及有关集合问题的韦恩图，以利于分析题意，求得答案或直观地做出正确判断。

第四，排除法（也称筛选法、淘汰法）。这是一种很重要、很优越的间接解法，这种解法可采用各种手段对各个备选结论进行筛选，将其中与题干相矛盾的干扰支逐个予以排除，最后剩余的一个选择支即为正确答案。

第五，代入法。这是一种将题干代入选择支或将选择支代入题干以验证、判断正确结论的间接解答方法。

第六，特征分析法。特征分析法是一种挖掘题干和选择支中的各类特征（如结构、数字、图形、范围等），从而简缩推理、计算、判断而获得答案的综合解答方法。

（5）数学选择题的编制。

第一，数学选择题的编制原则。编制数学选择题一般要遵循下列原则：① 科学性。题目的题设条件必须足够，语言要准确，语法上必须协调、严谨；文字上力求精练、明白；表达必须流畅；立论必须准确无误；正确的选择支的个数应符合指令性语言的要求。② 有效性。每个选择支都应该是有效的，都应当有被选的可能，换言之，只有当进一步理解、分析题意，有的还要通过设值、演算、推理等步骤之后，它们之中的迷惑支才能排除，因此，不要设置即使不结合题意也能运用逻辑判断予以排除的选择支，更不要设置与题设条件明显矛盾的选择支。③ 似真性。每个迷惑支都能反映受试者的知识中存在某种缺陷，一般用易混易错的概念或性质制造迷惑性，用相似的图形制造迷惑性，用隐蔽的条件制造迷惑性或用解题的疏漏制造迷惑性，真真假假，是是非非，给应试者以心理障碍，这是编题者所设置的一个个陷阱。④ 灵活性。应体现解法灵活，除了能用直接解法之外，还可用间接解法。⑤ 适中性。难度适中也是遵循的重要原则之一。一般而言难度系数要控制在 0.3 以下，知识点不应超过 4 个，中等水平的应试者完成一道选择题不应超过 3 分钟。选择题应主要用于检查基本概念、基本运算、公式及定理的情况，而运算量大，逻辑推理能力强的题不宜作选择题。⑥ 优美性。题目的形式力求和谐，对称，简明优美。

第二，数学选择题的编制方法。数学选择题的编制方法常用以下方法：

一是，直接法。根据教学目的要求进行构想，直接设计迷惑支的一种方法。二是，改造法。改造常规的计算题、证明题、轨迹题，除了正确答案之外，再设置几个迷惑支即可。三是，深化法。研究某些问题的结论，加以挖掘、深化、区分哪些是可以引出的正确结论，哪些是不能引出的，然后将这些结论编成选择支。四是，辨析法。收集平时常见的错误，如概念的混淆，不考虑隐含条件，忽视特例，推理不周等，加以辨析，然后编制成题目。

（二）数学问题的解题策略

数学问题的解题策略是指为了有效解决数学问题采取相应的行动方式、行动方针及行动方法。与此同时，解题策略强化了解题效果，也进一步展现了组合艺术和机智选择。选择和组合解题策略活动具有目的性，通常情况下，此种思维活动打破了严格的逻辑规则，中间存在很多跳跃性内容，主要根据审美判断、知识经验解决数学问题，在这个过程中，不断总结、分析合适的解题策略，因此，数学问题的解题策略具有预见性、猜测性。但是，又与其他事物一样，数学解题策略有其内在规律，包括应遵循的原则，选择与制定的规律及技术摘要等。掌握这些原则及规律，制定恰当的解题策略，就能顺利地、简捷地解题。

1. 数学问题解题策略的原则

数学解题是一种高级心理活动的思维过程。系统科学理论中的三条基本原理联系着思维科学监控结构的三个主要构件。通过研究，发现在解题思维过程中，人们思维活动中的监控结构，它的要素主要表现为三个：定向、控制和调节。定向，是确定思维的意向，即确定思考过程的方向；控制，是控制思维活动内外的信息量，排除思维课题外的干扰和暗示，删除思维过程中多余和错误的因素；调节，是及时调节思维活动的进程，修改行动的方针、方式和方法，提高思维活动的效率和速度。人们在解题思维决策过程中，是以数学解题策略应遵循的原则为依据来进行数学解题策略的定向、控制和调节，这数学解题策略应遵循的原则主要有：明确的目的性原则、熟悉化原则（定向）、简单化原则、具体化原则（控制）、和谐化原则、审查分析问题的全面性原则（包括逆向思维原则）（调节）。下面具体分述这些原则。

（1）目的性原则。没有明确的目的或无目标地去寻求方法，必然是徒劳无益的，解题必须有明确的目的，解题的目的不明，就无法确定解题策略。如何实现题目的要求是解题策略思想的核心，有此核心，就能有的放矢地在定向分析中探索和研究处理问题的策略。离此核心，解题只能漫无目的地瞎碰乱撞，其策略必然错误，其结果必然失败。明确的目的性原则，是解题策略应遵循的首要原则。

（2）熟悉化原则。熟悉化原则要求解题策略应有利于把陌生的问题定向转化为与之有关的熟悉的问题，便于利用人们所熟悉的知识与方法来解决问题。

（3）简单化原则。简单化原则是指解题策略应有利于把较复杂的问题转化为较简单的问题，把较复杂的形式转化为较简单的形式，控制策略的选择，使问题易于解决。

（4）具体化原则。具体化原则要求解题策略能使问题中的各种概念以及概念之间的相互关系具体明确，有利于把一般原则、一般规律应用到问题中去，尽可能对于抽象的式用具体的形，或对抽象的形用具体的式表示，以用于揭示问题的本质来控制策略的选择。

（5）和谐化原则。和谐化原则强调策略利用数学问题的特有性质，如正与反，内与外，分与合等和谐统一的特点，进行恰当的调节，建立必要的联系，以利于问题的转化和解决。

（6）分析问题的全面性原则。分析问题的全面性原则是指制定解题策略时要针对复杂多变的数学题从多侧面，多角度地分析、思考（包括逆向思维），运用多方面的知识，由此从得出的各种方案中调节、选取最佳策略。

数学题的构造变化复杂多端，特别是某些综合题，涉及的知识常常改变了原来的面貌，解决问题的思路主线不易一下子就抓住，就需要解题者对扑朔迷离的表象进行由表及里，去伪存真地全面审查分析，加工改造，从不同的方向探索，往往才会顺利地解决。

2. 数学解题策略的选择与制定

（1）数学解题策略选择、制定中的关注要点。策略原则对于解题策略的选择、制定具有指导作用，掌握这些原则，将有利于解题策略的选择和制定。另外，解题策略的选择、制定还与多方面的因素有关。本部分将讨论这一问题，进一步明确解题策略选择、制定中的关注要点。

第一，选择、制定解题策略的重要因素。

① 观察是选择、制定解题策略的出发点。观察是认识世界的主要途径之一，是科学研究常用的重要手段。观察是思维的起点，是选择、制定解题策略的出发点，是解题的基础。通过对题设和结论的数学特征、图形特征、结构特征进行全方位的认真观察和分析，明确解题目的，挖掘出隐含条件，找出条件之间的联系，探求出解题方向，从而制定相应的策略，这对解题而言，是十分重要的。观察不应该是消极的，被动的，而应该是积极的，要通过观察寻找各种特征，各种联系。不仅在审题时要注意观察，在解题的转化，探

求过程中也要不断地注意观察，做出相应的策略。总之，观察是为了发现和理解，发现和理解则是为了行动。

② 逻辑是选择、制定策略的有力工具。逻辑学是研究人类正确思维的初步规律和形式的科学，数学的思维方法是逻辑的具体运用。在解答数学题时，不但要善于观察，还需要了解有关的数学知识，更需要运用逻辑来进行判断和推理，进行分析和归纳，逻辑是思维的工具，是制定解题策略的工具。要制定正确的解题策略，必须掌握正确的逻辑思维方法，否则便会出现逻辑错误。有些逻辑思维形式和逻辑思维方法（如类比、归纳、综合、分析、论证等）在解题中起的作用简直就像策略一样。例如，分析法，从结论出发，一直追溯到已知为止，体现了从后向前推的解题策略。此外，要提高解题策略的选择、制定水平，逻辑思维不仅外在形式要正确，而且还要使形式与内容达到一致，这种有内容的逻辑就是辩证逻辑。总而言之，不按照普通逻辑的思维定是错误的，不遵照辩证逻辑，对于事物的认识就较为肤浅。普通逻辑和辩证逻辑均为制定方案的工具，但二者相比普通逻辑的作用更大。

③ 制定策略必须依靠数学知识储备。数学解题需要调动现有的知识储备来解决问题，从而获取新的知识。如果对数学知识不了解，就无法解题。此外，策略的制定必须依靠数学知识，如果不懂数学知识，是无法制定解题策略的。此外，一个人的数学知识越丰富，见识越广，经验就越丰富，就越善于制定解题策略。学习了数学知识后，除介绍方法外，还可用解析法、三角法、向量法、复数法等制定各种解题策略，从中选取最佳方案。例如，函数极值问题，按初等数学的方法计算较为烦琐，而按高等数学的方法计算便可简单化。由此可见，拥有丰富的数学知识，对于知识的联想能力就会越强，也会更容易想到解题方法。

④ 实践经验以及其他学科的知识是制定策略的丰富源泉。实践是认识的基础，认识产生于实践的需要。数学是在实践中产生的，实践的发展也是数学发展的直接动力。

远古时代，人们在实践中学会用石块的累计来表示收藏的猎物，在实践中产生了数，并总结出了计算的方法。在古埃及，由于尼罗河水泛滥，两岸田亩地界被淹没，每年雨季以后都要重新划分土地并修复土地界限，在实践中积累了大量几何学的知识，并总结出将多边形分成若干三角形来计算面积，也总结出把较复杂问题分成几个小问题来计算的解题策略。

科学技术的发展，推动了数学的发展，而数学的发展、进步又促进了各门科学的进步。随着数学的发展，数学知识的增加，数学解题策略也不断完善。其他学科的知识也为数学解题策略提供了有效的方法，如在运筹学中利用力学模拟的方法解决场地选择问题，利用模拟物质运动来解决高等数学问题等。随着电子计算机的发展、普及和广泛的应用，一方面解决了许多数学难题，提供了一些数学解题策略，另一方面又对解题策略提出了新的，更高水平的要求。

综上所述，认真、全面的观察分析，丰富的数学知识和实践经验，正确的逻辑方法都是制定解题策略的重要因素。

第二，选择、制定解题策略的途径。唯物辩证法认为，质量互变规律，对立统一规律和否定之否定规律是支配自然、社会和人类思维最一般的规律。数学的思维方法当然也遵循这些规律。对数学对象的矛盾双方的相互联系和相互制约的关系进行辩证认知，是选择、制定解题策略的根本途径。

① 根据问题的特殊性和一般性的对立统一关系制定解题策略。数学推理中常用的演绎，是由一般到特殊的推理，而归纳是特殊到一般的推理。归纳和演绎都是制定解题策略的重要途径，而根据数学本身的特点产生的数学归纳法原理更是制定解题策略的重要方法。根据一般和特殊的辩证法，常采用一种"极端性原则"的解题策略，把复杂的问题推到保持规律的特殊情况和极端情况，通过在这种情况下对问题的分析，再由共性和个性联系发现解题的规律和方法。

② 解题策略要根据问题因果关系的对立统一进行制定。原因和结果反映事物之间的相互关系，因果关系和规律是普遍存在于事物之中的，认识世界和改造世界首先必须对因果关系有正确的认知。通过认识，分析数学问题的原因和结果的辩证性，找出其联系和规律，从研究因果互相转化的条件，找出它们过渡的"桥梁"，把题设和结论联系起来，从而制定解题策略。

联系数学问题的因果关系常用综合法和分析法。综合法是由命题的假设入手，由因导果，通过一系列的正确推理，逐步靠近目标，最终证出结论。分析法则由命题的结论入手，执果索因，寻求在哪些情况下结论才是正确的，一步步逆而推之，直到与假设会合。

在实际解题中会遇到不论用综合法还是用分析法都难以找出因果关系，需要在两者之间架桥，通过因果之间的辩证关系制定解题策略的情况。

③ 制定解题策略要依据现象和本质之间的辩证关系。现象是事物的外在表现，可直接观察到，本质指的是事物的内在特征，是事物内部的联系。现象和本质是对立统一的。透过现象认识事物的本质是认识的直接任务。通过对数学问题进行深入考察分析，分清现象和本质，经过"去粗取精，去伪存

真，由此及彼，由表及里"的认识深化，将显示问题表面特征的条件转化为一系列能体现问题本质属性的相互独立的基本要素或关系，找到了基本的量的关系，以这些本质属性来制定解题策略。

④ 根据问题的抽象和具体的辩证性制定解题策略。把抽象的数学问题同相应的感性经验材料联系起来，建立具体的数学模型，通过对数学模型的分析、研究、制定出相应的解题策略。

⑤ 认识数学问题之间普遍联系的特点，用可变的观点选择、制定解题策略。认识数学问题之间普遍联系的特点，用可变的观点选择和制定解题策略，以便充分地利用已有的知识和经验达到解题目的，这也是利用遵循和谐化原则的结果。

综上所述，根据唯物辩证法的基本原理，根据问题的特殊性和一般性，原因和结果，现象和本质，抽象和具体的对立统一关系及问题之间联系的广泛性和可变性来选择、制定解题策略，是制定解题策略的重要途径。

（2）数学解题策略选择、制定的技术摘要。一道标准的数学问题或常见的数学问题，求解策略是较容易选择或制定的。一道综合数学问题或一道非标准的数学问题，要求独立思考、见解独到地来解答，就要选择或制定完善的解题策略。对于这样的问题解题策略的选择、制定如同创造发明一样，也有其技术摘要。

数学解题思路探索的试悟式与顿悟式的两种程式中，这些技术摘要发挥着极为重要的作用。下面从三个时刻，简述十点技术摘要。

第一，界定问题、聚焦酝酿的定向时刻。界定问题就是厘清问题。在这个时刻，注意抓住三"点"。

① 集中焦点：集中注意力审题，分析题意，挖掘隐含条件，甚至把问题细分，获得对问题的深入了解。这样就如同利用放大镜的聚焦作用一样，把均匀分散洒落在地球表面的阳光汇聚起来，其能量会燃起解决问题之火。

② 把握要点：采用多种不同的形式对解题目标进行描述，把用于描述的词语进行整合，然后进行筛选，将最有代表性的词语挑选出来。在此基础上，重新写一个更加准确的描述，突出重点，就能清晰而简短地把握问题中心的陈述。

③ 扩展重点：列出问题解决的各项标准（或规则、依据）和目标（试想一些必须克服的困难以后，列出标准和目标）加以扩展，然后把联想到的新想法和构思写下来。在对重点进行扩展时，可以帮助学生克服自身的局限性、跨越限制、发散思维进行更加广泛的思考。思维开阔后，反而可以解决

内心的困惑，产生新见解。

第二，开放思考、统整明朗的控制时刻。开放思考是解决问题的第一步，统整明朗是制订计划的第二步。在开放思考、统整明朗中要重点关注四"想"。

① 提示思想：联想类似问题的解题策略，并且刻意地从处于不同环境、不同形式、不同内容的题型中发掘相似因素，吸收其中有益的成分以激发自己的构想。

② 列举奇想：如果有比较奇特的想法，也可以列举出来，用它来"抛砖引玉"，激发更合理的解决办法。

③ 自由幻想：利用自由幻想激发学生对问题解决的新构想。利用这种强制的方法，有利于人们打破常规思维，从而发现事物之间新的联系。在制定策略时，若随意选择对象，将它与某事物强制性地联系在一起，是不会成功的。此时要把条件和结果强制性地相结合，或通过某种不明显的迹象把它们结合在一起，就有可能有新发现，最后把它们都融合在一起，转换思维方式，可能会有不同结果。

④ 综合妙想：思考问题要全面，将所有的构想都结合起来，进行逻辑的组合，融合得到新想法或构想。

第三，辨认最佳策略，激励验证的执行调节时刻。这个时刻指的是制定策略的最佳时间，此时要决定"三重构想"。

① 统整构想：对既定目标或准则再次进行检查，然后根据自己的感觉选择最合理的构想。

② 强化构想：对自己的构想进行反思，对于其中的缺点，将其列举，想办法解决这些缺点，然后根据结果进行修改，把缺点降到最低。强化构想的过程，可以避免学生的一些不成熟想法，让学生自己意识到构想的优劣，对自己的构想有更加清晰的认识，及时进行修正，使构想更完善。

③ 激励构想：试着夸大策略可能产生的最好和最坏的后果，修改构想，以减轻最坏结果及增加最好结果。这时是一个策略制定的最后时刻，是投下最大的努力去实现构想，或作放弃的决定。

上面简略地论述了一个解题策略选择或制定中的技术摘要。在选择或制定一道非标准的问题的解题策略时，有时需反复运用上述技术摘要，才会获得一个完善的策略。

3. 数学解题策略系统分析

数学解题策略系统是数学解题系统工程的轴心系统。人们的解题实践和丰富多彩的解题策略也给教师提出了建立并完善解题策略系统的任务。

根据数学解题思维活动过程中的监控结构，可以把数学解题策略系统的子系统分为三大支柱子系统：侧重于定向的归结为模式运作，化生为熟子系统；侧重于控制的归结为聚焦切入，活化中介子系统；侧重于调节的归结为差异分析，适时转化子系统。三个子系统中的"化"，一个在其前，一个在其中，一个在其后，也体现了监控结构的特点。

（1）模式运作的解题策略。从数学哲学的角度出发，数学属于模式的科学。模式是在学习数学期间，将储存在大脑中的各种知识经验进一步加工，从而得到具有长时间保存价值或基本重要性的典型结构、类型。从具体需要出发选择合适的模式，对它进行简单编码，若突然产生新问题，要及时判断此问题属于哪种基本模式，并联系已解决的问题，借助旧问题的解决办法破解新问题，这就是模式运作的解题策略。

从思维的角度出发，模式运作的解题策略反映了"思维定式正迁移"所带来的好处。"遇新思陈、推陈出新"，即遇到新问题时，要反思曾经遇到过的相关事件，从旧问题找到新问题的解决办法，而且，对旧问题要进行批判继承，剔除其糟粕，吸取其精华，才能提高问题的解决效率。由此可见，旧问题对于新问题的解决是极其重要的，从它身上能够获取解决问题的依据和方法。

典型模式类比建筑中的"预制构件"，它是思维的重要组成部分，属于一种标准化设计。简单而言，就是一种把新鲜问题转化为标准问题，再借助标准化程序实现问题解决的一种模型。

"基本问题"的思想是模式运作解题策略的重要表现，积累基本问题是提高模式运作解题策略效率的捷径。例如，在数学的几何模块中，"基本图形法"常被用于解决几何问题，这种方法可以对其中的典型图形进行完全分解，当出现新图形时，再融入新图形重新组合为一个全新的基本图形，也可以把典型图形分拆成多个基本图形，再在这些图形中深入解决。

正方体是立体几何中的一个基本图形，在对正方体全面认识的基础上，当出现新问题的时候，可以灵活地把它构建成一个正方体，也可以再将它分拆为多个正方体。这种思想就属于基本图形的思想，也可以看作是模式运作的策略。

模式运作策略的子系统反映出定向的思维，它始终恪守化生为熟的"熟悉化"原则和"明确的目的性"原则。由于人们认识事物的过程通常是由浅到深的，具有相对的阶段性特征，所以，数学的每一个研究对象存在熟悉和陌生之分，也就造成了，人们在认识一个新事物或解决一个新问题过程中，通常按照对熟悉事物的理解方式去看待新事物，并尽量让新问题的解决思路遵循之前的认知结构和模式。简单而言就是，运用"化生为熟"的思想，指导新问题发展方向，提供新问题的解决策略。综上所述，遇到新问题时，要将新问题和熟悉问题联系，借助熟悉问题寻求新问题的解决办法。"化生为熟"有利于实现新问题和熟悉问题的结合，起到求同存异、化难为易的作用。

在这里，重点介绍模式运作中的模式运用、模式变换、模式突破等方面的策略：论题变换、同构变换、数式变换（替换）、图形变换，以及数形互助、模式寻美、构造与模拟、模式迁移等。

第一，论题变换。每当碰到一个问题，感到提法有些生疏，概念有些模糊时，最好先用一些自己熟悉的语言，重新叙述一下，一次不好，再换一次，直到透彻为止。这看起来似乎只是语言上的说法不同，实质上是自身对问题认识和理解程度的深化过程。任何定理、命题，如果不能用自己的语言去描述，就不可能对它真正掌握，灵活运用。任何问题，如果对其含义在自己的头脑中都没有清晰而准确的概念，就难以解决它。

变换说法之后，一些神秘莫测，无从下手的问题会变得比较清楚、容易，甚至一目了然。问题清晰、准确是解题的第一步，当然，也常常仅只是第一步。变换说法有等价变换与非等价变换。

① 等价变换。如果由 A 经过逻辑推理或演算可以推出 B，反过来由 B 又可经逻辑推理或演算推出 A，则由 A 到 B（或由 B 到 A）的逻辑推理或演算就称为可逆的逻辑改变。

在保持同一个数学系统的条件下，把所讨论的数学问题中有关的命题或对象的表现形式作可逆的逻辑改变，以使所讨论的数学问题转化成熟悉的或容易处理的问题，叫作等价变换。将命题结论的形式加以适当改变，是等价变换中的常用手段。

② 非等价变换。解答数学问题，等价变换并不是永远可行的，在某些情况下，如解分式方程时进行去分母，解无理方程时进行有理化，解超越方程时进行变量替换等，都不得不施行某些非等价变换来促使问题化简来解。

所谓不等价变换主要包含两方面含义：一方面是变换到在更大范围内求解原问题；另一方面是变换到更强意义下求解原问题。在处理有关不等式问题时经常使用的"放缩"也是一种非等价变换手法。不等式与不等式相乘也是一种非等价变换手法。因而在证明有关不等式时，常需要采用这种手法。解答数学问题的非等价变换，又可能引起解答失真，这是要特别注意的。

第二，同构变换。对所讨论的数学问题作可逆的逻辑改变，同时使有关的数学对象发生变化，由原来的数学系统进入另一个数学系统，但仍保持原来的数学结构，这就是变换数学问题中对象的形式的策略，并称这种变换为同构变换。

所谓"同构"，在数学上的含义是：$\otimes$ 与 $\circ$ 分别是 A 与 B 两个代数系统中的运算，如果 A 与 B 之间存在一个一一映射 φ，使得对任意的 $a,b \in A$ 及相应的 $c,d \in B$，只要 $a \xleftrightarrow{\varphi} c$，$b \xleftrightarrow{\varphi} d$ 就有 $a \otimes b \xleftrightarrow{\varphi} c \circ d$，则称 A 与 B 在映射 φ 下对于运算 $\otimes$ 与 $\circ$ 同构。粗浅地说：从抽象的角度来看，代数系统 A 与 B 没有不同，仅仅是形式上相异罢了，本质的结构还是完全一样的。在方法论中，可以把"同构"理解为形式相异而本质相同的事物。"同构变换"的要点，就是在不改变事物的本质结构的条件下找出事物恰当的表现形式，以使学生处理起来更为得心应手。同一个数学对象在各种不同的数学分支中，可能有各种不同的形式。无论其形式如何，数学结构总还是一样的。

第三，数式变换（替换）。在解数学题时，常常要将题设结构式进行恰当的凑配、消合、替换等来整形，即所谓的整形变换，以达到目的。

① 凑配。凑——是按照学生预定的目标，对题设构式进行分拆拼凑，凑合，凑成可套用某个公式，能用上题设条件，或出现结论的形式等，以达到某种预期的目的。配——是根据题设条件，找到或发掘出题目中的构式的特点进行搭配、配对、配方，配置出为达到预期目的所需要的形式。

② 消合。消——是根据题设条件，使学生尽可能地缩小考虑范围，使信息高度集中，以利于重点突破的变换策略。消，可以是分拆相消、代入相消、加减相消、乘除相消、引参消参等。合——是合并、统一的变换策略。统一几个分式的分母（通分）；统一几个根式的次数（化同次根式）；统一对数式或指数式的底（换底）；统一用题目的某个量或式表示其余的量或式（代入、代换等）等，都是做合的工作，用"合"的策略。

③ 替换。将一个稍微复杂的式子视为一个单元，用一个变元或另外一个熟悉的式子来替代。或为了某种需求，将题设中的几个变元替代成另外的表达形式，从而使复杂问题变为简单的问题，陌生问题熟悉化称为替换。替换有多种多样的形式，但替换后要特别关注新变元的取值范围及特性。

第四，图形变换。一个平面点集到其自身的一一映射，将平面图形 F 变到图形 F' 的运动，称作 F 到 F' 的一个图形变换，也称几何变换。

实际上，从 F 到 F' 的一个图形变换是 F 的点到 F' 的点的一个一一对应。若 A 是 F 的任一点，通过如上建立的变换对应着 F' 的点 A'，则 A 叫原象，A' 叫作象。在解答几何问题中常用的图形变换有合同变换，相似变换等几何变换以及等积变换。运用这些变换及其复合的变换策略，启发证题思路，获得简捷解法。

① 合同变换（平移、旋转、对称）。一般地，题设条件中有彼此平行的线段，或有造成平行的某些因素，又需要将有关线段与角相对集中的可考虑采用平移变换。

② 相似变换。位似变换是一种特殊的相似变换。在解答较复杂的几何题时，常用位似变换。

③ 等积变换。保持图形面积（体积）大小不变的变换叫作等积变换，又叫等积变形。在保持面积（体积）不变的情况下可以进行图形的拼补。利用等底等高的三角形、平行四边形面积（锥体体积）相等，进行等积变形是常采用的方法。

第五，数形互动。数与形是事物数学特征的两个相互联系的侧面，通常是指数量关系和空间形式之间的辩证统一。在解决数学问题时，若把一个命题或结论给出的数量关系式称为式结构，而把它在几何形态上的表现（图像或图形等）称为形结构，或者反过来称谓。利用图与式的辩证统一，相互依托就能在解题的指导思想观念上，更加深刻地认识问题，在方法论意义上，使其应用更为广泛。

数（式）和形两者相互依托，主要表现在两个方面：① 由形结构转化为式结构，例如，解析法。② 由式结构转化为形结构，如数形联想法、几何法，这种方法能够让求解更方便，更简单，也更直观。

这里需要注意：① 式结构或个别式结构之间的转化是等价的，它属于一种数式变换，体现了隐含条件和各种变式的本质联系（统一性）。在这个过程中，它通过局部类比、相似联想等方法找到解题思路从而解决问题。② 形结构或部分形结构之间的转化，主要是通过某种"不变性"让形与形之间进行沟通从而解决问题。

上述意义下的数（或式）形互助包括了数（或式）或形结构本身的变式、变形间的转换及相互间的整体或局部转换。数形转换互助是探求思路的"慧眼"，也是深化思维的有力"杠杆"；由形思数，从表及里，可锤炼思维的深刻性；数形渗透，多方联想，可启迪思维的广阔性；数形对照，比较鉴别，可增强思维的批判性；数形交融，摆脱定势，可发展思维的创造性。

第六，模式寻美。"寻美"的策略，就是利用美的启示，来认识美的结构、发掘美的因素、追求美的形式、发挥美的潜意识作用而解决问题的一种策略。数学美是一种科学美，体现在具有数学倾向的美的因素，美的形式，美的内容，美的方法等方面。数学就是和谐与奇异的统一体，数学美就是客观世界的统一性与多样性的真实、概括和抽象的反映。数学美的客观内容及对美的追求促进了数学的发展，美感为数学家提供了必要的工作动力，或者说对于美的追求事实上就是许多数学家致力于数学研究的一个重要原因。因而，在解决数学问题时，对美的追求是一种重要的策略，对于统一性、简单性、奇异性和抽象性的追求使学生对数学问题的认识不断深化和发展，冲破原来的认识框架，认识对象的内在联系而获得解题的思路。

第七，构造与模拟。对于探索未知量、证明某命题等问题而言，一般会用到一些辅助问题，通过对辅助问题的构造和模拟，可以找到问题解决的捷径。

从人们的期待中可以看到他们之前接触过的某种模式、手段，他们用这些模式、手段去实现心中的想法，而这些已实现想法下产生的模式、手段，又能够看到其他的通向这个期待的手段、模式，如此反复循环，直到人们满意为止。这种"由后往前"的解决办法，就是解题的"构造"策略。

"构造"本身也是一种重要解题方法。某些数学问题是由物理外壳脱颖而出，或蕴含物理意义，在解决这类问题时，将"构造"迁移，给它披上物理外衣，或利用一个物理装置把一个数学问题化成为一个物理问题，从而求得解答，这就是解数学题的"模拟"策略。模拟可以运用力学原理，运用质点理论，运用光学性质、组合模型等。实质上模拟是一种特殊的模型构造策略。

第八，模式迁移。解题者在解答新问题时，总是要受先前解题知识、技能、方法的影响，这就称为解题迁移。因此，一切解题策略都包括"迁移"。"迁移"策略可能是积极的，起促进作用，也可能是消极的，起干扰或抑制作用。前者称为正迁移，后者则叫作负迁移。正迁移又分为垂直迁移和水平迁移。垂直迁移是纵向伸延，先前的策略为某一层次的，后来的策略是另一层次的。水平迁移是横向扩展，前后策略处于同一层次。垂直迁移和水平迁移都起正向迁移作用，只是表现形式不同。显然，人们需要的是正迁移策略，体现化归的正迁移策略。遇到困惑、难繁、陌生的数学问题，运用正迁移化归为特殊、简单、熟悉、具体、低维的问题使问题获解。

对形结构、式结构的深化认识的迁移便获得特殊数学模型（或特殊数学模式）的建立。例如，对轨迹作图的深化认识的迁移便有双轨迹模型的建立；解轨迹作图时，草图显得特别重要，赖以找到细分条件或条款的分法，而画草图的理论根据，则是假设符合条件的图形已作。笛卡儿把这种做法迁移过来，便提出了"万能代数模型"。

把代数中确定未知量的解方程的方法"迁移"到解其他问题便是一种"待定"的解题策略，即先用字母表示题中的未知数，作为待定的量，列出方程，依题中已知数与未知数的关系列出方程，最后通过解这个方程求出待定的量，这个过程可以形象地表示为"以假当真，定假成真"。所谓"以假当真"，即用字母表示未知量，把它真正地当作一个实实在在的量对待，所谓"定假成真"，即在解方程时运用方程变形的理论，把方程变形，一旦解出方程，原先假定的未知量（待定量）就变成了真实的已知量子。"以假当真，定假成真"在解一类几何题，对需要求解或借助满足一定条件的一条线段或一个点，却不知线段的长度或位置，或不清楚点在哪里的问题时，就先假定它已经确定，将它"以假当真"，与其他已知条件一起参加推理，最终可以"定假成真"，确定该线段的长度或位置，或确定点的位置。

数学模式（模型）的运用与突破，是解题经验的总结，也是提高联想能力、猜想能力，"消化"和运用知识能力的重要体现。在解决一个自己感兴趣的问题之后，要善于去总结一个模式，并井然有序地储备起来，以后才可以随时支取它去解决类似的问题，进而提高自己的解题能力。

（2）"聚焦活化"解题策略。"聚焦活化"的策略其核心是活化中介。因而这里的活化常与分（分布、分类等），比（对比、类比等），引（引参、引理等），调（调整、协调等），切换，推演息息相关。因而，从寻找中介、铺设中介、分清中介、联想中介、想象中介、调整中介、切换中介等方面分析一些具体的探求简化策略。

第一，寻媒与增设。当问题给出的已知量很少，并且看不出与未知量的直接联系，或条件关系松散难以利用时，要有意识地寻找选择并应用媒介量实现过渡。选择媒介量，首先要仔细分析题意，研究条件，考察图形，看准解题的过渡方向。即一方面由已知找到可知，另一方面由未知看须知，使已知与未知逐步靠拢。那些把条件与结论，已知与未知能有机地联系起来的量，诸如数式中共有的字母及量、函数、比值、图形中的公共边、公共角、互补或互余角，或其他密切相关的线段、角、面积、体积等，往往就是应找的媒介量。寻找并使用媒介量，有时还需对条件、结论进行一些变换。例如，对数式作一定的变形，在图形中添加一些辅助线、辅助面等，这就需要对面临的数学题作深思熟虑的观察分析和充分的联想。另外，还需注意：选取的媒介量不同，常导致解法也不同，有简有繁。

在数学问题中根据数式或图形特点直接寻找媒介量是常采用的策略。但实际上还有不少问题涉及的数式十分复杂，图形中已知与未知间的逻辑关系不很明朗，或图形中各个量之间的关系相当分散，一时找不到直接存在的媒介量，这时就应当对问题做全面充分的分析探索，选择与条件和结论都有密切联系的元素设为媒介量（即"增设"策略），以便穿针引线、架桥铺路，沟通题中各量之间的内在联系，或改变数量关系的形式，催化反应，达到简化数式的表现形式，达到将分散的图形条件和结论汇聚起来的目的，进而顺利开辟解题路径，抵达胜利的彼岸。

对问题的思考角度不同，设的媒介量也常不同，一般总是选用起着关键作用的数式（如增量、比量、待定量、匹配量等）、点、线段、角、面积、体积及各种辅助图形、辅助函数、辅助方程等辅助问题。解析几何及代数问题中的参数引入是寻找媒介量的一种重要表现形式。

第二，引理与原理。在解决问题的过程中，常需要引入或运用某些结论（证明了的定理除外）作为中间推理的根据。这些结论有待证明的被称为引理，不须证明或极易证明的事实或被人们公认的事实被称为原理。这中间推理的根据有时需要设计或者寻找。

第三，分步与排序。在解答一个问题时，如果直接通向目标比较困难，那么就把这个问题从已知条件与结论之间建立若干个小目标或中途点，把原问题分成一些有层次或有关联或几个方面等的小问题，逐个解决这些小问题，以达到一个又一个小目标，最终把问题解决，这就是解决问题的分步策略。

如果一个数学问题中涉及一批可以比较大小的对象（实数、长度、角度等），它们之间没有事先规定大小或顺序，那么，在解题之前可以假定它们能按某种顺序（数的大小，线段的长度，角的度量等）排列起来，通过对这种顺序的研究，常有利于问题的思考，这就是"排序"策略。

第四，分类与缩围。不少数学问题，由于给定的条件和结论不相匹配，它表现出条件较宽或较少，一开始或当解题进行到某一步后，不能统一进行。必须将待解决的问题分成若干个比较简单无顺序层次的情形或小问题，以便分别讨论，各个击破。这便是解数学题的"分类"策略。

分类，即将被分类的概念看成"种概念"，再按照一定的属性将其外延（与概念相关的事物）拆分为大量不相容的、并列的"类概念"。需要强调的是，此处的分类是按照概念各自的属性，划分标准不同，类别也有所差异。

二分法是一种较为普遍的分类方法，它从被分类对象的外延出发，看其是否具有某个属性（即 P 与非 P），然后将其划分为两种截然相反的类别。

第五，方程与对应。"方程"的策略系指笛卡儿设计出的著名的"万能代数模型"策略。波利亚把笛卡儿的这一设计的轮廓描述为：首先，把任何类型的问题，都归结为数学问题；其次，把任何类型的数学问题，都归结为代数问题；最后，把任何类型的代数问题，都归结为解单一方程。

换言之，笛卡儿企图拟出能解一切问题的"万能策略"。尽管笛卡儿在世时，大概就已经察觉这一抱负无法实现，没有把文章做下去，而以后数学的大发展，更把这个设计的问题暴露无遗，但他在数学史上的地位仍然是伟大的。为了实现把任何类型的数学问题归结为代数问题，他首先致力于欧氏几何代数化，为此，发明了直角坐标系，并创立了解析几何。所以这些，都为牛顿和莱布尼兹发明微积分学创造了条件。其次，纯数学和应用数学分支的产生和剧增，实际上都在为笛卡儿的幻想工程"把任何类型的问题都归结为数学问题"不断添砖加瓦。仅这一贡献，笛卡儿就称得上继欧几里得之后，居牛顿、莱布尼兹之前的划时代的数学家。

重温这一设计的意义在于，尽管它并非在所有情况下都有效，但适用于举之不尽的各种情况，尤其是大学数学所涉及的许多情况。重温这一设计的意义还在于，尽管其中包含着错误的东西，但也包含着极为正确，极为有用，可以发扬光大，应用到解各类数学问题并成为极为有效的策略。这个策略的主要步骤有四个方面：① 在充分理解问题的基础上，把它归结为确定某些未知量。② 以最自然的方式考察问题：设想它已解，把未知和已知之间，根据题设而必定成立的一切关系，按适当次序形象化。③ 取出已知条件的一条，以两种不同的方式表示同一个量，列出未知量的一个方程。最终，有多少未知，就得把整个已知条件分成多少条，从而列出和位置一样多的方程。④ 把方程组归结为单一方程。

在如上的代数模型中，最精彩也最有用的是"设想问题已解"和"用两种不同的方式表示同一个量"两步。迄今，仍是初等数学和高等数学建立各种方程（如待定系数、微分方程、隐函数的导数等）的基本功，特别是学好代数和解析几何的基本功。这两步有时兼用，有时单用。

"用两种不同的方式表示同一个量"的引申就是"用两种不同问题形态表示同一实质的关系"这便是"对应"的策略。显然这里的对应是指一一对应或配对，这里的"对应"也属于"RMI原则"（见前面"同构变换"一节）的策略。"对应"的策略，也称为"映射"的策略。在处理集合的元素计算问题时，映射策略具有特殊的作用。

第六，列举和递归。某些数学问题，情况比较复杂，但有限定或界定，解答时需要采用"列举"策略，找出所有可能出现的情况，加以分析、讨论、推理或计算，必要时把所得结果互相比较，逐一排除或筛选结果，然后归纳出结论。将"列举"策略引申至处理某些情况比较繁杂的数学问题，例如：涉及无限定或无界定（如无限多、无穷多等）的问题，就要运用"递归"的策略。"递归"是通过有限认识无限的重要策略，一般适用于探讨与自然数有关的问题。运用"递归"策略的关键，在于寻找所论对象的某种递推关系，有了这种递推关系和初始值，便能经"递归"达到解题的目的，而递推关系又常通过经验归纳法的思路去探讨。因此，递推关系的正确性是需要严格证明的。它的证明，常用数学归纳法。显然数学归纳法是典型的"递归"证明方法。"递归"是对问题不直接进行攻击，而是对其变形、转化，直至最终把它化归为某个（些）已经解决的问题。有些常运用数学归纳法证明的与自然数有关的数学命题，运用"递归"策略可简洁证明。

第七，调整与逼近。讲到调整，就联系到座位调整、队形调整、人员调整、价格调整等，其意义是不言而喻的。调整一般是局部的，逐步的。解数学题中的调整策略，就是把解题信息分类分析，通过逐步或局部调整，找出最佳方案。由于调整的策略将变量分散考虑，使研究的变量个数相对减少，可使问题得到简化。

调整时又分微微变动与局部调整，微微变动是按照已知条件选取某个简单问题奠基或某一任意的"方案"，然后作微小变化调整，把问题归结到已有的结论上或考察通过怎样的微小变动才能使方案改善，重复上述工作或再继续变化，使其不能再改善，而得最后方案，即最佳方案。局部调整就是假定某几个变量是已知的或暂时保持不变，调整剩下变量的相互关系，使之达到目标（相对目标），然后调整开始固定的那些变量，从相对目标中找到最适合的一个。

（3）差异分析、适时转换解题策略。所谓差异分析是利用差异使目标差不断减少的策略。这种差异包括处理手段的差异、分析条件和结论两者的差异。在运用差异分析时要注意四个方面：① 从需要分析的题目结论和条件中等多种特征找到目标差。例如，字母的指数或系数、元素个数等数量特征。还有垂直或平行、等于或大于等关系特征，以及位置特征等。② 当目标差出现在题目时，要尽量使目标差减少。③ 每次调节目标差都要能发挥作用，才能够不断减少目标差，否则便无法达到累积的效果。④ 减少目标差的调节常体现在处理手段差异的调节与转化。

差异分析、适时转换策略子系统体现了调节的思维，遵循的是和谐化，分析问题的全面性原则。进退互用，倒顺相通，这是差异分析，适时转化策略的灵活运用。当遇到解题困难时，可以换种解题思路，不再执着于迅速解决问题，而是集中精力思考问题，才能够使自己的头脑清醒，更加客观看待所需要解决的问题。同样在解决问题时也可以主动解决容易问题，这些问题可以从一般性推导出具体特殊的问题。进退思路灵活运用才能事半功倍。后退思路非常重要，主要有以下方面：抽象退到具体；高级思维退到低级思维；一般退到特殊；较强命题退到较弱命题。而如果是以进求退则是相反的思路。这种策略的使用可以帮助学习者更好解决所遇到的数学难题，是探索未知领域的必要手段，在引申、推广问题的过程中不断提高自己的创造力和解决问题的能力。例如，人们常用的以屈求伸、欲进先退、逆推、降维等数学解题策略就是进退互用的策略在具体解题中的运用。

对问题倒推顺证进行综合思考，易于挖掘题中隐含的数量关系并发现有关性质，从而沟通已知条件和待征结论或求解对象间的过渡联系。倒顺相通，兼顾结论和条件两个方面，集中注意力于目标，从整体到局部考虑，进行广泛联想，这是辩证思维对事物认识的正确反映。下面主要从适时转化的一些方面进行探讨。

第一，正面思考与反面思考。解答数学问题从已知条件出发，进行正面思考，称为正面思考策略。对于大多数问题，人们通常运用正面思考策略。在正面思考遇到困难时，应适时运用反面思考策略，即从条件的反面或结论的反面，方法的反面去思考。反面思考的常用策略还有逆推，反求，反证，举反例等。

第二，整体与局部。解题是一个系统工程，系统的整体性决定了要用整体的观念研究和指导解题，它们的各部分是互相联系、互相影响的，它们以某种结构的形式存在。解题时，将问题看作一个完整的整体，注意问题的整体结构和结构的改造，解题的成功是整体功能的作用，这便是"整体"策略。解题时，在研究问题的整体形式、整体结构或作种种整体处理（如整体代换、整体变形、整体思考等）中，注意问题的内部结构中某特殊局部，由此可知能牵动全局的便是"局部"策略。例如：人们熟知的割与补、添与减等就是具体的运用局部与整体策略的典型。用整体策略来分析、处理问题，注意问题的整体结构（有时还将局部条件和对象重新改造并组合成另一个整体模式），能容易把握住问题的要点和相互联系，排除细节的干扰，监控并调节思维过程和解题程序。

第三，表面与内在。观察题设条件的表面形态特征，有时也能简捷破解。但当问题较复杂时，还必须通过探索问题的内容属性，去揭示内在的规律，即采取层层剥笋，步步深入的策略，探求出未知。一般而言，对于较复杂的问题，仅靠外形破解是不可能的，必须里外结合，方能奏效。

第四，进与退。人们在认识事物的过程中，自然会不断向前推进认知。数学更是一个不断前进的过程，其中的命题序列和知识发展都是环环相扣的。然而这种发展历程不是绝对的一往无前，而是在后退中求前进，在前进中求发展，进退之间相互转化，没有绝对的壁垒，这是学习者在学习道路上必须学会的辩证思维。学习者在面对学习难题时，如果直接解题会难以前进，那么就应该去考虑更普遍或者更特殊的问题。进退互为前提，不能分割，但对于解决问题而言，学会后退比前进更加关键。

后退是要去繁就简，寻找到具备基本特征的简化问题，可以从复杂、整体、较强的结论、抽象、一般、高维退回到特殊、部分、较弱的结论、具体、简单、低维。

退到最小独立完全系，先解决简单的情况，先处理特殊的对象，再归纳、联想，发现一般性。取值，极端，特殊化，由试验而归纳等都是以退求进的表现。

第五，动与静。事物通常有两种存在状态：一动一静。两者并不是绝对对立的状态，而是可以在某些情况下互相转化的，静可以转为动，动中孕育着静。在数学领域中，静态化的形态和数量都可以借助动态化的思维解决。例如，用变化的数值看待常数，用瞬间运动的过程看待静止状态，反之同样适用，如变化、无限的数值可以用某个字母代替；无尽变化的趋势可以用不等式进行描述；事物之间的依存关系可以用函数来代替，这些都是将动态问题静态化处理。具体体现动静转换策略的有以下方面：轨迹相交、局部调整法、定值探求、递推法、初等变换、变换法和不变量等。

人们对于静态化的事物可以认为是运动过程中的某个静态瞬间，或者是找到静止之前的动态化轨迹，将运动化的视角赋予静态化的事物。

动静是一种相对的状态。如果静止的 A 和运动的 B 进行比较，可以认为是 A 动 B 静。同时事物在运动状态下也会有相对静态化的状态，在解决数学难题时，转化一下动静思维方式，寻找不变的量、性质或者静态化的状态，都可以成为解题的重要突破口。

第六，特殊化与一般性。解题者在研究问题或者对象时，会从个别情况或者小范围之内进行思考，这种解题策略便是特殊化，特殊化通常和一般性相结合。所以个性和共性便是解题者所要考察的重点，要想了解事物或对象的本质属性，就要结合综合比较、分析、归纳等多种形式进行思索。在使用特殊化这种解题策略时要注意三方面内容。

① 从一般到特殊。在解决问题时可以把需要解决的对象或问题，从一般特性问题出发，然后再逐渐增加外在条件，针对其中部分或特殊情况进行重点分析，将问题进行特殊化处理，这是演绎的重要形式。

② 从个别和特殊出发找到一般规矩。要想了解事物的关系和性质就要从特殊角度出发，找到解决问题的方法、途径、方向，这也体现了以退为进的解题策略，具体可用到反例分析法、特例、极端性原理等多种方法。

③ 由特殊否定一般。在解决数学难题时，借助特殊化策略可以使解题者思路更加清晰，还可以发现证明，以反例、排除法等多种形式，使解题思路更加完善，思考范围更加广泛，不会产生疏漏答案的状况，这种策略是从一般化向特殊化进行推进，也称之为普遍化策略。解题者在研究问题或对象时，适当放宽外在条件，将结论的关系、形式、数量进行普遍化处理，从而在更宽泛的范围内进一步解题。

解题者在解题的过程中会使用公式、法则、公理、定义、定理等多种方式，这种解决过程其实是"一般"向"特殊"转化的过程，也是"特殊"向"一般"进行转化的过程。这种转化过程是比较常见的，解题者创建合适的学习情境，借助一般性来更好揭示事物发展的规律和事物的本质，提高解题者创新能力和解决问题的能力，才能够更好使用其他的策略。

第七，弱化与强化。特殊与一般是弱化与强化的一种形式。降格（维）与升格（维）也是弱化与强化的一种形式。某些问题由于无关紧要的枝节掩盖了问题的本质，找不到解答的关键所在。于是，变更转化命题，使原命题适时弱化或强化，或强、弱反复适时转化使之更明确地表现出问题的本质。

第八，抽象与具体化。数学解题中的抽象策略，就是挖掘数学问题的本质特征而使问题获解。用图论方法、映射方法等解题是抽象策略的具体表现。具体化是把抽象的概念、定理和规律体现于具体的对象或问题的策略。任何具体事物都是许多规定的综合，因而是多样性的统一。而人们认识具体的过程则表现为：感性具体—抽象—综合—理性具体。

第九，分离与守恒。在进行多项式运算时，常进行分离系数而得到简便算法；在解线性方程组时，常对系数增广矩阵进行变换而解，这都采用了"分离"策略。

数学上也有很多守恒性的东西：不变量与守恒性操作。在处理数学问题中，进行恒等变形不改变问题的性质、结果的操作称为守恒性操作。如配方法，引入待定系数等是常用的守恒性操作。在解数学题时，能抓住其中的不变量，或采用守恒性操作的策略可以称之为"守恒"策略。利用"不动点"

解题是守恒策略的一种形式。

第十，展开与叠合。展开的策略是一种转化的策略。例如，高等数学中幂级数展开，泰勒展开式等。把一个比较抽象、复杂的问题展开，转化成比较具体、简单的问题是人们处理问题（特别是立体几何问题）的常用策略之一。

展开的反面是叠合。展开和叠合均是一种运动，运动与状态息息相关。因此，在运用展开和叠合的策略时，要特别注意运动前后的状态。在运用母函数求解数学问题中，就离不开展开与叠合策略的运用。

第十一，逻辑推演与直感。逻辑是制定策略的有力工具，而逻辑推演是一种重要的解题思维策略。逻辑推演的策略，就是依据逻辑形式（概念—判断—推理），注意逻辑关系（如同一、从属、交叉、对立、矛盾等），遵循逻辑规律（如同一、矛盾、排中、充足理由等），遵守逻辑规则（论题）明确、论据真实、论证充分、合理，将解题形式转化成关于谓词（联结词）演算和命题演算的推理的一种策略。这是人们在解逻辑推理题（如判定名次问题、比赛胜负或得分问题、说真假话问题、证明不可能性问题及判断身份等问题）要运用的策略。

"直感"策略就是运用数学表象（即人脑对当前没有直接作用于感觉器官的，以前感知过的事物形象的反映）对数学问题有关具体形象的直接判别和感知的策略。直感和灵感具有差异性，前者属于显意识，后者属于潜意识。直感和直觉之间存在差异，直感可以从侧面判断直觉形象，从本质上来说，直觉的属性是压缩思维逻辑，此外，直觉可以充分结合知识分析问题、推理问题，并通过及时发现问题、分析问题，找到最恰当的解决方法。随着直觉的不断扩大，直感也得以延伸，所以，数学直感策略的形式主要包含以下内容。

① 形象识别直感：数学表象是一种普遍形象、是一种类象。具体数学是特殊形象，是一种个象。将类象和个象两者的特征进行比较，整合出相似性，对个象进行判断，个象是否和类象属于同一性质。在数学中识别形象主要是对图形、图式的变式、变位等多种情况进行确认，在综合、复合状态下分解辨认这种策略。最重要的是把问题对象分解成最基本的图示或者图形，使解题者能够准确把握解题方向，找到合适的解题思路。

② 模式补形直感：解题者在大脑当中已有数学表现模式，这种策略会让解题者对有相同特征的数学对象进行表象补形，这是由"部分"向"整体"转变的解题思维方式，有时也从残缺的形象中补充整体的形象，这种思维方

式就是在数学解题过程当中经常会用到的方式。解题者大脑当中的表现模式越丰富，那么就意味着补形能力越强，就越能够补充头脑当中的图示或图形。几何补形法经常会添设辅助线来使解题思路更加清晰。在代数当中经常会用 1 和 0 之间互相转换，同时还有构造法、配方法、拆添项法等多种形式，使图像的结构模式能够呈现成基本问题，从而更好地解决难题。

③ 形象相似直感：复合直感是以前两种直感为基础发展而来的。解题者进行形象识别时如果不能通过补形来进行解题，或是无法在大脑当中找到已有的表象，那么解题者便会从大脑当中进行形象识别，选择最接近解题目标的形象，将形象特征进行差异化比较，以此判断两者之间的相似程度，再借助大脑思维进行进一步改造，将改造后的形象与原来的形象进行连接，所以解题者会将问题进行进一步的转化。在解题过程当中形象相似直感，主要有图示和图形两种直感方式。形象相似直感需要借助猜想、类比、想象、联想等多种推理方法来进行进一步连接。数学形象相似直觉是否丰富主要取决于解题者是否建立起丰富的图像或图形表象系统，同时这种直感系统也是和前两种直感系统不可分割，相互作用的。

④ 质象转换直感：利用数学表象的变化或差异来判别数学对象的质变或质异的形象特征判断。数学中的图形、图像、图式等在主体头脑中形成的表象是数学对象内的本质的外观，象变意味着质变，象异代表着质异。数学中质象转换常把图形、图像、图式的相对静止或特殊状态，同有关的动态表象系统或一般形态相互比较来进行判断。

形象识别直感（直感策略）起到了灵活运用基础知识，简化解题过程的作用。一些解题技巧的运用往往起源于形象思维（直感策略）的启发，而不是逻辑程序（逻辑推演策略）的套用。因此"逻辑推演"与"直感"是相辅相成的，"直感"是"逻辑推演"的基础，"逻辑推演"是"直感"的归宿。

第二节　高等数学课堂教学中的互动解题研究

传统模式下的高等数学课堂教学解题方法是由教师讲授，学生大多是被动地接受知识，此种教学模式降低了学生的学习积极性，不利于学生学习和思考。研究型互动解题策略不同于传统解题策略，它可以强化课堂氛围，可以为学生营造轻松的教学环境，进而积极调动学生的学习兴趣，培养和提升学生的创造性，让教师和学生的关系更加亲密，所以，研究型互动解题策略可以加强教师和学生的互动性，在学生和学生的互动过程中，教师的主要作用是指导作用，教师应该帮助学生提出、分析并解决问题。研究型互动解题让学生的思维逻辑能力和解决问题能力都进入一个新的阶段，进而有效培养学生的独立探索精神和实践运用能力。高等数学课堂教学中的互动解题主要从以下方面论述：

一、高等数学课堂教学中互动解题的实施

（一）转变观念并消除顾虑是实施互动解题的前提

互动解题的含义是在教师的指引下，学生与学生、教师与学生在课堂教学中产生的相互影响，这种影响具有不同的形式及性质，换句话说，互动解题可以展现出教师与学生之间的教学关系及相互影响。

认为传授、模仿效益高，学生自主参与探索时间长，担心质量下降。首先，教师要克服浮躁心理和急功近利的思想，从短期看，传授、模仿效益似乎比较高。此外，"高等数学课堂教学，要注重对学生数学思维深刻性的培养，应该有丰富的学习方式，不一定是传授、模仿效益才高"[①]。更重要的是探索和研究有效的学习方法，教师在教学的过程中，如果一味地采用灌输式教学方法，很容易让学生产生枯燥乏味的学习感受，并且，在此过程中，学生始终处于被动状态，新的教学模式强调学生的自主参与和积极参与，更重视学生的主体地位。新的课堂教学模式要求，教师在教学导入环节应该使用实例，为学生普及知识背景；对学生来说，学习的重心是实现学习目标，因此，教师应该积极组织开展小组讨论和交流，并在此过程中提出恰当的建议，最终得到良好的学习效果。

当教师和学生建立民主平等的关系之后，培养学生的思维逻辑能力非常重要，因此，教师应该注重个性轻共性，重视逆向思维、求异思维。随着教学理念的不断完善和发展，传统教学思维方式和教师威信不断削弱，在这个过程中，规范性、统一性教学要求很难实现，解法统一也很难实现。如果解题模式无法提供平等的机会给学生，无法让学生表达自己的真实想法，无法表达自己的疑问，无法让学生体验和感悟不同的解题方法和策略，那么，这种教学模式很难培养出符合时代发展的专业人才，并且，很难适应中国现代化人才培养模式。在教学的过程中，教师是学生的学习伙伴和朋友，不是至高无上的，而应该正确引导学生，与学生建立良好的教学关系，为学生提供有效的学习机会和学习方法，让学生在解题的过程中全面理解和掌握对应的

---

① 邱云兰，曾峥. 高职高等数学课堂教学中的互动解题研究［J］. 数学教育学报，2013，22（3）：40.

解题思路及方法。

　　教师怕学生动起来难以调控。学生在解题的过程中会用到各种各样的方法，过程中可能会出现很多出乎意料的问题，这对教师课堂来说具有很大挑战，当课堂氛围活跃之后，需要教师准备更加精细的课堂内容和教学方案。调控课堂氛围是一门艺术，其中，知识性自我调控的含义是教师在教学时，应该充分调动自己的知识储备能力，根据课堂教学的特点可知，教师的知识水平高于学生的知识水平。所以，从教师的角度来看，教师教学需要具备较强的知识性自我调控能力，另外，适度性教学和针对性教学有助于提升学生的学习效率，进而让教师艺术地调控课堂，即使出现突发情况，教师也可以根据实际情况应对自如。当教师具备扎实的教学理论知识和丰富的教学经验之后，可以准确找到解题思路和策略，进而引导学生全面掌握解题思路和方法，帮助学生有效实现学习计划和学习目标。

　　保障数学解题质量和效率的关键是教学反思和教学调控。教学反思指在教学课堂中，教师应该具备全面的分析能力，对学生掌握的知识技能进行分析，此外，还应该依据学生的具体情况采取合适的教学方法，引导学生全面分析已经掌握的知识，帮助学生明确解题思路和方法。在教学的过程中，学生很容易把概念和概念之间的关系混淆，所以，教师应该注重教学方法的使用。另外，学生的学习不只在教学课堂上，教学效果主要由学生的学习效率决定，所以，教学最重要的就是教师调控，只要调控好了，就可以获得良好的教学效果，如果没有调控好，学生很容易前功尽弃，最终的劳动也很有可能变成无效劳动。所以，教师应该把握好互动解题和教学反思的层次性、有效性和多样性，另外，在这个过程中，教师应该从探究性、创造性地解决问题入手，让学生充分学习和理解重点知识点和思维方式，与此同时，教师还应该强化学生的记忆能力，重点掌握知识重点和关键内容，进而促进教师和学生的共同发展。

（二）互动解题让学生探索经历过程并体验实践感悟

　　就习题课而言，如果不能很好地发挥互动例题的榜样及培养功能，不重视凸显学生的思维过程，学生悟不出解题思路和技巧，就难以掌握所学知识。因此，教师应将求解过程教给学生，只有这样，学生才能真正学到教师高明的解题思维方式，使学生领悟教师或教科书的意图。

　　此外，教师应该努力挖掘教学课堂的潜在能力，应该充分发挥学生的主体意识，为学生安排准确、精心的教学成果。学生学习知识的最终目的是充分运用所学知识解决实际问题，应用渠道是在所学知识的基础上表达自己的观点，并将所学知识发展为有用的语言。

二、高等数学课堂教学中互动解题实现师生共同进步

互动解题主要包含提出问题、自主探索、合作交流和适时评价四个环节。其中，提出问题是指在课堂中引入实际案例和习题；自主探索是指课堂讨论的重要依据是实践案例及习题；合作交流是指学生通过交流合作，共同探究学习结果，实例和习题的题型具有多样性，在解题的过程中，很难找到万能的解题模式，因此，教师应该把握好解题和证题的切入点，监控好解题的调控点，合理审视反思点；适时评价是指自主探索评价，合作交流的切入点是适时评价。比如，引入习题和设计习题应该把握好以下两点：① 互动解题可以让学生产生身临其境的体验感，进而引导学生自主构建数学知识；② 问题解答应该实现"激疑"的目标，让学生感受到"意想不到"的感觉，对于高职生来说，他们具备一定的初等数学知识，在研究问题的过程中，充分利用初等数学和高等数学，使学生认识到、感觉到，从而更深刻地去感悟数学。

首先，尝试互动解题揭示解题病因，尝试互动解题善待接替错误。高效的教学行为是在优化教学行为的过程中，有效整合不同的教学环境，促进学生学习，由此获得较强的数学学习能力和教学效率意识、积极的认知结果和学习情感、强大的理性思维和优越的认知成果。与初等数学相比，高等数学的思想和方法更优，在教学的过程中，教师应该充分融合初等数学和高等数学，在培养学生的过程中，教师应该充分应用自身已知的知识，并运用科学的方法引导学生学习，所以，教师应该不断提升自己的学习体系和知识体系，有效概括讲授的知识，让学生全面领会所学知识。从建构主义学习观的角度来看，学生学习并不是被动接受的过程，而是主动建构，并以所学知识和学习经验为重要基础的过程。因此，学生产生错误认知时，教师应该从学生的角度出发，宽容学生的错误，及时纠正学生的错误，在这个过程中，最重要的是怎么引起概念冲突，引发学生积极思考，进而引导学生自觉重组和重构所学知识。

其次，尝试互动解题可以开拓学生解题思路。互动解题可以促进新旧知识的沟通交流，进而实现知识迁移和知识同化；此外，互动解题还可以开拓学生解题思路，不断优化和完善解题方法和思维过程，提升学生的问题意识，不断提高学生的思维品质，进而培养灵活、深刻的思维能力，提升学生的创新能力和批判精神。

最后，尝试互动解题可以提高学生素养、教学质量。教师在尝试互动解

题教学的过程中，答疑解惑的方式包括开展启发式课堂、课堂试解、数学微博、组建数学 QQ 群以及互动交流等，这些多样化的解疑方式不但可以有效摆脱时空限制，还可以拉近师生关系，进而全面提升学生综合素质和教学水平。

尝试互动解题不但可以完善课堂教学环节，可以兼顾学生的职业发展、培养要求和目标，还可以有效训练和培养学生的综合素质。具体而言，尝试互动解题的作用主要表现在以下几点：① 可以有效训练学生的组织能力、写作能力、资源检索能力以及查阅资料的能力；② 互动解题的课堂互动有序，可以营造良好的教学氛围，让学生产生成就感、满足感；③ 互动解题有利于提高学生的交流沟通能力、语言表达能力、审题和解题能力以及综合解决问题的能力；④ 互动解题可以培养学生的团队合作能力；⑤ 可以充分反映教师和学生之间的情感交流，充分展现学生的创新意识，进而帮助学生更好地掌握学科知识。

第三节　高等数学解题中线性代数方法运用指导

尽管高等数学和线性代数从根本上具备一定的差异性，一般都是分开进行的，但是这两门学科的一些解题思想是可以融会贯通的。"在高等数学解题中，由于一些题型难度较大，若学生转变思维方式将线性代数的方法运用到解题中，会使解题更加容易，并对于自身学习成绩和思维能力的提高有着重要意义"[①]。

线性代数是数学中极为重要的一个分支，主要研究向量以及线性变化，能够解决生活中的许多问题。所以在日常授课过程中，教师应该注重教学方法，注重对基础知识的讲解，引导学生掌握正确的线性代数学习方法，逐渐引导学生用线性代数的知识解决高等数学以及其他生活中的问题（图 4-5）。

重视基础知识的训练。基础知识一直都是数学学习的重中之重。另外，线性代数也是数学学习的重中之重，具有较多的基本概念和复杂多变的公式。与其他数学知识相比，线性代数的概念比较抽象，解题思路也比较复杂，因此，学好线性代数的必要前提是理解线性代数的概念。学生快速解题的重要前提是充分理解线性代数的概念，并充分掌握概念和概念之间的内在联系。线性代数概念具有不同的说法，比如，解方程幂的数学知识是高中阶段

---

① 商七一. 高等数学解题中线性代数方法运用指导研究［J］. 数学学习与研究，2022（32）：8.

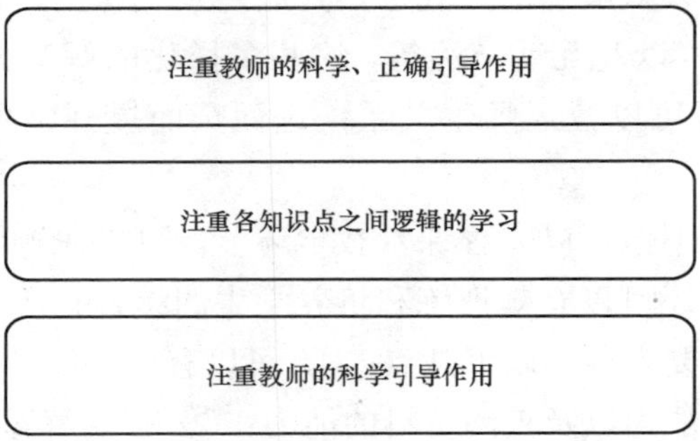

> 注重教师的科学、正确引导作用

> 注重各知识点之间逻辑的学习

> 注重教师的科学引导作用

图4-5　高等数学解题中线性代数方法运用指导

需要掌握的数学知识，但值得注意的是，学生学习这些数学概念是在原有知识的基础上不断深入学习，所以，学生需要扎实地掌握基础知识。只有数学基础知识扎实，学生才能学习难度更大的学科知识。另外，重难点知识也是以基础性知识为依据，学生在学习的过程中，需要自主组合和灵活应用，所以，只有掌握扎实的基础知识，学生才能在学习的过程中整理所学知识，由此可见，学习线性代数方法的重要前提是强化基础知识的学习和探索。

注重知识点的熟练融合和运用，强化逻辑学习能力。线性代数的知识点多且复杂，学好并运用好线性代数知识需要具备良好的知识整合能力，在这个过程中，需要先将知识点串联起来，进而形成完整的知识体系，由此挖掘出知识点的内在联系。学生可以通过逻辑整合提升综合分析能力、知识理解能力及数理能力，在学习线性代数知识的过程中，不能单一地学习，需要将自己掌握的知识点融入其中，进而充分掌握新的知识点，由此可见，线性代数知识点之间具有严密的内在关系，即复杂性、紧密性。如果学生想在高等数学解题中充分运用线性代数知识点，必须加强实践练习，进而全面理解和掌握相关知识。学习的重点是运用灵活的解题方法处理学习问题，并在此过程中注重逻辑学习，只有这样，线性代数知识点才能有效转换，进而找到更好的解题思路，与此同时，线性代数知识点的运用还能提高学生的学习效率。

注重教师的科学、正确引导作用。线性代数知识具有复杂性，如果仅靠学生自主学习，很难全面掌握数学知识，因为许多重难点都需要教师的点拨和引导，进而让学生获得较好的学习成果。首先，教师应该做好课前准备，给学生讲解基础知识，并在教学过程中给学生提供背景知识，强化知识印象，在这个过程中，教师应该引导学生运用理解的方式记忆知识；其次，为了更高效地给学生讲解线性代数知识，教师应该营造和谐的学习氛围和环境；最后，教师应该整体把握学生的学习情况，在课堂上，教师应该引导学生积极答疑，进而帮助学生解决疑难问题，不断巩固相关的数学知识，强化学生的学习效率，提高学生学习质量。

第五章　高等数学课堂教学的现代化模式创新

高等数学是高校专业课程中最重要的课程之一，课程的难度系数也比较大，在教学中，传统的教学方法难以激发学生的学习兴趣，学生在学习中很难得到有效提升，因此，对等校数学教学现代化的模式进行研究很有必要。本章重点围绕高等数学课堂教学中的问题驱动模式、高等数学课堂教学中的深度教学模式、高等数学课堂教学中的双导双学教学模式、高等数学课堂教学中的高效课堂教学模式展开论述。

第一节　高等数学课堂教学中的问题驱动模式

一、高等数学课堂教学问题的驱动

（一）高等数学课堂教学的"问题"

1. 高等数学课堂教学"问题"的特性

（1）问题的思维性。数学思维指的是通过发现问题、解决问题从而达到对现实生活中的空间形式和数量关系产生一般性认识的过程。解决数学问题就要用到数学思维，问题为思维的形成指明了方向，解决问题则成为思维的目的。数学思维过程就是不断提出问题、解决问题的过程，数学知识来源于生活，是思维活动的结果，数学知识体系是发展数学思维的体系。因此，数学问题决定思维活动的全过程，没有数学问题就没有数学思维。

（2）问题的疑难性。现代汉语词典对"问题"的解释是：需要研究讨论并加以解决的矛盾、疑难。一个涌上脑际的念头，倘若毫无困难地通过一些明显的行动就达到了所求的目标，那就不产生问题。然而，想不出这样的行动，那就产生了问题。

（3）问题的可解决性。要解答一个数学问题会遇到一定的困难，但没有解决不了的难题。通往真理的道路不是一帆风顺的，但是经过努力探寻而得到的成功，会更加有意义。

（4）问题的驱动性。"问题"在数学学习中是非常重要的。然而，许多教师对"问题"含义的理解却十分模糊。有些老师把问题等同于数学习题。等同于提问。实际上，在高等数学课堂教学中，"数学问题"是为引导学生发现数学、探究数学、建立数学、运用数学而营造的一种心理困境，这种困境的状态是学生有目的地追求而尚未找到适当手段解决。所以，数学教学中的"问题"是有驱动性的。

2. 高等数学课堂教学"问题"的价值

在高等数学课堂教学的过程中，数学问题可以激发学生的好奇心，启动学生发散思维，同时也可以检验学生的探究实效，更好地激发学生的学习动力。具体从以下方面探讨（图5-1）：

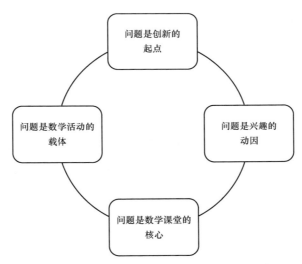

图5-1　高等数学课堂教学"问题"的价值

（1）问题是创新的起点。判断一个科学家是否成功，可以观察他是否有提出问题的能力，因此，问题是创新的起点。只有发现问题，找出问题所在，才能有目的、有步骤地找到解决问题的方法，从而得出结论。提出问题是创造过程的第一步，没有问题就迈不出这一步，更不用提创新精神和创新能力了。纵观人类历史，从哲学的发现，技术的从无到有、从有到优，科学的发明都是从发现问题开始的，所以培养学生的创新精神也需要从问题开始。

（2）问题是兴趣的动因。虽处在同样的学习环境下，但是学习效果却是因人而异的，个人素养是影响学习效果的一个重要因素，但更重要的还是学生对学习是否产生兴趣。而问题是最容易激发学生学习兴趣的。学生对这个问题产生好奇心，有想解决这个问题的欲望，学起来就更加积极主动。同样，创新精神的培养靠的是兴趣的支撑，而兴趣的最大动因却是问题。"学起于思，思源于疑"，"疑"指的就是问题，是引起兴趣的动因，是激发学生探索知识和唤起学习动力的因素。

（3）问题是数学课堂的核心。其实，这不仅指在高校数学的研究过程中，也包括在数学的教学过程中。在数学课堂上，如果没有了问题，学生也就丧失了思维的能力。如果教师在课堂教学中只会用简单的"是不是"来展开对话，这种没有思维含量的问题充斥数学课堂时，学生的智力便会逐步弱化。只有通过不断的发问，才能把知识的逻辑结构与学生的思维过程有机地结合起来，帮助将知识的逻辑结构转化为学生的认知结构。课堂上只有通过提出问题，才能更好地引导学生主动探索、体会数学的内在规律。

（4）问题是数学活动的载体。高校数学课堂是教师引导学生积极主动地参与学习的场所，教师应该在课堂上引导学生发展思维，就目前而言，许多数学教师习惯以简单的记忆、练习、实操来替代学生主动的思考。没有学生积极主动的思考，换言之，没有学生思维的深度参与，这样的课堂教学都算不上有效的教学活动。因此，教师在备课时要设计科学、合理的问题，通盘考虑各个教学环节，精心设计有效的课堂提问、创造问题情境、在教学中生成恰当的问题。有了问题，就需要引导学生主动思考和对话。通过解决问题，学生的思维就"动起来"了，课堂教学就"活起来"了。在解决问题的过程中，又会不断发现新的问题，新的问题的解决又能促进原来问题的进一步理解。换言之，随着新问题的提出，思维又向前推进了一步。因此，问题是数学思维活动的结果。思维从问题开始，随着思维的进一步推进，又导致新的问题的产生，在这个大循环中，学生的数学思维得到了发展。

（二）高等数学课堂教学的"问题驱动"

数学的研究和发展离不开实际问题的驱动，和其他所有学科相同样，数学是从人们的实际需要中产生的。纯数学是以现实空间的形式和数量的关系为对象的，这些资料表现于非常抽象的形式之中，这一事实只能表面地掩盖它的来自现实世界的根源。例如，郑兰在《基于问题驱动的数学建模教学理念的探索与实践》中提到：现代认知心理学关于思维的研究成果表明，思维通常是由问题情境产生的，而且以解决问题情境为目的。学生的创新意识正是在问题情境中得到激发的。所以，教师在进行教学时，要精心设计问题情境，引导学生自觉、主动地去探索与分析问题直到最后解决问题。

此外，数学教学的本质是以不断地提出问题并解决问题的方式来获取新的知识，培养学生的创新思维和创新能力的过程。所以，数学教学离不开问题的驱动。换言之，基于问题驱动的课堂才是真正的数学课堂。

建构主义强调学习的主动建构性、社会互动性和情境性。建构主义学习理论认为，学习不是由教师向学生传递知识，而是学生主动建构知识的过程。不能让学生被动地接收知识，而应该让学生带着真实的任务去学习，主动建构自己的知识体系。通过新旧经验的相互作用，丰富自己的学识和理论知识，让学生在具体学习情境中探索解决问题的方法，锻炼解决问题的能力，激发和保持学生学习的兴趣和动机。所以，问题驱动也顺应了这一学习理论的要求。

问题驱动可以理解为一种教学方法，也可以理解为一种教学策略，它是一种以学生为主体、以各种问题为学习起点、以问题为核心规划学习内容、让学生围绕问题寻求解决方案的学习方法。

在高校数学课堂上，问题驱动就是指教师在课堂教学中以一系列问题为载体。通过学生的独立思考、自主探究、合作讨论等方式来解决问题，从而达到学习数学知识、掌握相关方法、提高学生数学思维能力等的一种教学方法与策略。

高校数学课堂上的问题驱动通常包括创设情境、提出问题、探究交流、解决问题、意义建构、知识应用、拓展提升等主要环节。因为有明确问题的提出，所以这种教学方法与策略给学生的课堂学习提出了明确的要求，能增强课堂教学的目的性，对学生的学习具有导向性。同时。在问题解决的过程中，需要通过师生之间、学生之间的思维交流，把学生对问题的认识、理解、解法等都表达出来，从而能发挥学生的主体作用。所以，这种教学方法与策略能提高学生学习的主动性，提高学生在教学过程中的参与度。

实施问题驱动，要求教师在课前备课时将要学习的内容转化为逐个的问题，课堂上让学生在解决问题的过程中自然掌握所要学的知识、方法与思想。与传统教学中讲授者角色不同的是，教师在此教学方法中的角色是问题的设计者、问题解决的参与者和意义建构的引导者。所以，这种教学方法与策略对教师的要求更高。需要教师具备较强的知识理解能力和课堂掌控能力。

二、基于问题驱动的高等数学问题设计

"问题驱动"离不开课堂问题这一重要的载体，问题在数学的学习中有着举足轻重的作用。

（一）高等数学问题情境创设与运用

关于问题情境，目前出现的理解较多，概括起来有两大类：问题—情境，情境—问题。"问题—情境"是指：先有数学问题，然后是数学知识产生或应用的具体情境；"情境—问题"是指：先有具体的情境，由情境提出数学问题，为了解决问题而建立数学。其实，两种理解没有截然的区别，核心都是通过问题情境提出问题，情境与问题融合在一起，问题是教学设计的核心。

从教学内容而言，问题情境主要可以分为实际背景、数学背景、文化背景等。实际背景包括现实生活的情境数学模型（概念、公式、法则），数学背景包括数学内部规律、数学内部矛盾；文化背景可以分解为上面两类。从呈现方式而言，问题情境包括叙述、活动、实物、问题、图形、游戏、欣赏等。从所处的教学环节而言，问题情境包括引入新课的情境、过程展开的情境、回顾反思的情境等。

1. 问题情境的创设

现在越来越多的高校教师开始重视问题情境的创设，在创设问题情境时可以利用数学的特点，如历史悠久、丰富内容、广泛应用、现实背景、方法精巧等。

（1）贴近生活，创设亲近型情境。可以从高校学生日常生活出发，运用学生熟悉的素材来创设情境。课前教师可以和学生一起交谈，了解他们的日常生活情况，如家庭趣事、熟人熟事、校园生活、班级情况等，这类情境最易引起学生的共鸣。

（2）巧妙举例，创设载体型情境。教师可以通过举例子的教学方法，给出具体和恰当的实例，化陌生为熟悉，化抽象为具体，让复杂的事物简单化、浅显化，学生更易读懂，能快速进入状态。

（3）善用对比，创设引导型情境。我们可以先给出一个错误的结论，从而引入正确的知识；或者提供可类比的情境，达到知识迁移的目的；或者创设有矛盾的情境，引起学生的认知冲突。

（4）活动演示，创设游戏型情境。结合教学内容，利用游戏、竞赛或演示文稿（PPT）的方式，促进学生在游戏型情境中主动发展。

2. 问题情境的运用

（1）灵活创设情境。课前导入时不仅需要创设情境，课中也需要创设情境。

（2）把握展示时间。情境的展示时间不宜过长，一般控制在 5 分钟之内比较适宜，否则会冲淡教学主题。

（3）适当重复使用。重复使用可以提高使用率，在不同阶段使用同一个问题情境，必要时可以适当改造一下，不失为一种经济的做法。

（4）提高教学实效。创设情境最终是为了提高教学质量，更好地开展教学。情境的使用应该符合教学的实际需要，不能牵强附会。

（二）基于问题驱动的高等数学问题串使用

1. 问题串的使用价值

所谓问题串，是指在学教学中围绕具体知识目标。针对一个特定的教学情境或主题，按照一定的逻辑结构而设计的一连串问题。问题串也称作问题链，是指满足三个条件的问题系列：① 指向一个目标或围绕同一个主题，并成系列；② 符合知识间内在的逻辑联系；③ 符合学生自主建构知识的条件。在课堂教学中，针对具体的教学内容和学生实际，设置恰时恰点且适度合理的问题串，不仅可以引导学生步步深入地分析问题、解决问题、建构知识、发展能力，而且能优化课堂结构，提高课堂效率。

2. 问题串的使用感悟

（1）问题串的设计要符合学生实际。创设与运用问题串是一种教学策略，其目的是启发学生自主建构知识。学生是活动的主体，问题串的设计当然需要适合学生的学情。一方面要符合学生的认知规律；另一方面要立足于学生的数学基础，分情况采用不同的问题串。对于基础比较薄弱的学生，在设计问题串时不可起点过高、难度太大，可以选取答案较单一、步子慢些的问题串。针对不同层次的学校与班级，即使是同一个主题设计的问题串，侧重点也应有所区别。

（2）问题串的设计要符合教学原则：一是问题设计难度应适宜。如果问题太简单，则学生不用思考就可以得出答案，那么学生就会觉得没有意思。如果问题太难，则学生就会回答不上来，这样容易挫伤学生的学习积极性。问题的设计应符合最近发展区原则。二是设计的问题要具有层次的递进性。问题与问题之间应有一种层层递进的关系，由易到难，由浅入深，引导学生深入地思考。三是问题串的设计要有明确的意图。问题串的设立要有明确的目标，通过解出一系列的问题串便可让学生自我建构出相关的数学概念或原理。四是问题的设置具有自然性。在设计的问题时要自然，不能让学生感觉过于生硬。

（3）问题串的设计要把握好"度"的原则。首先，把握好子问题的梯度与密度。梯度过大或者密度过小，容易造成学生学习上的思维障碍，不利于教学的顺利推进；反之，梯度过小或者密度过大，产生的思维量过小，会损害思维的价值。其次，要把握好问题的启发与暗示度。过度启发，暗示太多，学生主动思考得便少；启发太少，暗示不够，学生就回答不出来，课堂便不够活跃，也会影响教学效果。最后，要把握好问题的开放与封闭度。如果问题过于开放，则答案就会各不相同，甚至答非所问，可能老师都无法判断对错，难以对教学起到有效的引导；但如果课堂的提问枯燥乏味，学生的创新思维就得不到应有的锻炼，甚至导致学生对学习失去兴趣。

例如，在高校在线性代数教学中，可以利用"问题串—概念图"的方法。高校线性代数这门课程概念多，并且各知识点密切联系，由于概念众多，又特别抽象，在教学过程中会遇到一些困难，如何才能将零散的知识点系统完整化，形成有序的网络结构是线性代数教学过程中不可或缺的一个重要环节。在教学中，以有效的问题为引导，以概念图为思维图示化的数学教学策略可以有效地提高学生学习数学的效果，培养学生的逻辑思维能力等，在教学过程中教师可以逐层引入特殊的有趣的例子，启发学生主探究，进而独立提出新的问题，以特殊推导出一般情况。学生在不断的思考发问过程中，能够实现对前面所学知识的整合，而清晰的关系图能够简洁明了地展示出新知识和已学知识之间的联系和区别，并且有利于学生将新旧知识链接成网状，降低学生在学习新知识时的焦虑感，大幅度提高学习的学习态度。

（三）基于问题驱动的高等数学问题思维价值提升

第一，整合优化碎问。对一些零碎的问题进行恰当整合，将问题的共同属性提炼出来，尽量把多个性质相同或相似的问题整合成一个大问题，这就是优化碎问的策略。问题变少、变整了，提示语素减少了，可以发散学生的思维。

第二，适当添加缀问。高等数学课堂教学提问方式有许多种，难题浅问、浅题深问是常用的提问策略。对经典的不便轻易改动的浅问，可以在其后缀上一问，提升思维含量。教师要采用恰当合理的缀问，既要保证问题前后的关联性，又要能引导学生积极参与到思考与探究过程中。

第三，适时进行追问。追问是高等数学课堂教学有效性的实用方法之一，教学中为能突出问题的价值，教师可以在解决问题的过程中适时地加以追问，通过追问挖掘出问题本身的价值，适时追问，可以提高课堂的教学效率。

第四，升华处可置问。当课堂进行到可以对相关知识点进行合理升华的时候，教师要及时置问，塑造研讨的课堂氛围。因此，教师在备课时就要深入挖掘教材，认真研究与考虑，在哪些地方升华，何时置问，查缺补漏。

三、基于问题驱动的高等数学问题解决

除了好的课堂问题，问题价值的体现还要看问题解决的过程能否将其充分发挥出来，所以问题的解决也是课堂教学的重要环节。

（一）在充分体验的基础上进行问题探究

如何有效开展课堂的探究活动的确是困扰广大一线教师的实际问题。从学生长远发展的角度而言，要经常组织一些课堂探究活动，但这样做会影响正常的教学进度，因为探究活动组织得不好就会出现冷场的现象。

第一，找准合适的探究切入点。在高等数学课堂教学过程中，教师应尽量设置一些探究活动，使学生的学习过程成为在教师引导下的"再创造"过程。但抽象的思考往往会使学生感到无从下手，所以课堂探究活动必须依赖于直观的载体作为探究的切入点。

第二，确定给力的探究着力点。学生是探究的主体，让绝大多数学生能参与进来的探究才是真正的探究。所以问题的设计要从保护学生的积极性与提升学生的信心入手，不能刚开始就打击学生的自信心。为此，老师需要确定好探究着力点。探究宜从体验开始，让学生在体验中找感觉，并逐步感悟到其中的道理。

第三，突出切题的探究核心点。学生的探究活动应围绕一节课的核心内容展开，即通过问题的引导，要让学生自己能够建构出相关的概念或结论。

第四，挖掘隐含的探究活力点。有时，一个容易被忽视的内容也能激发学生的探究热情，增强课堂的探究活力。所以，作为教师，一方面我们要更新自己的教学理念；另一方面也要善于挖掘这样的探究活力点。

总而言之，只有让学生先行体验，课堂探究活动才能得以顺利开展。另外，在实施问题探究时，我们既要相信学生，更要了解学生和顺应学生。

（二）问题解决过程中的教师角色与作用

在"问题驱动"下的课堂教学中，教师的主导作用不是削弱了而是提高了，其角色与作用主要体现在以下几个方面。

第一，营造氛围。"问题驱动"下的课堂教学是以学生主动参与学习为前提的，这有赖于团结互助的学习环境。为此。教师要营造民主、宽松、和谐的课堂氛围，以有利于学生主体的活化与能动性的发挥。

第二，个别指导。因学生个体存在差异，在自主学习的过程中。有的学生会出现这样或那样的困难。此时，教师可以进行个别指导。个别指导的过程要体现出教师的爱心、真心，这有助于师生之间的沟通交流，有助于形成

民主和谐的课堂气氛，这样做往往能产生意想不到的教学效果。

第三，调控启发。在课堂教学中，教师不仅要运用各种途径和手段启发学生的思维，还要能接收从学生身上发出的反馈信息，并及时作出相应的控制调节。对于学生普遍感到有困难的问题，教师要给予恰当的启发。

第四，反馈评价。对于从学生那里获得的反馈信息，高校教师应作出及时而准确的评价。教师恰到好处的表扬与赞许能使学生的思维活动得到强化。而教师恰如其分的批评或否定，也会使学生的错误思维得到及时纠正。

（三）数学课堂问题解决的方式与途径

一般意义上的"问题解决"指的是按照一定的目标，应用各种认知活动，经过一系列的思维操作，使问题得以解决的过程。用认知心理学的术语表述，问题解决就是在问题空间中进行搜索，以便从问题的初始状态达到目标状态的思维过程。所谓问题空间，是指问题解决者对所要解决的问题的初始状态和目标状态，以及如何从初始状态过渡到目标状态的认识。因此，基于"问题驱动"的课堂教学中的问题解决，是指当教师或学生提出问题后，学生（或师生共同参与）思考问题、探究问题。直至解决问题的过程，通常要得到明确的答案与结果。

所谓课堂问题解决的途径与方式，即指在课堂教学中，当问题明确后，教师如何引导学生进入思维状态，问题的答案与结果如何展示。教师的角色与作用又是怎样的，怎样做才能尽可能地发挥学生的主体作用，如何处理比较有效等。在高等数学课堂上，课堂问题解决的途径与方式主要有以下几个方面。

第一，师生共同解决。师生共同解决方式通常是教师明确问题后，学生独立思考与教师启发相结合，最终解决问题。常见的方式有：师回答生呼应、师启发生回答、生回答师追问、生回答师板书、生回答师纠错、生回答师改进等。

第二，学生独立解决。学生独立解决的方式通常是教师明确问题后，不做任何提示，学生通过独立思考、自主学习、自我演算、独自探究等途径解决问题。常见的方式有：集体回答、个别回答、学生板演、学生展示、投影成果等。

第三，学生合作解决。学生合作解决方式通常是教师明确问题后，学生先独立思考一会儿，然后小组内合作交流，直至解决问题。常见的方式有：生回答生补充、生回答生纠错、生板演生纠错等。

（四）数学课堂问题解决过程中的注意事项

在课堂问题解决的过程中，通常要注意以下几个方面。

第一，迟现课题。在新教授的课程中，太早出现课题就会对学生产生提醒，进而会减弱问题的研究功能。因此，在授课时应等到有关原理、观点产生之后再将课题逐渐展示出来。如果需要做课件，在开头时也不应展示出课题。

第二，不要预习。如果是新授课程，因为学生进行课前预习，就会让学生在不恰当的时间说出新学的原理、观念，就会使知识的自然形成受到阻碍，并且，学生还会在不动脑的情况下就会清楚问题答案。故学生的预习不应被安排在新授课上。

第三，明确问题。如果需要取得探索的成效，则教师应吸引学生的注意，例如，"请思考问题……"或者"请同学们回答一下这个问题"等；同时，教师的问题应该显眼明了，表述时应简洁精练，不重复，尽可能使用投影展现问题。

第四，充分思考。教师在给出问题之后，务必给学生充足的时间让其思考，通常而言，值得探索的问题一般思考时间都大于 20 秒。在学生进行思考时，应尽可能地不去提醒。免得约束学生的思想。如果是合作学习，那么应给学生单独思考的时间，然后再进行合作交流。

第五，及时评价。教师应及时对学生的答复作出评价。教师不仅需表明学生的回答是否正确，还需要深入地点评其思维状况。例如，学生的思想是否可行、是否恰当等。并且，教师应该从勉励的角度去肯定学生的想法。

四、基于问题驱动的高等数学课堂教学实践

（一）基于问题驱动教学实践的注意事项

问题在数学中的重要作用是人尽皆知的。有了问题，思维才可以创新；有了问题，思维才拥有动力；有了问题，思维才有了方向。所以，在教学时，需要依照教学的内容、学生的认知规律去制造问题，充分发现问题的思维价值，运用问题激发潜能，使学生在问题中强化理解；运用问题促使知识增加，使学生在问中探索；运用问题展现思想，使学生在问中领悟。

1. 设计引导问题

数学的概念多数较为抽象，入门者有时候会觉得内容较为费解、概念来得太过突然，知识是逐渐形成的，能力的不断提升与知识的不断累积过程是学习的过程，高校学生在原有的基础上才能学习新的知识，对于新知识的理解是渐渐从零碎至完整、从朦胧至清楚，并能汇入原有的知识体系中。建构主义认为学习是学生经验体系在特定环境中由内向外的形成，以学生原有知识经验为基础来完成知识的架构。因此，教师在日常的教学中，倘若注重发

现知识的自然性，使新知识能够在以往的知识中显现出来，就显得非常自然、容易被学生理解了。

实际上，学生在理解新知识时，并不缺乏所必需的已有经验和知识，然而，学生却不能积极主动地架构出新知识，这关键在于他们缺少所必需的问题去指引。故数学新授课的关键就在于教师需要设计出一系列适合的问题去指引学生来探究，推动新知识在学生原有的知识中自然形成。

2. 明确生成问题

数学教育需培养学生主动解决问题、思考问题、提出问题的习惯，然而，探索问题经常比解决问题更关键，因此，新课程提倡的重要的教学理念就是问题的动态生成，这应是我们主动追求的境界。因此，有三个方面是教师在授课中必须去做的：① 需确立"一帆风顺、风平浪静的课程不一定是好课"的理念；② 积极主动地创造机会让学生提问，激发出学生的内在动力、质疑问题的勇气；③ 充分探究学生的疑问，并得出清晰的结论，使学生在问题中不断成长。

3. 提炼核心问题

人类的思想是促进人类社会进步的动力源泉。同样思想的支撑、引领也能够推进数学的发展，该思想不仅指详细的数学思想，还指哲学思想、行动策略、研究策略等。唯有提取每堂课的关键问题才能够有效地显现这些主要思想，使学生能够在相关问题和问题的解决中体会其思想，这是可以大力推崇的做法。

（二）基于问题驱动教学实践的主要内容

1. 数学复习课的问题设置

（1）设置递进性问题，具体如下。

第一，运用递进性问题去总结知识的产生过程。高校部分学生对定理、法则、公式、概念等的了解不是非常深入，故教师在高校的数学复习课上，应设计出递进性的问题，展现出知识的产生原因，显现出他们的探索思想。

第二，运用递进性的问题固化常规的解题想法。多数学生在数学一轮复习中，对常规问题的解决还是十分费解的，这个时候就应设计递进性的问题，让学生固化常规的一些解题想法，形成有规律的解题思路。

（2）设置对应性问题，具体如下：

第一，利用对应性问题促进学生对概念的理解。解题的出发点就是数学概念，高校数学教师在复习时，应设计相关的问题去推动学生对于这些概念的认识，并且这些问题应和知识相对应。

第二，运用对应性的问题推进体系方法的建立。教师在数学复习课上，对于解题方法较多的问题，应采用和每一种解法相应的题目逐一给出，进而架构出较完整的体系方法。

（3）设置回望性问题。教师在数学复习课上解答完问题之后，或是在课程的结束之后，可以用问题来指引学生去回忆课程，让其对相应的注意点、解题技巧、思想方法等进行总结概述、归纳等。

总而言之，教师在数学的复习课上运用"问题驱动"的方法具备增强师生互动、进行提炼总结、能明确思考方向、可显化教学目标等优势，可有效提升复习效果。

2. 数学课堂教学的提问环节

以数学数列极限这一节教学为例剖析高校数学课堂教学的提问环节。

（1）创设情境。"情境陶冶模式的理论依据是人的有意识心理活动与无意识的心理活动、理智与情感活动在认知中的统一。"[1]教师创设情境使学生学习的数学知识与现实一致或相似的情境中发生。学生带着问题进入学习情境，将抽象的数学知识建立数学模型，使学生对新的数学知识产生形象直观和悬念。在数列极限这一节教学教师设置以下教学情境。

情境1：极限理论产生及发展史（PPT）。

情境2：展示我国古代数列极限成果（电脑软件制作图形演示）：我国古代数学家刘徽计算圆周率采用的"割圆术"，结论："割之弥细，所失之弥少，割之又割，以至于不可再割，则与圆周合体而无所失矣。"

情境3：极限与微积分的思想（PPT）：微积分它是一种数学思想，"无限细分"就是微分，"无限求和"就是积分。无限就是极限，极限的思想是微积分的基础，它是用一种运动的思想看待问题。

直观、形象的教学情境能激发学生联想，唤起学生认知结构中相关的知识、经验及表象，让学生利用有关知识与经验对新知认识和联想，从而使学生获得新知，发展学生的能力。

（2）确定任务，提出问题。问题驱动法中的"问题"即是课堂教学目标。任何教学模式都有教学目标，目标处于核心地位，它对构成教学模式的诸多因素起着制约作用，它决定着教学模式的运行程序和师生在教学活动中的组合关系，也是教学评价的标准和尺度。所以问题的提出是教学的核心部分，是教师"主导"作用的重要体现。例如，数列极限教学课中，根据创设的情

① 欧阳正勇. 高校数学教学与模式创新［M］. 北京：九州出版社，2019.

境，在其中提出问题。

第一，极限理论产生于第几世纪，创始人是谁；它对微积分主要贡献是怎样的。

第二，诗句中"万世不竭……'割圆术'"演示体现了怎样的数学思想；"割圆术"中，无限逼近于什么图形面积。结合课本思考数列极限的定义的内涵。

第三，无限与极限之间关系是怎样的；什么叫微积分；极限与微积分的关系是怎样的。

第四，知识建构：A 数列极限无限趋近与无限逼近意义是否相同；B 函数极限形象化定义如何；它与数列极限的区别与联系；C 用图形说明函数值与函数极限的关系。

教师在提出问题时一定要符合学生认知和高校学生心理特点，教师的问题应简单扼要，通俗易懂。问题一定要让学生心领神会，能进入学生课堂，凸显学生主体性地位。

（3）自主学习、协作学习。问题提出后，学生观看问题情境，积极思考问题。一是真正从情境中得到启发，课堂上由学生独立完成；二是需要教师向学生提供解决该问题的有关线索，如需要搜集资料、相关知识、图片、如何获取相关的信息等，强调发展学生的"自主学习"能力，而不是给出答案。另外，还需要学生之间的讨论和交流、合作，教师补充、修正、拓展学生对当前问题的解决方案，也是本节课新知构建。

（4）效果评价。对学习效果的评价主要包括两部分内容，一方面是对学生当前任务评价即所学知识的意义建构的评价；如本案例中，通过数列极限直观和形象化情境，激发学生联想，唤起学生认知结构。在计算圆周率直观和形象化率无限"割圆术"化圆为方的"直曲转化，无限逼近"的极限思想，教学时借助多媒体展示无限分割过程，最终趋近于常数；体会极限的思想方法。另一方面是对学生自主学习及协作学习能力的评价，如微积分与极限的关系，则是下阶段学习内容，需要学生去探索，这一过程可以学生互评，也可以是教师点评，也可以是师生共同完善和探索，得出结论。

第二节　高等数学课堂教学中的深度教学模式

一、高等数学课堂中深度教学模式的操作框架

深度教学的操作框架可以归纳为：一个终极价值；两个前端分析；四个

转化设计；四个导学模式。其中，价值导向是深度教学的核心价值，分析、设计与引导是深度教学的三个实践环节，分析与设计之间、设计与引导之间以及引导与分析之间则形成双向生成的互动关系。

（一）一个终极价值

一个终极价值是指促进学生的意义建构与持续发展，人是意义的追寻者和存在物，是意义的社会存在物。人在意义中存在，在存在中发展，在发展中不断提升意义。正是意义，成为人的存在之本和发展之源。凡是有点深度的教学，都必须立足于学生作为人的这种本质规定性，引导和促进学生的意义建构与持续发展。这是深度教学的核心价值和终极追求。

所谓"意义建构"是指学习者根据自己的经验背景，对外部信息进行主动的选择、加工和处理，从而获得自己的意义，获得基于自身的而非他人灌输的对事物的理解。"意义"大致包含三种含义：① 语言文字或其他符号所表示的内涵和内容；② 事物背后所包含的思想和道理；③ 事物所具有的价值和作用。

（二）两个前端分析

两个前端分析是指学科教材与学生学情的深度分析，学科教材的分析状况在很大程度上决定着学科教学内容的深度，学生学情的分析状况又在很大程度上影响着学生学习过程的质量。学科教材与学生学情的深度分析是深度教学的两个前提。

包括高校数学在内的学科教材的深度分析主要表现在四个方面：① 深刻性，即超越学科教材的表层，深刻把握学科教材的本质与内核；② 完整性，即超越学科教材的"双基"，能够从多个维度把握学科教材的完整内涵；③ 反思性，即超越学科教材的具体性知识，反过来领会具体性知识背后的本体性知识；④ 整体性，即超越学科教材的局部认知，善于从整体上把握学科教材的基本结构（表 5–1）。

表 5–1 学科教材深度的分析

主要对象	基本路径	重要特性
学科教材的本质与内核	表层—本质	深刻性
学科教材的多维内涵	双基—多维	完整性
学科教材的本体性知识	具体—本体	反思性
学科教材的基本结构	局部—整体	整体性

学生学情的深度分析要从三个方面着手：① 前理解。深入分析学生的先见、先知和先验，从中定位学生学习的关节点和困难处。② 内源性。深入分析学生的兴趣、情感和思维需要，从中定位学生兴趣的引发处、情感的共鸣处和思维的进发处。③ 发展区。深入分析学生的最近发展区，从中定位学生学习与发展的层次序列（表 5-2）。

表 5-2　学生学情的深度分析

主要对象	基本路径	重要目标
前理解	先见、先知与先验	学习的关节点与困难处
内源性	兴趣、情感与思维	兴趣的引发处、情感的共鸣处与思维的进发处
发展区	发展的空间与水平	学习的层次序列

（三）四个转化设计

四个转化设计是指从目标的内容化到活动的串行化，从实质上而言，教学结构其实是学科教材结构和学生心理结构的深层转换，而学生的学习与发展状况其实取决于教学结构的状况。换言之，教学设计必须抓住教学实践中的若干关键转化环节，做好转化设计。基于学科教材和学生学情的深度分析，深度教学需要做好四个转化设计：目标的内容化、内容的问题化、问题的活动化与活动的串行化。

第一，目标的内容化。在做好学科教材和学生学情两个前端分析之后，教师先需要做的是深度教学的目标设计。深度教学的目标可以从三个方面加以考虑：① 体现终极价值。深度教学的目标设计始终都要将促进学生的意义建构与持续发展作为终极价值追求，其中的关键是确定学生意义建构的内容和程度。② 聚焦核心素养。深度教学的目标设计要对着重培养学生的核心素养加以明确的定位。③ 兼顾三维目标。深度教学的目标还要全面兼顾新课程教学的三维目标，即知识与技能、过程与方法、情感态度与价值观。

第二，内容的问题化。教学内容，在没有与学生发生关联之前，它就是一种外在于学生的客观存在。如果教学内容始终不能与学生发生某种实质性的关联，课堂就不可能产生任何有深度的教学。将外在的教学内容与学生的主观世界沟通起来，其中一种有效的实践方式就是学科问题的设计，即教学内容的问题化。

第三，问题的活动化。问题的活动化指的是将用户痛点或需求转化为具有挑战性和可操作性的问题，鼓励用户积极参与和解决问题。问题活动化的关键在于引导用户发现问题，激发用户钻研问题的热情，进而形成具有实效性的问题解决方案。问题活动化可以创造良好的用户体验，提高用户忠诚度和产品的口碑。

第四，活动的串行化。为了引导学生持续的建构，不断地提升学生学习与发展的水平，高校数学教师在深度教学实践中需要做好第四个设计，即活动的串行化设计。所谓序列，是按照某种标准而作出的排列。在深度教学中，活动的串行化设计主要遵循四个标准：① 顺序性。根据学生的认知特点与思维顺序，考虑活动的先后顺序，做到各种活动的切换自然得体。② 主导性。抓住学生学习的关节点和困难处，准确定位学生学习的主导活动，做到关节点和困难处的学习突破。③ 层次性。根据学生的最近发展区，依次设计不同的学习阶梯，促进学生渐次提升学习与发展的水平。④ 整合性。根据教学的核心目标，优化组合各种类型的教学活动及其要素，发挥教学对于学生发展的整体效应。

（四）四个导学模式

四个导学模式是指从反思性教学到理解性教学，深度教学的反思性、交融性、层次性与意义性决定了深度教学的四个基本导学模式：① 反思性教学是教师引导学生通过间接认识、反向思考和自我反省等认知方式，达到对学科本质的深入把握和对自我的清晰认识；② 对话式教学是教师为了引导学生完整深刻地把握课程文本意义，按照民主平等原则，围绕特定话题（主题或问题）而组织的师生之间、生生之间和师生与文本之间的一种多元交流活动；③ 阶梯式教学是教师根据学生的最近发展区，借助学习阶梯和支架的设计，不断挑战学生的学习潜能，逐渐提升学生的学习与发展水平；④ 理解性教学旨在营建一种以意义建构为目的的学习环境，以学生的前理解为基础，引导学生通过多向交流，达到对知识意义与自我意义的真正理解，进而提升自己的生命价值。

作为深度教学的四个基本导学模式，反思性教学、对话式教学、阶梯式教学与理解性教学都是为了促进学生的持久学习，都是以促进学生的意义建构与持续发展作为核心价值和共同目标。四者之间相互联系，相互支持，共同构成深度教学的实践体系。对于深度教学的这四个基本导学模式，教师需要从整体上加以理解，并在实践中加以综合灵活地运用。

深度教学的实现与否取决于教师四个方面的实践智慧：① 分析力，即学科教材和学生学情的深度分析。② 设计力，即目标的内容化、内容的问题化、问题的活动化与活动的串行化设计。③ 引导力，即反思性教学、对话式教学、阶梯式教学与理解性教学四个导学模式及其策略的运用。④ 认识力，即对生命与智慧、学科与教材、知识与能力以及学习与发展四大课堂原点问题的深入认识。

二、高等数学课堂中深度教学模式的结构模型

作为一种教学形态，深度教学与教学本身的存在状态密切相关。教学的不同存在状态，在很大程度上规定了深度教学的内涵和方式。事物都是在一定的关系中存在的，关系的状态规定着事物的存在状态。从分析的角度，教学的存在状态可以用其中所涉及的关系状态来加以描述。对于任何学科教学，它在学生和教师互动的背景和框架下，都具有以下三种基本的关系状态。

第一，学生与学科的关系状态。学生与学科的关系状态涉及的问题实质是"学科学习何以可能"。作为学生学习的主要载体和对象，学科教学内容与学生心灵世界之间的关系状态，用心理学术语表达就是学科逻辑顺序与学生心理顺序之间的关系状态，影响着学科教学的存在状态与深度状况。在这里，学生与学科的关系状态又取决于学科教学内容与学生心灵世界的交融状况。当学科教学内容没能进入学生的心灵深处，与学生的兴趣、情感和思维发生实质性的联系，连学习都很难真正发生，当然就无法达到深度教学了。

第二，学科与学习的关系状态。学科与学习的关系状态涉及的问题实质是"学习学科的什么"，换言之，学科是学生学习的对象。但是，学生究竟应该学习学科的哪些，对于这个问题的回答与实践，便构成了学科与学习的关系状态。因此，学科与学习的关系状态取决于教师的学科理解方式及其水准，进而影响着教学本身的存在状态与深度状况。在这里，教学的深度状况标志着教师的学科理解水平和学生的学科学习水平。

第三，学生与学习的关系状态。学生与学习的关系状态涉及的问题实质是"持续学习何以可能"。任何教学关心的最基本问题是"学生学习的发生与维持"。

综上所述，学习是一个持续的过程，学习是一个建构的过程。只有引导学生持续的建构，才接近了学习的本质。反之，这种"学习"既不能让学生产生持续的变化，也难以对学生形成持久而深远的影响，而真正的学习就没有发生。在这里，学生持续建构的过程、方式与状况决定着学生与学习的关系状态，进而又在很大程度上决定着教学的存在状态与深度状况。

需要注意的是，学生与学科、学科与学习以及学生与学习三种关系及其所有因素在师生互动的背景与框架下，共同构成了学科课堂中的学习共同体。

正是这个学习共同体，合力影响着学科教学的存在状态和深度状况，并决定着学生学习与发展的最终状况。换言之，深度教学就是教师引导学生持续建构学科本质，促进学生意义理解和可持续发展的教学。因此，可以将深度教学描述为一个由心灵深处与学科本质的交互融合关系、学科本质与持续建构的相互依存和心灵深处与持续建构的互相支持关系三者有机结合而成，共同促进学生意义建构的活动结构。深入分析这个活动结构，可以帮助我们逐步揭示深度教学的基本性质、支持条件和实现机制。

（一）心灵深处与学科本质的交互整合

心灵深处与学科本质的交互整合反映的是深度教学在学生与学科方面的关系状态，这种关系状态受制于三个方面的因素：① 教师能否把握住学科教材的本质，这反映了教师的学科教材理解方式及其水准，并在很大程度上是制约学科教学深度的重要源头；② 教师能否把握住学生心灵的深处，这反映了教师对学生兴趣、情感和思维的把握状况，并决定着学生在课堂教学中是深度参与还是浅层参与；③ 教师能否把握住学科教材本质和学生心灵深处的联结处，这规定了学生心灵深处与学科教材本质之间是交互融合还是相互分离。

显然，如果教师无力把握住学科教材的本质，不能把握住学生深层的兴趣、情感和思维，教学就只能在表层、粗浅的水平上进行，因为它失去了深度教学的基础和前提。而在学生心灵深处与学科教材本质的关系方面，即使教师把握住了学科教材的本质和学生心灵的深处；但是如果学生心灵深处与学科教材本质相互分离，学科教材就难以进入学生深层的兴趣、情感和思维，学生也难以真正参与到学科本质的深度建构中，从而在很大程度上降低了学生学科学习的深度。此外，深度教学要求具备三个基本条件：① 教师转变自身的学科教材理解方式，提升自身的学科教材理解水准，能够全面、准确地把握学科教材的本质内涵；② 教师熟悉学生兴趣、情感和思维的需求及特点，能够走进学生的心灵世界，在学科教材中准确地找到学生兴趣的引发处、情感的共鸣处和思维的迸发处；③ 教师能够准确地找到学科教材本质与学生兴趣、情感、思维的联结处，并通过问题设计，实现学生心灵深处与学科教材本质的交互融合。

（二）学科本质与持续建构的相互依存

学科本质与持续建构的相互依存反映的是深度教学在学科与学习方面的关系状态。在一定程度上而言，深度教学就是引导学生不断建构学科本质的过程：一方面，学习是一种持续的建构过程。这种持续建构需要指向于学科的本质，以对学科本质的持续建构作为重要目标；另一方面，学科本质的学习需要一个持续的过程，需要一个持续建构的过程，反之才能对学生产生持久的影响，使学生产生持续的变化。正是在这种意义上，学科本质与持续建构的相互依存乃是深度教学的第二个存在状态。

从分析的角度，学科与学习的关系状态有三种情况：① 粗浅型。教师既没能把握住学科教材的本质，又没能为学生打开持续建构的学习过程。在这种情况下，无论是教学内容还是教学过程，都没有任何深度可言。② 分离型。教师能够把握住学科教材的本质，但又没有为学生打开持续建构的学习过程；或者，教师虽然试图为学生打开持续建构的学习过程，但自身对学科本质的把握却不到位。在这种情况下，深度教学只能在一定范围内非常有限地实现。③ 依存型。教师既能准确地把握住学科教材的本质，又为学生实际地打开了持续建构学科本质的学习过程。在这种情况下，深度教学能够在一定范围内比较完好地实现。因此，在学科与学习的关系层面，除了教师对学科教材本质内涵的把握之外，深度教学还需要具备一个基本条件：教师需要认识到学习的持续性与建构性本质，善于设计兼具顺序性与层次性的活动序列，引导学生对学科本质展开持续的建构。

（三）心灵深处与持续建构的互相支持

心灵深处与持续建构的相互支持反映的是深度教学在学生与学习方面的关系状态：一方面，学生对学科本质的持续建构需要触及学生心灵的深处，有赖于学生兴趣、情感和思维的实质性参与；另一方面，学生持续建构学科本质的学习过程反过来又会不断激发学生的兴趣、情感和思维，这里涉及两个问题：① 如何激发学生的兴趣、情感和思维以支持学生的不断建构；② 如何设计持续建构的学习活动以维持学生的兴趣、情感和思维。在实践中，前者有赖于学科问题的精妙设计，后者取决于学习活动的类型、序列与方式。

在学生与学习的关系层面，如果高校数学教师既没能激发学生的兴趣、情感和思维，又没能为学生设计持续建构的学习活动，这样的教学注定是没有多少深度的。如果高校数学教师激发出了学生的兴趣、情感和思维，但没有为学生设计持续建构的学习活动；或者教师为学生设计了持续建构的学习活动，但没有能够激发出学生的兴趣、情感和思维，而且这里的教学只能是在一定范围内具有比较有限的深度。只有当教师既激发出了学生的兴趣、情感和思维，又设计出了持续建构的学习活动以维持学生的兴趣、情感和思维，这样的教学才具有比较完好的深度。无论是学生兴趣、情感和思维的激发，还是促进学生持续建构的学习活动序列设计，其中都有赖于教师的引导。显然，在学生与学习的关系层面，深度教学需要具备两个基本条件：① 基于学科问题的学习活动序列设计；② 促进学生持续建构的学习引导。

三、高等数学课堂中深度教学模式的创新路径

（一）触及学生心灵深处的对话式教学

教育之道，道在心灵。但是，现行教学更多地专注于知识的堆积，而远离学生的心灵，学生因此缺乏情感的体验、智慧的刺激和生活的感悟，导致课堂缺乏活力。在这种情况下，教学毫无深度可言。换言之，深度教学不是远离学生心灵的教学，它一定是触及学生心灵深处的教学。因此，对话式教学才能触及学生心灵的深处，这就是深度教学的第二个教学模式：触及学生心灵深处的对话式教学。

1. 对话式教学的重要表现

教育是心灵的艺术，教学是心灵的启迪，教师是人类灵魂的工程师，凡是与教育有缘的人都熟悉这些名言和说法。在实际的教学中，学生"心灵沉睡"的现象不在少数，归纳起来大致有以下表现：

（1）"无心"现象。教师的教学与学生的心灵世界少有瓜葛，难以引起学生心灵的共鸣与回应，致使教师的教学与学生的心灵处于两相平行而很少相交。此时的课堂奔跑于学生的心灵之外，自然就会产生学生注意力涣散等现象。

（2）"走心"现象。教师的教学与学生的心灵世界有些关联，偶尔会引起学生心灵的共鸣与回应，但终究未能走进学生心灵的深处，引起学生的关注。此时的课堂止步于学生心灵的表层，很少触及学生深层的需要、兴趣、情感和思维，自然就会产生学生一笑而过、一时兴起而难以持续投入等现象。

（3）"偏心"现象。教师的教学单纯强调学生心灵的理性部分，很少关注学生心灵的情感、精神部分，教师的教学单纯强调学生的逻辑思维，很少关注学生的感知与体验、直觉与领悟，在这种情况下，课堂将学生心灵的理性部分置放在课堂的绝对位置，学生心灵世界中更具有生命本源意义的部分却被放逐在课堂之外。长此以往，教学非但不能建构学生的意义世界和生成学生的精神整体，反而会使学生的意义世界和精神人格不断陷入贫乏。

综上所述，一旦教学作出了唤醒学生心灵这个庄严的承诺，我们就该努力去践行之。

2. 对话式教学的问题设计

问题设计的情境主要涵盖了触发问题、唤醒问题和建构问题。从事物发

生的状态而言，问题情境的产生能触发学生、唤醒学生，并且让学生内心世界不断地得到建构和充实。在问题情境设计的基础上，和学生及时沟通能建立起教师和学生之间的心理桥梁，这种教学也被称为对话式教学，通过这种方式不仅可以让两者的思维不断地碰撞，也在构建着学生的内心世界。总而言之，对话式教学能在问题情境创立的基础上，达到很好的效果。

（1）学生心灵的触发器：问题情境。怎样的问题情境才能触及学生心灵的深处，基于大量的课堂范例，能够触及学生心灵深处的问题情境通常都能够引起和激发学生的注意力、好奇心、求知欲、探究欲和共鸣感等。具体而言，教师可以采用以下方法来创设尽量精妙精当的问题情境：

第一，以真实生意义。问题情境的创设需要从学生的生活实际出发，尽可能让学生在真实的问题情境中展开学习，使学生真正感受到自己是在学习有实际意义的知识，真正体会到知识与生活的密切联系。

第二，以新奇激兴趣。但凡新奇的事物都能激发人的兴趣，容易引起学生的好奇与思考。教师要善于捕捉课程教材中的新奇处，进而创设出尽量新奇的问题情境。

第三，以真切动真情。生动形象的场景和真情实感容易引发学生的情感体验和情感共鸣，产生以情动情的效果。教师在创设问题情境时要善于做到情真意切，用情感架起沟通交流的桥梁，从而促进学生的主动参与和情感投入。

第四，以困惑启思维。当学生遭遇困惑时，内心就会产生一种不平衡的心理状态。为了解除这种状态恢复心理上的平衡，学生便会产生深入探究的欲望和冲动。教师要善于通过问题情境创造困惑，使学生产生认知冲突。

第五，以追问促深究。但凡善于引导的教师，都善于在学生已有思考的基础上，借助巧妙的追问，促使学生循序渐进、由浅入深地建构和理解知识。

（2）触及学生心灵深处的教学途径：对话式教学。借助问题情境，教师便可以采用对话式教学，不断地触发、唤醒和建构高校学生的心灵世界。从操作上讲，数学教师可以根据教学实际，分别采取以下五种对话教学方式：

第一，问题沟通式，这种教学模式是让学生在课堂上发现问题，并且根据这个问题进行沟通讨论，并商讨出最后的解决办法。

第二，论题争论式，这种对话教学一般都要形成正反两个论题，由此让学生自己分为正反方，让高校学生通过辩论赛的形式真正地理解知识。

第三，角色互换式，这种教学模式重视学生对相应角色的互换，而体验不同角色可以让学生体验到沟通的重要性，最后学会相应的知识。

第四，结果分享式，这种教学模式主要在于让学生在完成数学课后作业的基础上，敢于分享自己的学习结果，达到分享的目的，让学生学会自我反思和团队协作。

第五，随机抽查式，这种教学模式能够让学生自发地、主动地从不同的角度，发现更多的数学问题，形成多种的学习方法，培养学生的合作交流能力，使其能够对学习的知识有深刻的印象。

（二）有效促进学生建构的阶梯式教学

1. 阶梯式教学的内在依据

"阶梯"的原意是指台阶和梯子，人们常常用以比喻向上、进步的凭借或途径。单纯依靠我们的经验就知道，阶梯所具有的基本特征便是它的层次性。借用到教学之中，所谓阶梯式教学，就是指教师基于学生学习与发展的现实水平，将教学活动整合设计成具有层次性的学习阶梯序列，以引导学生不断提升学习与发展水平的教学模式。

单从学生的思维建构过程来而言，当下课堂教学普遍存在三大问题：① 缺乏连续性，即强制性地中断学生的思维建构，致使学生的思维建构没能在一个连续、完整的过程中充分展开；② 缺乏纵深性，即不自觉地将学生的思维建构限定在一个水平线上，致使学生的思维建构没能向尽可能高深远的层次推进；③ 缺乏挑战性，即习惯性地低估了学生思维建构的能力和潜力，未能更有效地挑战和挖掘学生的学习与发展潜力。正是出于对这三大课堂教学问题的反思，我们才格外强调采取阶梯教学来实现课堂教学过程的连续性、纵深性与挑战性。提出和强调阶梯式教学具有以下三个方面的内在根据：

（1）知识的层次性。知识不仅具有经验性知识、概念性知识、方法性知识、思想性知识和价值性知识五种类型，而且每个知识在逻辑上还可以区分为经验水平、概念水平、方法水平、思想水平和价值水平五个层次。

（2）学习的层次性。古今中外的人们都确认了学习具有层次性这个基本认识，其中具有代表性的是美国心理学家加涅将学习从低级到高级分成信号学习、刺激反应学习、连锁学习、语言的联合学习、多重辨别学习、概念学习、原理学习和解决问题学习八类学习。美国心理学家布鲁姆则将认知领域的学习目标从低到高依次区分为知识、领会、运用、分析、综合和评价六级。苏联心理学家彼德罗夫斯基把学生分为反射学习与认知学习两大类，进而又把认知学习区分成感性学习与理性学习两大层次。基于学习的这种层次性，课堂教学应该将学生的学习从低级的水平不断提升到较为高级的水平。

（3）发展的层次性。苏联心理学家维果茨基的最近发展区理论将学生的发展区分为低级心理机能与高级心理机能两个层次。外部的物质活动是人的活动的最初形式，也是人的发展的最初形式。通过外部的物质活动，人获得的是最初的低级心理机能；通过内部的心理活动，人才能获得高级的心理机能。基于发展的这种层次性，课堂教学应该将学生的发展从现有水平不断提升到潜在的水平和可能的水平。

2. 阶梯式教学的理念与思想

基于知识、学习与发展所具有的层次性，可以从以下三个方面，提炼和归纳阶梯式教学背后所蕴含的理念与思想。

（1）知识即由知到识。按照一般的理解，知识是人们对事物的一切认识成果，这是一种广义的理解。从词源上讲，"知"作为动词是指知道，作为名词是指知道的事物。"知道"等同于晓得、了解之义。但在古人看来，所谓"知道"是通晓天地之道，深明人事之理，此所谓"闻一言以贯万物，谓之知道"。"识"包括辨认、识别等意思。如果说"知"主要是指认识层面的通晓世道和深明事理，那么"识"则将人的认识拓展到实践的层面，与人的分析判断与实际问题的解决密切相关。由此观之，"知识"不是简单的晓得、了解，唯有达到事物之深层道理的把握，并付诸实际问题的解决，方能叫作是知识。我们强调阶梯式教学，就是要引导高校学生超越知识的表层，去把握高校数学背后所蕴含的深刻道理，以穷其事理，尽其奥妙，最终使自己能做到慎思敏行，这就是阶梯式教学坚持的第一个观点：知识即由知到识。

（2）发展即不断进步。教学的最终目的乃是通过学习引导促进学生的发展。发展是事物不断前进的过程，是由小到大，由低到高，由旧到新的运动变化过程。回到高校数学课堂教学中，所谓发展就是促进学生由现实状态发展到更为理想的状态，由现实水平发展到更为高级的水平。结合维果茨基的最近发展区理论，可以将学生在课堂教学中的发展状态由低到高区分为三种水平：① 已有水平，即学生在不需要任何帮助和支持的情况下，自己已经具有和达到的发展水平；② 现实水平，即学生在他人的帮助和支持下，能够具有和达到的发展水平；③ 可能水平，即学生在自己已有水平和现实水平的基础上，通过挑战自己和充分调动自己的潜力而最终可能达到的发展水平。在此意义上讲，阶梯式教学就是要促进学生从已有水平不断地发展到可能水平，从而帮助学生不断地实现自我。这就是阶梯式教学坚持的第二个观点：发展即不断进步。

（3）教学即持续助推。教学，始终都要为学生的发展开路，始终都要走在学生发展的前面，始终都要给学生创造不断学习与发展的台阶，始终不断地帮助和推进学生的发展变化。作为学生学习与发展的助推者，教师始终要做的最重要的事情，便是给学生提供动力、提供机会、提供方法和提供支架，全力助推学生向更有深度的学习和更高水平的发展迈进。这就是阶梯式教学坚持的第三个观点：教学即持续助推。

3. 阶梯性教学活动的设计方法

（1）从学习过程到形成概率水平。从知识的五个层次可以看出学生学习的过程一般都是从概念的形成，慢慢地形成自己的思想，最后形成自己的知识结构、这是阶梯性活动设计的第一个思路：学习过程—形成概念—形成办法—形成思想—找到价值。

（2）从开始认识到悟性认识。我们可以根据学生的思想层次发展识出他们的认识发展都是要经过开始认识然后到悟性认识，最终构建自己的知识框架，这是阶梯性活动设计的第二个思路：开始认识—理性认识—悟性认识。最初，开始认识就是学生最开始只能看出事物的一些表面现象，对其只能达到最初步的认识。此外，学生通过对数学的学习，将没有关系的对象进行联系与结合，看出里面的相似点，对事物的规律现象能有进一步的认识。而理性认识就是学生可以看出事物的本质特征，而且已经有了自己的判断能力和认知能力。悟性认识就是学生在前面几个过程的历练中，可以有自己的思维模式和解决问题的办法。

（3）从个案学习到活化学习。根据范例教学论的基本观点，学生的知识学习需要经历一个从个别到一般、从具体到抽象、从客观世界到主观世界逐渐深化的过程。鉴于此，可以将教学过程分成四个环节：① 范例性地阐明"个"的阶段；② 范例性地阐明"类"的阶段；③ 范例性地掌握规律和范畴的阶段；④ 范例性地获得关于世界和生活经验的阶段，这就是阶梯性活动设计的第三个思路：个案学习—种类学习—普遍学习—活化学习。

（4）从独立学习到挑战学习。根据学生的发展状态，学生的发展需要经历一个从已有水平到现实水平，最后到可能水平的变化过程。相应地，可以将学生的课堂学习分为独立学习、协作学习、集体学习与挑战学习四个层次。这就是阶梯性活动设计的第四个思路：独立学习—协作学习—集体学习—挑战学习。

（三）深入学科教材本质的反思性教学

深度教学是引导学生深度建构学科教材的本质，唯有通过反思，学生才能真正把握学科教材的本质。这就是深度教学的第一个教学模式：深入学科教材本质的反思性教学。

在高校中，虽然教师都主要承担的是某一个学科的教学，但如果教师仅仅是将自己的任务理解为教材，就会导致：学生只是学了教材，却没能真正认识这门学科；学生只是学到了某些浅显的教材知识，却很少把握该门学科的精髓，长此以往，学生自然难以发展出良好的学科核心素养。改变这种状况的前提就是转变我们的教材观念：教师的教学任务不是教材，而是用教材教，教师用教材来教学生学习学科。鉴于学生学习时间和精力的有限性，教师的任务主要是用教材来引导学生把握学科的本质，其原因就是为了更好地解决时下人们普遍关注的话题——培育学生的学科核心素养。

无论是引导学生把握学科的本质，还是培育学生的学科核心素养，先应引导学生借助教材来学习学科，换言之，就是要引导学生着重从学科的以下五个要素来展开学习（图5-2）：

第一，对象—问题：包括高校数学在内的所有学科都有自己特定的研究对象和研究问题。例如，数学主要研究现实世界的数量关系和空间形式。而在各门学科内部的不同领域，又涉及具体的研究对象和研究问题。

第二，概念—理论：所有学科都有自己特定的概念系统与理论体系，具体表现为学科中的概念、原理、结构和模型等概念性知识。

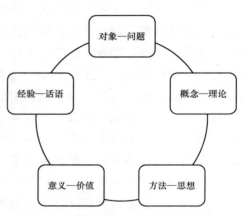

图5-2　引导学生从学科要素展开学习

第三，方法—思想：所有学科都蕴含有经典的思想方法，包括哲理性的思想方法、一般性的思想方法与具体性的思想方法。

第四，意义—价值：所有学科都有自己独特的意义与价值，具体表现为学科知识的作用与价值以及学科知识所蕴含的情感、态度与价值观。

第五，经验—话语：所有学科都有自己特定的经验形式与话语体系。对于高校学生而言，就是要掌握不同学科的基本活动经验、问题表征方式和语言表达特点。

1. 反思性教学的目标

从教学目标而言，深入学科教材本质的反思性教学旨在培育学生的学科核心素养。学科核心素养特指那些具有奠基性、普遍性与整合性的学科素养。其中，具有奠基性的学科素养是指那些不可替代和不可缺失，甚至是不可弥补的学科素养，如学科学习兴趣、学科思想方法等。具有普遍性的学科素养是指超越各个学科并贯穿于各个学科的学科素养，如思维品质、知识建构能力等。具有整合性的学科素养是指对那些更为具体的学科素养起着统摄和凝聚作用的学科素养。

从分析的意义上而言，学科核心素养的基本结构可以归纳为："四个层面"与"一个核心"。"四个层面"分别是：① 本源层，即对学生的学科学习最具有本源和发起意义的那些素养，主要表现为学科学习兴趣；② 建构层，即学生在学科学习中所具有的知识建构能力，主要表现为发现知识、理解知识和构造知识的能力；③ 运用层，即学生运用学科知识解决问题的能力，集中表现为实践能力与创新能力；④ 整合层，即学生在长期的学科学习中通过领悟、反思和总结，逐渐形成起来的具有广泛迁移作用的思想方法与价值精神。"一个核心"是指学科思维。正是依靠学科思维的统摄和整合，学科核心素养的所有四个层面及其各个要素才形成了有机的整体。

此外，与学科核心素养发展密切相关的主要有四个因素：① 学科活动经验；② 学科知识建构；③ 学科思想方法；④ 学科思维模式。其中，学科活动经验是学科核心素养发展的重要基础。离开学科活动经验，学科核心素养的发展便成为无源之水。知识建构能力不仅是影响学科核心素养发展的重要影响因素，而且它本身就是学科核心素养的组成部分。例如，作为高校数学学科的精髓，数学学科思想方法在一定程度上决定着学科核心素养的发展状况。学科思维模式是特定学科的从业者和学习者在分析问题与解决问题时普遍采用的思维框架和思维方式，它在学科核心素养发展中起着决定和整合的作用。

2. 反思性教学的方向

在教育意义上，"学科"是指高校的教学科目。在学科课堂中，教师的直接任务是引导学生学习学科。引导学生学习学科是引导学生学到学科中最有价值的知识。而在高校数学深度教学的视域中，其实质是要引导学生把握学科的本质，对于这个问题，可以从两个方面加以思考：① 研究对象。学科的研究对象决定着学科的本质。不同的学科有着不同的研究对象，不同学科的各个分支也有不同的研究对象。不同学科的不同研究对象决定了不同学科的研究过程、研究方法和研究结果的不同。具体而言，学科的研究对象就是学科的独特研究问题。因此，独特的研究问题决定着学科的本质。② 存在形态。学科的存在形态决定着学科的本质。任何学科都具有三个基本存在形态：知识形态、活动形态与组织形态。学科的知识形态主要表现为学科的核心知识，包括核心的概念、原理和理论等。学科的活动形态主要是指学科研究者发现知识和解决问题的活动样态，具体表现为学科的研究方法与研究手段。学科的组织形态主要是指学科知识的组织系统，常常表现为学科的基本结构。

3. 反思性教学的环节

反思总是去寻求那固定的、长住的、自身规定的、统摄特殊的普遍原则，这种普遍原则就是事物的本质的真理，不是感官所能把握的，这意味着，作为主体对自身经验进行反复思考以求把握其实质的思维活动，反思是引导学生把握学科教材本质的核心环节。

在汉语语境中，一般将反思理解为对自己的过去进行再思考以总结经验和吸取教训。在教学条件下，人们常常谈论的"反思性教学""反思性学习"都是将"反思"理解为经验的改造和优化。从源头上而言，"反思"乃是一个外来词，为近代西方哲学尤其是黑格尔哲学所常用。实际上，具有真正哲学意义的反思概念是随着近代西方哲学的发展而得以确立和清晰起来的。归纳起来，西方哲学中的反思概念大致包含以下五层含义。

（1）反思是一种纯粹思维。反思是一种纯粹的思维，即纯思。换言之，反思是一种以思想本身为对象和内容的思考，是对既有思想成果的思考，是关于思想的思想。

（2）反思是一种本质思维。反思是对自身本质的把握，这是反思的最重要含义。任何反思，都是力求通过现象把握本质，通过个别把握一般，通过有限把握无限，通过变化把握恒常，通过局部把握整体。

（3）反思是一种事后思维。后思主要先包含了哲学的原则，哲学的认识方式只是一种反思，意指跟随在事实后面的反复思考。可见，反思是一种事后和向后的思索与思考。

（4）反思是一种批判思维。反思一词含有反省、内省之意，是一种贯穿和体现批判精神的批判性思考。换言之，反思不仅内含批判精神，而且是批判的必要前提。简单地说，批判就是把思想、结论作为问题予以追究和审讯的思考方式。

（5）反思是一种辩证思维。真正彻底的反思思维不仅是纯粹思维、事后思维、本质思维和批判思维，而且必须是辩证思维。因为只有辩证思维，才是达到真正必然性的知识的反思。

回到教学领域，我们可以从五个维度来理解高校数学深度教学中学生的反思：① 反思的目的。反思不是简单的回忆、回顾，其目的主要是把握高校数学学科本质，进而不断优化和改进自身的知识结构、思维模式与经验体系。② 反思的方向。作为事后思维，反思一定是向后面的思维、反回去的思维，是学生对自己已有思考过程及其结果的反复思考。③ 反思的对象。学生反思的对象不是实际的事物和活动，也不是直观的感性经验。反思是学生对自己思考的思考，是学生对自己已获知识的思考，是学生对自己已获数学知识的前提与根据、逻辑与方法、意义与价值等方面的思考。④ 反思的方式。反思的本质含义决定了反思的基本方式是反省思维、本质思维、批判思维与辩证思维。⑤ 反思的层次。反思不是初思，而是再思、三思、反复思考。如果说初思有可能还停留于感性的认识水平，那么反思则是通过反复思考达到了理性的认识水平。

4. 反思性教学的模式

引导学生把握学科本质的教学模式是反思性教学，这里的反思性教学不是教师发展意义上的反思性教学，而是学生发展意义上的反思性教学。换言之，学生发展意义上的反思性教学是指学生在教师引导下通过反思思维，把握高校数学学科教材本质进而优化和改造自身知识结构、思维模式与经验体系的教学形态。教师要从目标、内容、过程、方式与水平五个维度，确立反思性教学的基本实践框架。

（1）反思性教学的目标。反思性教学的目标即把握高校数学学科本质。反思性教学的目标是引导学生透过现象把握本质，透过局部把握整体，透过事实把握意义。换言之，引导学生把握高校数学学科教材的本质和学科知识的意义。

（2）反思性教学的内容。知识的过程、方法与结果，这种教学模式是让学生学会对自己的知识进行理解和不断反思。反思性教学涵盖的内容有：① 对学到的知识看作一种过程进行反思，主要是学生要学会在获取知识的过程中进行反思；② 将所学的知识看作是一种结论进行反思，其中包括逻辑思维和行为方法、价值观念等方面；三是将所学数学知识看成是一个问题进行反思，让学生学会质疑和批判。

（3）反思性教学的方式。反思性教学的方式其中包括了四个不同的思维方式：反省思维、本质思维、批评思维和辩证思维，这四种思维模式循序渐进地引导学生，从而达到反思性教学的目的。反省思维其实就是让学生在学习的过程中找到一些办法，并对这些方法进行反省，从而得出一些心得体会，最终提高学习效率。本质思维就是教会学生通过现象看清事物的本质。在高等数学课堂教学实践中，教师应该将知识的缘由作为重点，其次就是事物的本质、学习数学的方法、各学科与数学之间的知识联系等，让学生看到数学学科的本质和知识核心，最终能让学生真正地掌握知识。批评思维就是让学生敢于质疑，这样一来能让学生具有一定的批评精神，从而激发出内心的创新精神。辩证思维的出发点就是整体与发展的观点，学生要学会用这一观点来看待问题，能看到事物的发展性，也能看出事物的对立性，辩证地看待事物，既能看到好的方面，也能看到不好的方面。

（4）反思性教学的经过。反思性教学的经过即从矛盾到重建。在高等数学课堂教学实践中，反思性教学会创造问题的环境，从而给学生造成疑惑的感觉，这样会有认知的矛盾，所以学生就会努力去做到知识平衡，最后回归到教材，重建自己的知识结构。

（5）反思性教学的水平。从回顾到批判，根据学生反思的水平，可以将反思性教学区分为回顾、归纳、追究与批判四个层次。其中，在回顾水平上，反思性教学只是引导学生对自己知识的过程、方法与结果进行回忆。这种水平的反思性教学在实践中比较多见，一个典型的表现就是教师只是让学生对自己学习的得失进行反思。在归纳水平上，反思性教学引导学生对先前知识的过程、方法与结果进行梳理与归纳，但此时的知识还主要停留于经验水平和概念水平。在追究水平上，反思性教学引导学生对知识的产生与来源、事物的本质与规律、学科的方法与思想、知识的作用与价值等方面进行反复地探求与追寻。在批判水平上，反思性教学引导学生将自己已获得的知识作为问题加以质疑和拷问，其着眼点在于提升学生的问题意识、批判精神与创新能力。

第三节　高等数学课堂教学中的双导双学教学模式

一、高等数学课堂教学中双导双学教学模式概述

"双导"，即教师在课堂教学中充分发挥主导作用，引导学生明确学习目标，在学习目标的引领下，指导学生掌握一定的学习方法，达到教学的有效直至高效。在本教学模式的实施中，教师需做两件事：第一，"双导"。导标：指导学生明确学习目标；导法：指导学生掌握学习方法。第二，加强良好习惯的培养，建设优良的班风、学风，对学生进行"核心素养"中"必备品格"的培育。

"双学"，即学生在教师"双导"（即导标、导法）的引领下，在课堂中运

用相应的学习方法，直指目标，充分自主学习，达成目标，学会学习，形成良好的学习习惯。在本教学模式的实施中，学生也需做两件事：第一，"双学"。自主学习：直指目标，自主学习，达成目标；学会学习：运用方法，掌握方法，学会学习。第二，形成良好习惯、良好品格，助推学习成功。适度的小组合作学习训练渗透其中。

"双导双学"课堂教学模式是基于教师"双导"、学生"双学"的课堂教学模式，在课堂教学中充分发挥学生的主动性，通过教师的"导标""导法"，学生通过直指目标的"自主学习"，达到学会；通过掌握学习方法，达到"会学"，从而达到培养学生"学会学习"的学科核心素养的课堂教学模式。

"双导双学"教学模式以教学目标的达成为主线，以教师引导学生实践为过程，以学生达成学习目标和学会学习为取向，从而增强课堂教学的针对性，实现学生学习的自主性，落实教师的主导性，提高课堂教学的实效性，保证学生学习能力的培育，使之在未来学习、终身学习中的可持续发展。教师"双导"与学生"双学"在教学过程中紧密交融，构成"师—生""生—师""生—生"多元互动的开放系统，形成一个完整的学习网状结构，师生成为一个有效互动的学习共同体。

（一）双导双学教学模式的背景

双导双学课堂教学模式研究的提出，基于两大背景：一是解决课堂教学中存在的不足；二是顺应培育学生核心素养的时代要求。

1. 解决课堂教学存在的问题

随着教育教学改革的深入，教师的教学理念不断更新。但是，高校数学课堂教学仍然存在一些不足，许多问题必须解决但长期以来没有得到解决，或者一直解决不好。

（1）针对学生被动学习的问题。在一些课堂教学中，学生的主体地位还未得到真正确立，主体作用没能得到充分发挥。学生的学习主动性差，学习积极性较低。日复一日，学哪些内容、学这些内容的依据、怎样学习这些内容、要达到哪些要求等，学生是模糊的，其结果就是学生在学习中依赖教师，当没有老师布置学习任务的时候，学生就无所适从。这不利于学生的后续学习和终身持续发展。因此，创建"双导双学"教学模式的研究，意在通过课题研究，通过在教学实践中对学生的引导，培养学生独立学习的能力。具体而言，就是达到学生学习某个学科课程无须老师教，就知道自己该学习哪些内容，采用哪些方法学习，达到怎样目标等。

（2）针对教师目标不明确的问题。在教学实践中，存在两个不足：一是部分教师教学目标意识薄弱，课堂教学没有明确、集中的教学目标，导致教学针对性差；二是没有明确的教学目标，造成有的老师在课堂教学中随意性大。

2. 符合培育学生核心素养的时代要求

学生发展核心素养，主要是指学生应具备的，能够适应终身发展和社会发展需要的必备品格和关键能力。核心素养是关于学生知识、技能、情感、态度、价值观等多方面的综合表现；是每一名学生获得成功、适应个人终身发展和社会发展都需要的、不可或缺的共同素养；其发展是一个终身持续的过程。双导双学教学模式突出学生的主体作用，符合培育学生核心素养的时代要求。

（二）双导双学教学模式的教学问题

第一，双导双学教学模式解决"教什么""学什么"的问题。课堂教学有效，直至高效优质，必须先解决教师教什么、学生学什么的问题。本模式直指教学目标，选取教学内容，因而解决了"教什么""学什么"的问题。

第二，双导双学教学模式解决"怎样教""怎样学"的问题。本模式从教与学统一的视角，着力解决"怎么教""怎么学"的问题，那就是教师主导：导标导法，优化课堂；学生主体：自主实践，学会学习。

第三，双导双学教学模式解决"教得怎样""学得怎样"的问题优质课堂，必须解决"教得怎样""学得怎样"的问题，那就是达成目标——学会。目标是否达成，是评价教学效果的依据。本模式直指这一教学关键问题的解决。

第四，双导双学教学模式解决"教是为了不需要教"的问题。教师的教是为了以后学生不需要教，这就要培养学生自主学习的能力——会学。

以上问题的解决，直面当前教学中的真问题，具有很强的针对性和极大的现实意义。

（三）双导双学教学模式的教学原则

第一，目标指向原则。课堂教学必须以目标为导向，始终指向学习目标，不能游离于目标，更不能偏离目标。换言之，教学全过程的各个教学板块的实施，是达成目标的重要组成部分，为达成目标服务。

第二，因材施教原则。所谓因材施教，是根据高校学生年龄段特点（主要是学生的知识水平与接受能力），既落实上述教学思想，遵循模式框架，又灵活操作。如一课时中有几个教学目标的，低年级可以一个目标达成后，再进行第二个目标；高年级则可以在学生扣住目标自学后，再集中检测达标情况。

第三，师生互动原则。"达成目标"和"掌握方法"是双导双学模式的两个关键概念：一要做到"师生"互动，教师把引导目标和指点方法贯穿学生学习的全过程，学生在充分的学习实践活动中，始终瞄准目标学习，运用恰当的方法学习；二要落实"生生"互动，在学生充分自主学习的前提下，要组织学生有效地进行合作学习，在交流中互相启发，甚至"生教生"，智慧共享，共同进步。

第四，能力为重原则。教师的最终目标是让学生学会学习。在高校数学学科的教学中，落实让学生"知道学的内容""知道怎样学"，形成学习能力，并把这种能力迁移到课外，在没有老师指点引导的情形下也能自学，逐步实现无须老师教也能学习的理想境界，是本模式的追求。在实施本教学模式时，一定要做到教师逐步放手。例如，"教师引导学习目标"的环节，开始的一两周，教师引导为主，然后就要注重与学生互动研讨，逐步培养学生能够根据教材特点、教学内容，确定学习目标，选择学习方法的能力。

第五，反馈矫正原则。反馈矫正有两个方面的内容：一是本节课的学习内容学生是否学会，是否达成目标，这要通过多种形式，及时地当堂检测加以验证，并进行及时的矫正、补救；二是本节课主要的学习方法学生是否掌握，要做到适时点拨，强化总结。

（四）双导双学教学模式的操作环节

第一环节：教师"引导学习目标"，学生"明确学习目标"时间5分钟以内。① 辅助环节：或创设情境，或开门见山，引出新课，板书课题。时间1分钟左右。② 根据教学内容，师生合作互动，明确学习目标（开始的一两周时间，教师为主；然后逐步放手，引导学生主动明确目标）。时间3分钟左右。

第二环节：教师"引导学习，点拨方法"，学生"自主学习，运用方法"。时间约15分钟。① 根据制订的学习目标，教师点拨主要的学习方法。时间2分钟左右。② 学生运用方法，开始自主学习。时间8分钟左右。③ 学生小组合作学习：主要是交流自主学习的成果，然后推选代表全班交流。时间5分钟左右。

第三环节：教师"检测目标，强化方法"，学生"达成目标，掌握方法"。时间约20分钟。① 教师组织各小组全班交流，进行相机的点拨、更正、完善。时间5分钟左右。② 检测达标情况。检测的方式分口头（如数学展示思维过程的口述等）与书面（各种书面作业）。及时反馈，对不达标的知识点、能力点进行补救；对错误之处进行矫正。时间12分钟左右。③ 学生回顾本节课的学习收获，师生共同总结学习方法。时间3分钟左右。

二、高等数学课堂教学中双导双学教学模式的创新实施

（一）数学概念课型"双导双学"教学模式

数学概念课型"双导双学"教学模式具体见表5-3。

表5-3　数学概念课型"双导双学"教学模式

教师的活动	学生的活动	环节用时与操作的注意事项
（1）引导数学学习目标：创设情境、复习旧知，使学生感知教学目标，为提出数学问题创造条件。导入新课	（1）明确学习目标：在生活经验或者旧知的引导下，感知学习目标，能够根据具体的教学内容，提出（或由教师提出）数学问题，衔接新知	① 环节用时：5分钟以内 ② 操作注意：明确目标可由教师提出，也可以充分让学生自主定目标，教师把关
（2）教师引导学生学习并点拨方法： ① 把教学目标转化为数学问题，引导学生围绕数学问题独立探究或小组合作学习 ② 教师巡视指导，依据自身的教学经验，估计或发现学生存在或可能存在的错误 ③ 组织学生汇报学习	（2）自主学习，运用方法： ① 围绕数学问题，运用方法，自主学习或小组合作学习 ② 在独立探究之后，全班交流，师生互动，生生互动	① 环节用时：10分钟以内 ② 操作注意： a. 动手操作，让学生在活动中探索 b. 小组合作学习，讨论交流汇报，让学生参与形成概念的分析、比较、抽象、概括等思维活动，理解概念 c. 掌握概念，形成技能
（3）质疑问难，归纳小结：围绕目标重点、难点，质疑问难，引导学生理解目标、掌握方法	（3）理解概念，掌握知识：从概念的发生、发展经历学习过程，并达到理解的水平	① 环节用时：20分钟以内 ② 操作注意： a.多种形式强化数学概念的巩固 b.达成目标，掌握学习方法
（4）运用知识，巩固练习，围绕目标设计练习：模仿练习、变式练习、综合练习、解决问题	（4）运用数学知识，巩固练习：在练习经历由简单到复杂的过程中，达到熟练或比较熟练的学习水平，建立新的认知结构	① 环节用时：5分钟以内 ② 操作注意： a. 运用知识和学习方法，达成目标 b. 与易混易错知识反复对比区分，让知识得以内化

（二）数学计算课型"双导双学"教学模式

数学计算课型"双导双学"教学模式见表5-4。

表5-4　数学计算课型"双导双学"教学模式

教师的活动	学生的活动	环节用时与操作的注意事项
（1）围绕数学教学目标，提出问题：创设情境，通过教材的主题图或生活问题，围绕目标，提出数学问题，引出新知	（1）明确数学学习目标：在生活经验或主题图的导向下，感知学习目标，提出数学问题（也可以由教师提出）	① 环节用时：5分钟以内 ② 操作注意：明确目标可由教师提出，也可以充分让学生自主定目标，教师把关
（2）独立探究学习，掌握算法：教师要勇敢地推出，要求学生在已有知识和教学情境的作用下独立探究学习	（2）自主学习，运用方法：以复习内容为基础、独立计算、掌握或基本掌握计算方法	① 环节用时：10分钟以内 ② 操作注意：学生尝试，教师点拨学习方法，让学生明确领会算法

续表

教师的活动	学生的活动	环节用时与操作的注意事项
（3）质疑问难，理解算理：教师针对学生在汇报中反映的计算的难点和容易出错的问题，提出质疑，引导学生不仅要掌握算法，还要理解算理，归纳计算方法	（3）达成目标，掌握方法围绕重点，突破难点，学生小组交流、全班交流，使学习达到理解的水平	① 环节用时：10 分钟以内 ② 操作注意： a. 让学生自主学习，探究算法的最优化 b. 注重探索算法、算理的同时，还应注意算法多样化与最优化的统一
（4）运用知识，巩固练习，围绕目标设计练习：模仿练习、变式练习、综合练习	（4）运用知识，巩固练习：在练习经历由简单到复杂的过程中，达到熟练或比较熟练的学习水平，建立新的认知结构	① 环节用时：15 分钟以内 ② 操作注意： a. 学生做到作业当堂完成 b. 教师总结方法，充分让学生自主总结 c. 掌握这一目标后，计算的准确度和速度这一目标的达成要根据本节课内容难易再定

（三）数学解决问题课型“双导双学”教学模式

数学解决问题课型“双导双学”教学模式见表 5-5。

表 5-5　数学解决问题课型“双导双学”教学模式

教师的活动	学生的活动	环节用时与操作的注意事项
（1）引出数学学习目标： ① 创设情境，复习旧知提出问题 ② 围绕问题，导入新课，揭示课题	（1）明确学习目标： ① 在情境和复习中初步感知学习目标 ② 在问题的导向下，目标定向，解决学什么	① 环节用时：5 分钟以内 ② 操作注意： a. 教师和学生共同提出目标 b. 明确目标由“扶”到“放”，模式实施起始阶段教师充分主导，逐步过渡到充分由学生自主确定目标，教师协助把关
（2）独立探究或小组合作学习：以问题为线索，要求学生独立解决问题，并在探究学习的过程中掌握解决问题的基本方法	（2）独立探究或小组合作学习：能够在已有知识的基础上，运用恰当的方法，通过自己或小组合作解决问题或基本解决问题	① 环节用时：15 分钟以内 ② 操作注意： a. 教师点拨，学生自主学习 b. 小组合作，交流探究解决问题的基本方法，鼓励解决问题策略的多样化 c. 教师根据具体情况点拨学习方法
（3）质疑问难，掌握方法：教师组织学生汇报、交流，在交流中就问题的结构和思路两个方面提出质疑，引导学生理解思路，在释疑的前提下掌握方法	（3）明晰思路，掌握方法：以综合法和分析法为解决问题的基本方法，明确通过题设（条件）可以解决什么问题；通过结论（问题）知道需要什么条件，掌握常用的数量关系	① 环节用时：10 分钟以内 ② 操作注意： a. 学生汇报，在交流中引导学生理清思路，掌握学习方法 b. 掌握常用的数量关系，总结方法，解决问题 c. 探究方法的最优化
（4）运用知识，巩固练习，围绕目标设计练习：模仿练习、变式练习、综合练习、解决问题	（4）运用知识，巩固练习：在练习经历由简单到复杂的过程中，达到熟练或比较熟练的学习水平，建立新的认知结构	① 环节用时：10 分钟以内 ② 操作注意： a. 回顾与反思，运用学习方法 b. 练习由易到难，熟练合理地运用方法

第四节　高等数学课堂教学中的
高效课堂教学模式

一、高效课堂教学模式的理论分析

（一）教学实践论

教学实践论是在自然主义经验论的基础上提出的，教学实践的特殊性主要表现在三个方面：一是学生的实践活动是以认识客观世界、形成系统知识为目的的，属于认识性实践；二是学生的这种实践活动是在教师的指导下进行的，可以少走弯路，这也是学生学习实践与成人生活实践的区别；三是教学是一种简约化的实践活动，具有较高的活动效率。在中国新课程改革过程中，实践的作用得到重视。

1. 教学实践论的注意事项

（1）应当避免教学实践论与教师的教学实践混为一谈。我们所探讨的教学实践论，是对教学过程本质的探讨，是研究学生获得知识与发展的过程与途径，而教师的教学实践特指教师的教学工作，是对教师教学工作实施的研究，如教师的教学实践机智、教师实践智慧等命题都不包含在教学实践论的研究范畴之中。

（2）学生在实践中获得直接经验与学习间接经验的关系处理。教学实践论倡导学生通过亲身实践来获得体验，但不意味着学生的学习全部以直接经验获取为途径，间接经验的学习是学生掌握大量科学文化知识和技能的便捷途径，只是在学生获得间接经验的时候应当关注学生内化这些知识的手段，注重以实践的、活动的方式让学生的学习变成可以感知的过程，而不是机械接受的过程。

2. 教学实践论以"学生为中心"

（1）教学实践论尊重学生的主体地位。学生是课程教学实践的主体，无论是教师还是新媒体设备都只能起到辅助作用。因此，在数学课堂教学中，为了体现学生的主观能动性，必须增加课堂实践环节，让学生主动发现问题、解决问题。

（2）尊重学生个体差异，因材施教。教学实践论虽然将学生作为课堂学习主体，然而每个学生对知识吸收能力和逻辑思维能力各不相同，因此，在具体的课堂实践中难免会出现知识理解能力高低不一的情况。面对此种情况，教师除了要更改教学方式之外，还要重点关注学生的日常生活，通过对其生活体验的观察，因材施教。

（3）教学实践论关注学生在生活中获得实践经验。对学生而言，其所有的实践课程体验主要来自课堂教学，只有一小部分与自己日常生活相关，然而，丰富的生活经验或多或少会对教师教学产生影响，所以教师在课堂情景实践教学中，可借助创设生活情境的方式，引导学生思考问题，解决问题，让教学实践更加生活化、日常化，学生也容易理解课堂教学的含义。

（二）交往教学论

1. 交往教学论的观点解读

交往教学认为教学要建立在师生亲密友好交往基础上的一种教学论主张。教学形式中师生交流方式应该是平等的、多元化的，双方都可以就一个观点各抒己见，让学生有表达的自由，这样一来课堂教学才能有成果，教学目标才有成效。

交往教学强调的是教师与学生平等相处，注重爱心教育，要经常利用课间参加班级活动，这样既可以和学生交朋友，进行情感交流，也可以用自己的知识辅助答疑，寓教于乐。视学生需要，激发其学习兴趣。课堂教学中，教师并非绝对的权威，每一个学生都可以发表自己的观点、看法，师生之间互相交流，共同提升课堂教学成果。学生也在一次次的互助学习中，逐渐提升自己的思想水平。此外，交往教学同样应用于学生之间，没有成绩优劣的优生、差生，只有平等互助，共同提升学习成绩。

强调学生在课堂上的主人翁精神。课堂上要充分调动学生自主学习的积极性，教师要围绕着学生展开教学，在教学过程中，自始至终让学生唱主角，要强调凡能由学生提出的问题，不要由教师提出；凡能由学生解的例题，不要由教师解答。使学生变被动学习为主动学习，让学生成为学习的主人，教师成为学生学习的领路人。师生之间互相尊重，共同探索课堂教学的意义。

交往教学论认为交往具有永恒性。教学中无时不存在着交往，交往贯穿于师生学习活动的始终。在数学课堂教学中，师生之间的言语表达是交往的主要表现形式，而除言语之外的神情、体态等也被视作是交往的一种存在形式。非言语交往同样能够传递有效的信息，师生之间眼神、手势等的交往能更真切体现出师生之间交往的默契。如果学生在课堂上出现沉默，教师也应当将之视为一种交往中的信息传递，是学生思想状态、注意力分布问题的表达，可能表达着学生对交往内容的好恶态度，教师应当及时调整交往策略，提出更有意义与吸引力的交往主题，改变学生的交往状态。

交往具有整体性。不同于传统的数学课堂教学提问的对话形式，交往教学中的交往不是教师与个别学生的单独对话，而是强调交往的整体性，即交往是教师与学生、学生与学生、教师与文本、学生与文本之间的多维度的交往。

总而言之，在实际数学课堂教学中，教师如果采用交往教学方式就应当注意：重视教学中的合作关系，教师与学生没有主次之分，而是学习中的合作者。在传统教学中，教师把握着课堂的主要话语权，在其有目的的引导下，学生跟随教师的思维完成学习任务。

2. 交往教学论的过程环节

在数学课堂教学中要实现交往的目的，就应当有完整的交往教学流程，具体涉及以下环节：

（1）设计目标。交往教学是一种上课形式，教学目标是课堂教学的最终目的。基于教学目标，才能有的放矢地进行交往教学，而不是课堂上盲目讨论。高等数学课堂教学目标的设立应该遵循学科本身的特质，针对学生目前的学习水平、教学质量进行设计。由于在交往教学中存在多个不可控因素，需要在教学中强调发现学习、探究学习、研究学习和自主学习。对学生实施素质教育，培养其自主意识和自主学习能力，将是我国现代教育和未来教育的重要内容和目标。

（2）教学预案。交往教学的前提是课堂情境设置，需要教师为学生营造一个活泼轻松的愉悦氛围，通过情境教学，给学生布置学习任务。因此，不同环境下的情境设置需要教师在课下仔细钻研。

（3）合作探究。交往教学中要想营造良好的沟通氛围，就需要学生们的合作探究。学生能否积极主动地参与课堂教学活动，是决定学生学习成败的重要因素，这就要求高校教师改革原有的教学模式，促进学生小组间互助学习，使所有参与者为了实现全组的目标共同努力。通过学习小组成员相互依赖、相互沟通、相互合作，共同解决问题，这才是交流教学最大的成功。

（4）评价反馈。为了能够保证教学交往的有效实现，评价反馈是不可或缺的环节，包括对学生交往表现的评价、教师地位作用的评价、交往实现程度的评价、交往氛围的评价等方面，只有认真地评价与反馈才能为下次交往提供修改的意见，确保教学交往能够在课堂内实现其内容、形式等的充分展现，并能够达到预定交往目标。

3. 交往教学论的注意事项

（1）交往教学的适切性。应当注意交往教学对于不同学科、不同内容、不同年龄段学生的适切性问题，不能盲目使用交往教学模式。在学生学习的过程中有些内容可以通过交往教学模式使学生获得良好的发展，例如，关于高校数学理解的知识和关于思维技能的训练等，交往教学可以使学生形成深刻的印象与独特理解，掌握思维的方法；而有些概念性知识和事实性知识如果使用交往教学不当则会使学生产生混淆。因为交往教学不提倡在交往终了盲目作出决定，如果学生的交往没有形成一致的意见将会影响学生对概念的理解与获得。

（2）交往教学的时机把握。交往教学存在很多优势，但教师需要根据学生的情况对是否使用或在哪些水平的问题上使用交往教学模式作出判断，教师应当先对学生的交往给予指导，等学生能够很好地理解交往的本质及方式的时候再逐步深化对交往教学模式的使用。

（3）交往教学过程中教师作用的发挥。在交往教学中，可能由于学生的基础或个性问题出现不能主动参与交往的情况，尤其是在学生数量较多的课堂中，教师比较难以关注到每个学生，使某些学生得不到应有的发展，因此对学生参与状态的调整就是教师重要作用的体现。此外，教师应当能够获取关键信息，对交往过程是否偏离了主题而作出判断，并能够引导学生围绕主题进行交往。

综上所述，其中不免有重叠的观点，也会有相互包含的特点，如教学实践论中包含着建构主义的思想，教学认识论中包含着交往理论的思想等，这是因为在各个理论形成与发展的过程中积极地从当时最为先进的哲学、心理学等学科中汲取有益成分，最终完成了其理论框架。虽然各个理论强调的重点不同，但在理论基础相通的情况下，就难免出现相近的理论主张。当然如果仔细推敲，有些内容仅可称为教学思想或流派，这些教学理论是教学论学者依据不同的理论基础提出的，对数学课堂教学有着重要的指导意义，对本国乃至世界各国的教育、教学都有着深远的影响。我们不能简单评述哪种理论更好，因为它们在不同时期、不同条件下都对课堂教学起到了积极的指导作用，并在相当程度上对学生的发展起到了促进作用，并且各个理论的教学主张都有其有意义的内容，至于其不足与缺憾也会在教学实践中逐步显露并得到修正。此外，这些教学理论、教学思想或流派并不是完全独立的，它们之中有些内容是相互包含、相互支撑的，因此各个观点不是对立关系，只是强调的重点不同。因此，我们也不必强调哪种理论更好，在学习及使用这些教学理论的时候，我们应当与教学实践相结合，针对高校数学学科、内容以及学习主体结合不同的教学理论指导教学实践。

4. 交往教学论以"学生为中心"

交往教学更看重学生的主体地位，所以在课堂教学中充分尊重学生的话语权，教师只起到引导作用。与传统的教学相比，交往教学更容易激发学生的学习兴趣，让学生在轻松、愉悦的环境下掌握课堂知识。此外，交往教学课堂情境设计中，将学生放在主导地位，学生要在教师的引导下，发挥主观能动性，积极表达对课题的思考。通过小组合作学习达到互相促进、互相学习、共同提高的目的。针对我国传统的课堂教学一向忽视生生交往的情况来看，交往教学可能不能立刻达到教学预期效果，但能让学生在合作学习过程中，形成自我思考，从而掌握新的思维方式，不断扩展自己的大脑知识库。

二、高效课堂教学模式的有效设计

（一）数学教学的活动设计

数学活动是学生经历数学化过程的活动，是学生自己建构数学知识的活动，它直接支撑并贯穿于数学教学的整个过程，其有效性决定了数学课堂教学的有效性。

1. 情境性数学教学活动设计

（1）情境性活动要尽可能贴近学生的生活实际，关注学生的生活世界，重视学生的亲身体验，让学生真切地体会到数学来源于生活，数学就在我们身边，从而对数学产生亲切感。

（2）情境性活动要为本节课的教学内容服务，为达成教学目标奠定基础。

（3）情境性活动要蕴含明确的数学问题，便于让学生经历和体会数学学习中"问题情境—建立模型—解释应用—拓展"的过程，强化数学应用与建模意识，提高发现问题、提出问题、分析问题和解决问题的能力。

（4）情境性活动可以适当借助一些现代教育技术手段辅助进行。在情境性活动中，都可以采用现代教育技术手段模拟呈现情境，促进师生之间的交流、合作，为学生提供更多动手、动脑的机会，充分挖掘学生的潜能，展示学生的创新能力。

（5）情境性活动的设计要注意把握度。情境性活动是教学的"土壤"，是教学的种子赖以生存的环境，但教学的种子也不能一直埋在深处，经过一定的发展，教学的种子要生根、发芽，冲出土壤的环境向空中生长，汲取必需的养分。因此，教学的种子埋在情境性活动的"土壤"中的深度非常重要。过分追求情境性活动，会淡化数学内容的正当性教学，导致缺乏数学的深度和广度，甚至忽略对数学的一些本质问题的教学；反之，不重视情境性活动的教学设计，会使教学的种子在贫瘠的土壤中生长，缺乏丰富的养分。

（6）情境性活动的设计要注意多样化。不同的内容、不同的时机、不同的对象采用不同的情境性活动方式，让学生不再对数学下"枯燥、抽象、单调、难学"的定义。

2. 认识性数学教学活动的设计

在高等数学课堂教学活动中，很多学习活动本质是认识活动，即学习数学概念，如几何对象、数学概念等，形成数量关系、概念认识、符号意识和发展空间观念。认识性活动能够为后期学习奠定基础，积累学习知识和活动经验。教师要采取合理的策略设计数学活动，让学生的经历更加丰富，使学生认知实现从具体到抽象、从感性到理性、从现象到本质的提升。

（1）认识性数学教学活动的原则。在认识性数学活动中，要特别遵循三个原则：一是现实性原则，利用感性材料将学生现有的知识和经验结合起来设计活动，培养学生的"数学现实"；二是科学性原则，从数学的本质出发，教师采用数学表达的方式让学生理解数学概念，寻找新概念和旧概念之间的联系，建立两者的关系，培养学生透过现象看本质的认识；三是应用性原则，学生在实践应用中学习知识，夯实基础，有利于今后数学水平的提升。

除此之外，教师要培养学生实现两个条件来认识数学：① 学生要具有归纳和概括能力，找出不同事物或者事件的共同特征；② 学生要有辨别的能力，能够找到概念之间的相同或者不同的标志，这有利于学生对概念进行分类和区分。上述两个条件是对学生从事认知数学活动的要求，学生只有具备基本学习能力才能进行数学认知活动。教师在教学过程中，主要起到点拨和引导的作用，建立数学活动情境，组织学生有序地开展活动，调动学生的积极性，让学生学习更多的数学知识。

（2）认识性数学教学活动的步骤与策略。数学中的认识性活动有多种对象，包括数学概念、几何对象、数理关系等。下面以概念形成过程为例，分析认识性数学活动设计的一般步骤和策略。

第一，创设情境，形成表象——"变化"图示。认识性数学活动其实就是情境性活动的一种，情境性活动能够将学生已有的认知经验激发出来。所以，高校教师应该先建立合适的活动情境，激发学生已有的认知经验，这样就能够保证学生在熟悉的场景中认识数学对象，有利于学生的学习。教师可以通过游戏活动、物品展示、提问问题、趣味故事和手动操作的方式来建立活动场景，同时，教师引导学生在活动中认识数学对象，学生实现了初步学习的目的。

第二，抽象特征，初步理解——"固化"表征。概念教学的第一步是提出概念，帮助学生从感性认识到理性认识，建立科学的概念。教师引导学生建立感性认识的同时，还要进一步对概念进行解读，将概念的抽象特征传递给学生，上一步是让学生在大脑中形成概念的表象，这一步则让学生学习概念的特征。

第三，突出关键，解决问题——"深化"探究。在第一步的学习中，学生能够认识和了解概念。但是，这种认识是浅表的，片面的，学生对概念的理解缺乏准确性，无法掌握概念的关键因素和本质内容。教师要从正反两个方面设置问题，让学生在解决问题中，加深对概念的理解，掌握概念的重点和难点，让学生更全面、更深刻、更准确地理解概念。

第四，实践应用，巩固理解——"强化"认知。概念的理解从本质上说是一种心理活动。学生初步学习概念后，还要对概念进行由浅入深、透过现象看本质、由浅入深和去粗取精的深入学习，对概念进行加工、概括和深化的学习。教师可以设计一些实践活动加深对概念的理解，或者设计一些问题，让学生在思考和解答过程中加深对概念的认知。

高校教师要按照程序设计认识性数学活动，即由表及里，从现象到本质，由抽象到具体，从感性到理性，从理解认识到实践应用的逻辑过程，要按照学生认识事物的规律开展教学。教师要将数学本质和高层次的数学思维渗入到认识性数学活动中，也就是教师要重视数学的本质。

3. 探究性数学教学活动设计

探究性数学教学活动设计需注意以下方面：

（1）找准探究问题。问题是探究的出发点，没有问题，探究活动无从谈起，没有价值或没有思考力度的问题也无法实施探究过程，开展的活动难以诱发和激起学生的探究欲。因此，找准探究问题对设计探究活动至关重要。寻找探究问题要站在学生的思维角度进行，预计数学活动中可能会出现的思维"拐点"，造成学生悬而未决但又必须解决的问题点。

（2）探究的针对性。找准探究问题是探究的起点，按照这个起点，要围绕学习主题和学习过程开展有针对性的系列的探究活动，设计探究性数学活动要预设探究线路和预料多种情形，总体上把握探究的方向。针对所要完成的教学目标，不同的探究活动完成的目标有所不同，教学设计要制定不同的计划，采用相应的过程和方法。

（3）探究的真实性。开展探究的问题必须是学生真实遇到的数学或生活中的问题，而不是脱离学生实际或超出思维水平的问题，或者纯粹是学术上的抽象问题。只有这样，学生才能以自然的、积极的状态投入探究过程。在探究的过程中暴露教师和学生真实的思维过程，保护学生的思考和展示的积极性。

（4）方式的多样性。数学的探究活动应该保持思维活动的开放性，鼓励学生从多角度探究问题，因此，在设计探究活动时应考虑以多种方式进行，以此激发学生学习的主观能动性，引发学生积极分析和思考，让他们能够主动地从探究的一个阶段过渡到另一个阶段，从一种方法联想到另一种方法，这样可以慢慢打开学生广阔的思维空间，促进学生自主探究。

（二）数学教学的问题改编设计

数学问题是指数学上要求回答或解释的疑问。广义的数学问题是指在数量关系和空间形式中出现的困难和矛盾；狭义的数学问题则是已经明显地表示出来的题目，用命题的形式加以表述，包括求解类、证明类、设计类、评价类等问题教学中的数学问题一般是指狭义的数学问题，有时简称数学题，是结论已知的题目，具有接受性、封闭性和确定性等特征。

1. 数学问题改编的主要方式

从问题的内容和结构角度，解决或证明数学问题是一个包含两个子系统的体系：问题条件系统和问题结论系统。因此，对数学问题的适应主要涉及两种基本方法：改变条件和改变结论。问题条件系统包含三个基本元素：一是元素限定；二是构件模型；三是结构关联。其中，元素限定是指问题条件系统的组成部分；构件模型是指问题条件系统中的组件部分；结构关联是指各个组件之间呈现出的不同关系。

问题结论系统包括三个要素：一是考察对象；二是设问层次；三是呈现方式。其中，考察对象是指在整个问题结论系统中的特定主题。设问层次是指对于一个问题或者多个问题采取设问的方式进行。呈现方式是指问题所求结论的要求和表达方法，例如，判断或对于题目要求的计算和解决方案等，可以将其分为公开性（包括半公开性）和非公开性两种类型。

2. 数学问题改编的具体要求

数学问题更容易改编，但要想改编好也不简单。必须注意问题的科学性、典型性、相关性、可变性和创新性，并且必须考虑许多因素和要求。

（1）从典型问题进行改编。数学问题的改编围绕着目标传达了教学意图，因此在改编时，应强调主题内容，并应注意材料的选择。数学问题的改编应通过关注重点或难点的内容来确定改编的必要性并确保改编问题的价值，从而突出教育的核心任务。另外，由于教科书中的样本问题和习题是经过反复研究的典型问题，因此，有必要从高校数学教科书中的样本问题和习题中得出适合改编的原始问题。使用教科书样本问题和练习作为原始问题之后，再结合历年来的考试和竞赛中的情况进行改编。

（2）改编需要符合学生的学习情况。改编后的数学问题最终还是由学生来解决的，因此，在改编问题的过程中，始终要以学生为改编问题的出发点，并综合考虑学生的学习情况和水平后进行改编。因此，改编的数学问题必须与学生的条件相匹配，并且在改编内容、改编方法、改编难度、改编程度等方面都应适当。根据教师的学习要求和教学目的进行调整。如果不需要改编，则无须进行调整。

（3）改编来自变化。高校数学问题除了包含"定量关系"以外，还包含"空间形式"，并且这两者都存在一定程度的可变性。只要能够识别和转换原始问题的可变因素，就可以创建出不同类型的改编问题。这些改编问题都来源于原始问题中的某一个因素。因此，改编具有可变性。

（4）改编问题应考虑全面。改编数学问题是一个周到细致的思考过程。在改编过程中，有必要反复深究各种情况，以确保思想的严谨性、改编内容的科学性。在整个改编过程中，需要注意六个方面：① 内容是否基于大纲。改编后的问题应该符合课程标准和教科书要求，不能出现过于奇怪或困难的问题。② 数据是否足够准确。适当改编后的问题应该数据准确且没有常识或科学错误。③ 逻辑是否严格和全面。改编后的问题里面出现的逻辑关系都应该是正确合理的，如果出现分类情况，就要做到不重复不遗漏。④ 表达是否简洁，易于理解。改编后的问题应尽可能简洁。⑤ 情况是否有效。改编问题中包含的情境信息应与现实和理由相一致。⑥ 答案是否正确。改编后的问题应该与学生的学习内容相一致，在解决改编后的问题时，应该有正确、没有争议的答案。

（5）改编贵在创新。改编问题与原本问题相比，要求蕴含某些新意，具有一定的创新性，并且创新性也正是改编题的魅力所在。改编问题的创新之处就在于改编处，其要求不仅仅是形式新，还有内容新，尤其是在解题方法上要有不同程度的丰富与创新。因此，改编问题与原本问题相比往往具有形式新、内容新、解法新等特点。形式新包括问题的情境新、结构新、表述新等；内容新主要体现在改编后的问题条件系统和结论系统的更新变化，包括元素限定、构件模型、结构关联、考察对象、设问层次、呈现方式等的变化；解法新是因为内容的变化可能致使问题解决的方法发生变化。

（三）数学教学的习题设计

高校数学有效教学是一个复杂的系统工程，涉及的因素比较多，其中习题教育是进行有效学习的有力保证。所以，只有将课堂练习这一环节设计好，数学教学才会有效果。数学习题设计要根据学生的学习能力和学习情况，在选材、难度、数量、层次和练习目的等方面要按照一定的原则进行设计，同时有的题目还要多元化，如一题多变、一题多问、一题多解和多题一解等。

1. 数学习题设计的主要原则

数学习题有效设计要遵循五项原则，即明确性原则、就近性原则、适当性原则、适中性原则和层次性原则。

（1）明确性原则。练习的目的很明确，是为了让学生掌握新的知识、巩固基础、提升解题技巧、进一步提高学生的数学能力，这样能够了解学生的学习效果，及时发现教学中存在的问题。课堂练习不是教学的"程式"，不能因为别人练习了，自己也要练习，练习不能成为束缚学生的工具。所以教师进行课堂练习设计时，必须严格遵守明确性原则，要以学生的实际情况为基础，学生通过练习实现巩固和掌握知识的目的，还要将习题的教育和评价功能发挥出来。

（2）就近性原则。在设计数学习题时要以课本内容为基础，深入挖掘课本知识，选择课本中的精华部分，不能放弃课本而舍近求远。根据学生的真实水平和练习需求对课本的习题进行取舍，不能照搬照抄，也不能将课本中的题目全部舍去，选出来的题目要能够帮助学生巩固和掌握知识，提升其学习能力和培养学习技巧。对于简单、烦琐、重难点的题目要注重取舍，或者将题目进行适当的修改。选择课本的习题能够让学生重视课本的内容，掌握基础知识，知道知识的"根"在哪里，学生通过深入挖掘课本能够提升自己的学习能力和学习水平。

（3）适当性原则。数学教师要根据学生的整体情况合理地设计习题，不能过于追求做题速度，应合理规划，让学生充分思考解决问题，所以，通过练习能够达到熟练的目的，但是题目数量设置要合理。

（4）适中性原则。适中性原则指要从学生的学习水平出发，题目难易程度的设计要与学生的水平相适应。题目过难，过于烦琐，甚至超纲，学生不但不会提升学习成绩和学习能力，还可能慢慢地否定自己，对学习也失去了兴趣，甚至选择了放弃。如果题目过于容易，学生会认为做题非常无聊，毫无挑战性，习题无法吸引学生学习，使学生缺乏学习的积极性和主动性，更无法实现通过做题来巩固和掌握知识的目的，无法培养学生的学习能力和学习技巧，学生的创新能力更无从谈起。所以要控制好习题的难易程度，要与学生的学习能力和水平相适应。

（5）层次性原则。层次性原则是根据学生的特点，采用多层次的方式来设计习题，以满足不同层次学生的学习需求。所以，习题要分为基础类习题、发展类习题和拔高类习题，这样就能够满足不同层次学生的学习需求。有的习题包括了多个问题，这些问题要以由易到难的递进形式来设计，同时每个习题之间还要有联系。

2. 数学习题设计的具体要求

重点题型的数学题目能让学生发现问题的核心要点，掌握了方法以后就能独自解决问题，教师应该在学生解决问题的过程中进行指导。教师应尽可能多地利用教科书中的练习题，做到"一个问题包含多个问题""一个问题包含多个解决方案""一个问题有多种变化"和"一个问题包含多个解"，这是数学习题设计的要求。

（1）一个问题包含多个问题。在设计练习时，我们通常从同一主题开始，并引发多个问题，形成一组互相关联的问题，以加强高校学生对新知识或新方法的掌握。"一个问题包含多个问题"有助于培养学生多方向思考的能力。

（2）一个问题包含多个解决方案。具有相同基本内容的问题会以多个面孔出现，学生需要具备一眼看透问题本质的能力和独立思考的能力，并在练习中提高学生的数学视野。"一个问题包含多个解决方案"是问题解决角度的集中表现，也是多方向思考的基本形式。

（3）一个问题有多种变化。"一个问题有多种变化"是多方向思考的基本形式。在教学实践中，出题人同时兼顾了命题角度和解决角度两个方面，以便学生可以进行横向联想并发现规律，它把问题解决变成了一个整体，使学生能够通过灵活创造来真正学习解决问题的"方法"。

（4）一个问题包含多个解。数学中有许多问题具有开放性的特征，这些问题不是只有一种解法。要想提高学生的数学能力，使其掌握数学知识点，就要通过多做题来达成。"一个问题包含多个解"是说在实践设计中要考虑解决方案的多样性。学生们在一个非线性情境中，通过开放式非线性思维去思考和解决问题，有助于学生发展创新性思维技能。"一个问题包含多个解"是这样的一个形式：命题角度集中，而解决方案却是多方向的。设计"一个问题包含多个解"的练习题对学生的思维空间有提升作用，有助于激发学生的学习潜力，调动学生的积极性，并为教师提供了总结和改进方法的良好资源。

（四）数学教学的试题创新设计

唐代诗人王昌龄在《诗格》中指出："诗有三境：一曰物境；二曰情境；三曰意境。"物境获形，情境得情，意境取真，三境依次递进，物境是最低层，情境次之，意境为最高层。类似地，对于试题设计的创新策略而言，题有三意：一为题意；二为立意；三为创意。题意主要是指题的含义，即"告诉学生什么"，包括题的内容、题的表述、题的背景、题的求解等；立意是题意的主旨，即"考查学生什么"，是试题的考查意图；创意是评价题的新颖性和创造性，即"认为怎样"，"意"中，题意为表，立意为核，创意为魂，三者类别分明、层次清楚。数学试题的设计要着重考虑这三者。数学试题设计的基本要求在于知识，根本立意在于能力，魅力元素在于创新。对于高校数学试题，常常会设计一些具有创新性的问题来考查学生对数学问题的理解、观察、探究、猜测、抽象、概括、证明、表述的能力和创新意识，有助于真正实施素质教育和创新教育。

1. 数学教学的生活化设计

数学源于生活，也还原于生活。我们可以在生活中提取一些适用于高校数学的生活素材，将生活中某些问题数学化，或是将高校数学中要测试的问题赋予生活背景，让学生用数学的思维解决实际生活中的问题，提高问题解决意识和实践能力，体现了"生活中有数学"的理念。实际生活中提取素材的来源非常广泛，主要包括以下几个方面。

（1）日常事件：将测试的内容和贴近学生生活的日常事件结合起来。如学业测试、选课问题、灯笼制作问题、新种子发芽问题、学校知识竞赛等各种日常事件。

（2）科技活动：将要测试的数学知识与数学能力和科技活动结合起来。

（3）焦点和热点：将要测试的内容和近期国际国内的焦点、热点问题结合起来。

（4）体育竞赛：将要测试的数学知识与数学能力和体育竞赛活动结合起来。

（5）商业活动：将要测试的数学知识与数学能力和商业活动结合起来。

2. 自主定义型的创新设计

自主定义型创新问题是指要求学生通过特定的数学关系提炼一些信息，并基于定义的信息来解决问题。此信息通常包括新概念、新计算、新属性、新规则等。由于"超常规"的思维意识和"不同教科书"中知识的形式，它具有一定程度的创新和自主权。试题的技能水平应该在课程大纲的要求之内和高校生通常具备的认知技能之内。在设计这些问题的过程中，它们所基于的数学关系或数学模型通常具有"原型"，该原型存在于学生所学的数学知识中或未学到的数学知识中。使用这些"原型"可以直接定义新信息，也可以通过对设计问题的概括、推导来定义新信息。

3. 操作实验型的模拟设计

操作实验型创新问题是指通过动态变形方法（如折叠、切割、堆叠、拆卸和透视等）去研究几何特性或数量关系，从而获得的新对象或图形，这种类型的问题可以分为三种类型：观察类型、验证类型、探索类型，这种问题的完成受条件而不是实际完成条件的限制，因此它是模拟化的。因此，设计方法也应该采用模拟方法，其类型包括折叠、切割、堆叠、透视等。

4. 认知评估型的开放设计

认知评估型创新问题要求学生使用学到的知识来确定他们对概念、定律和模型理解的正确性，评估数学问题推理过程的合理性或根据他们的要求编写示例。例如，通过提升、猜测、设计的方式来获得对数学问题正确的认识和理解。在这其中，最大的特点是开放性，因此，这类问题应该采用开放性策略。

上述讨论的关于数学问题的创新设计策略可以混合使用，这也仅仅只是所有设计中的一部分，还不够完善。实际上，测试题的设计通常要结合多种策略，这是一种知识、能力和智慧的结晶呈现。

三、高效课堂教学模式的有效策略

（一）善于引导学生有效思考的策略

高校数学课堂应充满智慧，智慧的数学课堂应表现出学生"积极思考"的状态。学生"积极思考"的状态是衡量高效课堂的一个重要指标。积极思考是学习数学的重要方式之一，积极思考作为内隐的心理活动，是指学生围绕问题的解决过程主动地开展思维活动的过程，属于元认知体验范畴；而作为外显的行为表现来看，又是一种主动参与的学习方式和学习状态，它是促进课堂有效教学行为发生的着力点，对推动教学进程发挥动力作用。因此，数学教师在教学中要善于引导学生积极思考。

高校教师引导学生积极思考的关键在于要在教学过程中利用好引起学生积极思考的"触发点"，这里所谓的"触发点"，是指引发、触动思考的"开关"或"契机"，也是开启和维持思维活动的动力机制。就课堂教学进程而言，"触发点"的产生有多个不同的来源，并在各个教学环节中发挥着关键作用，如图 5-3 所示。六个"触发点"形成的结构是课堂教学系统的一个层面，也是一个开放的子系统。又因为数学教学过程实质上是数学问题解决的认知过程所以积极思考的过程始终附着于问题的解决过程，则"触发点"形成的逻辑线索符合教学过程中的问题线。教师若能把握好引起学生积极思考的"触发点"，就能在有限的时空里开展无限的思维活动，并以此扩充数学课堂的知识广度、思想深度和智能厚度，从而实现高效教学。

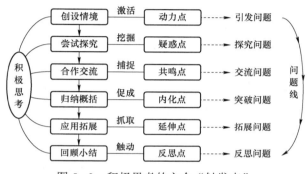

图 5-3　积极思考的六个"触发点"

1. 创设情境——激活动力点

情境认知理论认为，任何数学知识都是与情境相关的，换言之，要将数学知识的教与学置于一个情境脉络之中，这是知识本性所决定的。因此，学生的积极思考应根植于一定的情境土壤，思考的动力来源与情境土壤的营养成分密切相关。有价值的教学情境应该是在生动的情境中蕴含着一些有思考力度的数学问题，即能让学生"触景生思"，这是评价数学情境是否有效的核心要素。但是，有价值、有营养的教学情境未必能引起学生积极思考的兴趣。如果高校教师善于创设突出生活性、新奇性、趣味性或挑战性等特点的教学情境，这种情境就会激活学生思考的"动力点"，对问题产生思考的动力，思维与情境就容易达成无缝衔接。

2. 尝试探究——挖掘疑惑点

数学探究是学生围绕某个数学问题，自主探究、学习的过程，这个过程包括观察分析数学事实，提出有意义的数学问题，猜测、探求适当的数学结论和规律，给出解释或证明。整个过程就是学生积极思考的活动载体，学生积极思考的目标指向就是自主突破问题疑难，使问题得以解决。在这个过程中，学生产生疑惑的心理是很正常的现象，并且还会伴生释疑解难的心理倾向。在这种心理倾向下，学生往往会围绕问题通过积极思考尝试经历从未知到已知、从困惑到明朗、从不会到学会的认知体验过程。在对问题的尝试探究中，疑惑的心理现象主要发生在数学知识发生发展的生长点和衔接点、数学思想方法的转折点、数学思维的症结点等处。对于这些生长点、衔接点、转折点和症结点处所发生的疑惑点，教师不仅不能忽视，还要挖掘并暴露出来，以此有效激发学生的问题意识和求知欲，形成积极思考的内在动力。

3. 合作交流——捕捉共鸣点

课堂中的合作交流突破了个体为中心的学习界域，是对话教学的体现形式之一，并且它是以对话为精神的教学，是对话主体从各自的理解出发，以语言文字等为媒介，以沟通为方式，以意义的生成为实践旨趣，促进主体取得更大的视界融合的一种活动，合作交流展现的是民主、平等的师生关系，营造的是无拘无束的内心敞亮和积极主动的互动交往氛围。在和谐的师生关系和积极主动的互动交往氛围中，能有效激活和呵护学生积极思考的意识。

4. 归纳概括——促成内化点

学习是学习者在头脑中应用已有认知结构来内化新知识的过程，已有的认知结构在心理学中称为"认知内化点"学生在数学学习中，利用内化点中原有的概念、定理、公式等旧知识通过思维活动去固化与之有联系的新知识，并相互作用的过程就是知识的内化过程。内化的结果一方面是对新知识形成理解，获得知识的心理意义；另一方面是原有认知结构将新知识纳入其中，自身得以改造与重组，形成新的认知结构。学生对知识的内化过程无疑是一个复杂的过程。在该过程中，学生会将新知识的上位知识和下位知识与新知识在头脑中进行统整，使其成为畅通的知识网络或板块，最终实现知识的全方位理解。而要达到这一点，教师或学生要将材料（如例题、习题等）蕴含的离散信息进行归纳概括，变成已掌握知识相关联的有序内化点。

5. 应用拓展——抓取延伸点

当高校学生对所学知识达到一定的理解程度时，教师要适时引导学生进行横向延拓或纵向探索，即学生对新学知识在横向上与已学知识建立广泛联系，在纵向上加强思维的量度和深度，使得他们对新知的理解更为透彻，便于在头脑中形成新的认知网络结构。在高校数学课堂中，引导学生对新知进行横向延拓或纵向探索往往在应用拓展环节，并且是有梯度地逐步推进。在这一环节中蕴含有学生积极思考的"触发点"。而触发学生积极思考的方式经常是采用变式延伸，即将某一个可变式的问题，围绕新学知识进行衍变，延伸出多个新问题，以此巩固或提升对知识的认知，我们把这种可变式的问题称为"延伸点"。教师要善于抓取"延伸点"拓展出新问题来激发学生积极思考。

6. 回顾小结——触动反思点

反思是思维的一种形式，是个体在头脑中对问题进行反复、严肃、执着的沉思，这种沉思是一个能动的、审慎的认知加工过程。所以反思可以看作是一种高级认知活动，是一种特殊的问题解决。反思也是思考的另一种表达形式，反思就是思考。在高校数学课堂小结中，让学生进行回顾性反思，经过"能动的、审慎的"的认知加工过程有利于对知识、方法等学习内容的深层次理解，升华学习内容，将学习进程推向高潮。但是，要保障反思的有序性和有效性，需要教师以问题为导线，触动学生的"反思点"，以此触发学生的积极思考。事实上，数学课堂教学进程中能引起学生积极思考的"触发点"远不只有上面列出的六个，并且不同教师引导的方式各有不同。要引导学生积极思考，最重要的是教师要随时关注学生、灵活地调控课堂，不拘泥于程序化教学，以积极思考的意识营造积极思考的氛围，以积极思考的方式拓展智能灵动的生态空间。

（二）科学引导学生有效解题的策略

1. "双向"策略

（1）动静转换。动和静是表现事物状态的两个侧面，它们相比较而存在，依情况而转化，动中有静，静中寓动在数学解题中，我们常常用"动"与"静"的双向转换策略来处理数量或形态问题。用动态的观点来处理静态的问题谓之"动中求静"。

（2）分合更替。分与合是任何事物构成的辩证形式之一。在数学解题中，我们常常将求解问题分割或分解成多个较小的且易于解决的问题，这体现了由大化小、由整体化为部分、由一般化为特殊的解决问题的方法，其研究方向基本是"分"，但在逐一解决小问题之后，还必须把它们总合在一起，这又是"合"，这就是分类讨论和整合的思想策略。有时也反过来，把求解的问题纳入较大的合成问题中，寓分于合、以合求分，使原问题迎刃而解。

（3）进退互化。顺势推进是人们认识事物或解决问题的自然过程。但是，这种过程有时不是平坦的，并不能直达目的，这时往往采用迂回策略，即以退求进，或先进后退才能达到目的，这种进退互化的迂回策略正是解决问题的一种重要的辩证思维。

（4）正反辅助。从条件出发，借助已知模型或方法进行正面的、顺向的思考是我们解决高校题的常用思路，然而，事物往往是互为因果的，具有双向性和可逆性的特征。如果正向思维受阻，那么"顺难则逆，直难则曲，正难则反"，顺向推导有困难就逆向推导，直接证明有困难就逆向证明，正面求解有困难就反向逆找，探求问题的可能性有困难就探求不可能性，等式证明从左到右不顺利就从右到左。在具体应用中，分析法、逆推法、反证法、同一法、举反例、常量与变量的换位、公式的逆用、补集思想解题的技巧等都体现了逆向思考。

（5）高低相映。数学解题中，当遇到不熟悉的问题情境或是复杂的模型而不易着力时，我们常常将之进行拔高或降低，使之与我们熟悉的研究对象建立联系，通过"以低映高"或"以高看低"来研究原问题，这是一种以转换的方式来间接解决问题的重要策略。其常见的做法是高维与低维（立体、平面问题的转化）、高阶与低阶（组合恒等式的变换）、高次与低次（等式两边的平方、开方的转换）的转化。

（6）放缩搭配。当数学问题中出现不等关系时，往往要用不等式的性质和一些结论来解决问题，其中放缩法是一种重要的工具。放缩法是一种有意识地对相关的数或者式子的取值进行放大或缩小的方法。放缩法按照不等式的方向有放大和缩小的情况。利用不等式的传递性放缩时，对照目标进行合情合理的放大和缩小，在使用放缩法证题时要注意放和缩的"度"，否则就不能同向传递了。放缩法具有非常灵活的技巧，有时，同一个问题中既要采用放大的方法，也要采用缩小的方法，两者注意搭配使用。

2."多想少算"策略

（1）巧用定理，直奔主题。在某些高校数学问题求解中，恰当使用一些定理或重要结论往往能简化运算步骤，甚至能直接得出结论，收到意想不到的效果。

（2）数形结合，相得益彰。数形结合是重要的数学思想方法，应用非常广泛。在解高校题时，面对抽象的问题或较复杂的表述时，要考虑是否能将"数"的问题用"形"来直观表达，或是将"形"的呈现用"数"来刻画，以此借助数与形的各自优势辅助解题。

（3）特值代换，事半功倍。特殊蕴含一般，故一般可由特殊加以检测。特值代换是"多想少算"的常用策略。在求解数学问题时，通过代入关键性的特殊值对问题进行探索，可以考虑在特殊条件下的结论是否成立。

（4）极限分析，直透本质。在对一些动态性问题的求解中，结合极限思想来分析问题的动态情况，更能把握问题中某些变量"变"的规律和某些变量中存在的不变关系，从而直透问题的本质。采用极限分析策略有利于加深对问题的理解、寻找解题思路、发现问题结论和优化解题方法。

（5）语义转化，变向求解。语义转化策略类似于翻译，将一种数学语言形式翻译成另一种数学语言形式或由一种形式意义翻译成另一种形式意义，是转化与化归思想的一种体现形式。在高校数学解题中，根据问题的条件进行语义转化可以激活问题的背景空间，将问题的求解通过更为熟悉的模型而变向求解。数形结合思想方法的应用本质上是对同一数学对象进行代数释意与几何释意的互补。

（6）换元消元，化繁为简。面对多元问题或具有复杂结构的变元问题，为了简化结构和便于运算，经常考虑先对问题中的变元进行换元或消元处理。

第六章　基于翻转课堂的
高等数学教学模式研究

"翻转课堂"是一种新兴的教学模式，已经在国内外取得显著的效果，将翻转课堂应用于高等数学，能够为其教学改革与创新提供一种新思路。本章重点探讨、分析高等数学教学中翻转课堂教学模式、高等数学翻转课堂教学模式下的分层教学、高等数学翻转课堂教学模式的设计与实践、基于思维导图辅助的高等数学翻转课堂教学模式。

第一节　高等数学教学中翻转课堂
教学模式分析

一、翻转课堂教学模式的认知

（一）翻转课堂的产生背景

1. 信息化时代不断发展

随着信息技术的不断发展，它对人们的影响也深入社会的各个方面。高校教学想要实现自身的改革与发展，也必须搭乘信息技术的东风，提高课堂效率，实现个性化学习，从而逐步提高学生的合作能力。随着社会的进步，人类的科技更为发达，空间技术、电子计算机技术以及原子能技术等的发展促使人类的生产与管理活动更加先进，第三次科技革命的发展使得信息技术获得了飞速发展，并且对社会产生了极为深远的影响。

当前社会处于数字化以及信息化时代的转型时期，新技术的发展也给各行各业带来了新的发展机遇，在当前时代，教育领域应该重新审视教育的模式以及方法，并应该将新技术运用到教学中，让教学发挥出更大的实效性，处于信息化的潮流中，教育的目标之一必然包含着让人们拥有获取信息、分析信息、处理信息的能力。在不同的教育方面以及环节，信息技术都会对其产生颠覆性的影响，当前的信息技术不仅仅改变了学生们学习的习惯，并且也将会逐步改变学校教育的模式，所以，当前的学校也应该及时转变教育理念，积极探索信息革命下教育变革的方法与方向。

2. 亟须变革的教育实际

在网络技术发展的背景下，人类社会显然已经步入了信息化时代，在当下，人们不仅仅需要具备专业技能，还应该拥有一定的信息化能力，如应该掌握各种信息技术，并且能学会处理各种突发状况；应该拥有自己独特的想法，而不是随波逐流；应该积极学习新的事物，而不是故步自封等。因此，当前教育的目标与以往相比显得更为丰富了，也更加重视个人的成长。

3. 求知创新的社会需要

社会的生活节奏较快，并且对每个个体都提出了更高的要求，在当前时代，人们要快节奏地学习各种新鲜的事物，并且也需要做一个积极的求知者，因为无论是谁要想不被社会淘汰都应该保持随时学习的能力，这样才能适应瞬息万变的社会发展，去应对未来的不确定性。人们需要紧跟时代的步伐，在新的社会背景下重新审视自己的工作与生活，当前社会所需要的不仅仅是具有知识与技能的人才，还对人才的学习能力、发展潜力以及创新能力等提出了更高的要求，这就促使教师重新审视教育问题，怎样去培养学生，才能让学生获得更好的发展。

4. 学生存在差异化需求

不同的学生个体之间都是独特的，并且都存在着差异，这些差异主要表现在以下几个方面。

（1）认知差异。认知方式又被称为认知风格，是学生在组织以及加工信息的过程中所表现出来的个体差异，其实质是个体在感知、思维、记忆等认知过程中所表现出来的不同的态度与方式。例如，部分学生喜欢在安静的环境中去学习，但是对于有些学生而言，那些嘈杂的环境也并不影响他们的学习进度；有些学生拥有极强的逻辑思维能力，但是有些学生却擅长形象思维，学生的认知风格是各有差异的。

（2）学习风格差异。学习风格是不同的学生在学习过程中喜欢并习惯了的学习方式，代表的是不同学生学习策略以及倾向的总和。不同学生的学习方式是不同的，学习风格并没有好与坏的区分，和智力也没有多大的关系，不能单纯地去定义学得快的就一定好，学得慢的就一定不好。对于不同学习风格的学生，他们对知识点的掌握也是有差异的。在传统的课堂上，部分学生并没有足够的时间去吸收课上的知识，但是知识的内化显然是需要一段时间的，如果给那些学得慢的学生足够的时间去消化所学的知识，他们或许会拥有更加牢固和长久的记忆。

（3）学习动机差异。学习动机也属于一种非智力影响因素，包含学习的兴趣、学习的意志力等，能够起到维持和激发学生学习的作用，学习动机并不会对学生的认知过程有直接的影响，但是会间接地增强学生的学习效果。例如，有些学生拥有较强的学习意志力，能够在一段较长的时间内保持良好的学习状态，所以在教学的过程中，教师应该关注不同学生学习的非智力因素，根据学生的差异，制定出不同的学习目标，让学生获得个性化的支持与指导。不同的学生个体都存在独特的认知方式，这些特质结合在一起就构成了不同的学生个体，在这个重视个性的时代，教师就应该善于发现学生的个性，并让其得到最大限度的发展。

（二）翻转课堂的主要范式

梳理当今世界上的翻转课堂模式，可以大致归纳出以下四种典型范式。

第一，可汗学院类型。可汗学院对翻转课堂的实体实践是通过和美国加州洛斯拉图斯学区进行合作来完成的，并综合了很多受学生喜爱的教学视频以及课堂练习。在实践过程中最为突出的特色在于，由可汗学院所研发的课堂练习系统对学生的问题细节把握得非常快速和到位，从而可以帮助学生及时地获得教师的引导和指正，而且学习机制融入了一定的游戏化特征，将勋章奖励给学习较好的学生。

第二，河畔联合学区类型。翻转课堂在美国加州河畔联合学区的实践实现了数字化互动教材的高效利用，这一数字化互动教材系统里含括包罗万象的视频资料，如图片、视频、文本、声音等，而且还具备了交流功能、笔记功能和共享功能，这与需要教师自备视频和教学材料的翻转课堂比较起来还是具有非常大的优势的，主要体现在实现了教学材料的高效共享，并帮助教师节省了制作教学视频和材料的时间，而且对学生的吸引力也更大。

第三，哈佛学校类型。哈佛学校类型即将翻转学习方式和同伴教学方式进行结合，这一模式的突出特征在于：将听播客、看视频、阅读文章等步骤都放在课前进行，让学生可以积极地调动自己原有的知识体系进行新问题的思考，并做好充分的课前准备；之后将不明确、不清楚的问题进行归集和反映；然后学生可以通过社交网站来提出自己的疑问，教师在收到问题反馈后要及时地进行整理和归纳，并在此基础上进行课堂学习资料的选择和进行教学设计，对于学生已经掌握的知识点可以忽略。课堂中可以利用苏格拉底式的教学方法，让学生将自己所遇到的问题和疑难点提出来，通过小组协商合作来进行回答或者是对其他同学的疑问进行解答等，而在这个过程中，教师则需要针对小组协作无法解决的问题进行解惑作答。

第四，斯坦福学校类型。斯坦福学校中一些研究人员对翻转课堂进行了反复的实践和验证，若只是将讲座视频生硬地放到教学视频中的话，那么这与传统的教学模式也并无两样。所以，他们在不断尝试和探索中，研制出了一个新的功能即将小测验放置在教学视频中，教学视频播放 15 分钟左右，就需要学生进行一个小测试，这样就能有效地把握学生的学习情况了，同时还将社交媒体置于了实验中，以便学生相互之间的交流和提问。经过大量的实践发现，这个实验可以大大地提高学生的互相答题的速度。因此证明这一共同学习的模式是可以进行大量推广的一种模式。

（三）翻转课堂的教育理念

第一，注重学生主体性的学生观。自我教育也是教育真正的目的和本质。个体能够进行自我教育才是教育得以实现的唯一途径，而且学习者通过自我教育，才能够真正地实现自我的价值。

学生在学习过程中要充分发挥自己的主体作用，学会进行自我学习，这一态度尤其在高数翻转课堂中更加突出，只有学生具备一定的自主性，才能很好地把握高数的学习进度，保持一定的学习积极性和主动性。自主性不管是在个体学习中还是在小组合作学习中，都发挥了非常重要的作用。

第二，学生自主学习、合作学习、探究学习的学习观。学生的合作学习能力、自主学习能力和探究学习能力是现代学习观念的三项重要能力，该理念指出：可以和其他人进行合作、能独立自主地完成学习和可带着问题进行探究学习是现代学生所必须具备的能力。

学生的自主学习能力、合作学习能力和探究学习能力在翻转课堂教学模式下都得到很好的提升，例如，高数翻转课堂的自学阶段时所采用的微课助学和教材自学等模式都有利于提高学生的自主学习能力，而在这个阶段所采用的合作互学以及训练展示阶段所采用的合作提升等都有利于提高学生的合作学习能力；而整个翻转课堂的教学过程中，都有利于学生进行探究学习能力的提升等。

第三，新型因材施教、分层教学的教学观。新型的因材施教理念是从最近的发展区为出发点，结合学生的实际情况和水平，对学生可能达到的最高水平和能力进行预计的一种理念，它的目的主要是为了引导学生向自己的最高水平发展，将学生的潜能进行最大化的发挥。每一个学生的个体差异都是存在的，他们的整体水平、认知风格和思维方式都各有不同。因此，因材施教的首要任务是对学生的个体差异进行把握和了解，其次再针对学生的不同情况开展分层教学。

而翻转课堂教学方式正好和新型因材施教和分层教学模式的理念不谋而合。例如，翻转课堂中采用的不同学案和不同微课的设计，以及在教学中体现出来的合作提升和合作互学的要求，这对学生的个性化和差异化发展都是很有益处的，帮助学生获得更高层次的发展，对其潜能的挖掘也是富有积极意义的。

第四，"独立性与依赖性相统一"的心理发展观。学生受其心理状态和生理状态的双重影响，在学习过程中不但表现出独立性的特征，而且也具有一定的依赖性特征。独立性特征需要在教学过程中充分发挥学生的主体性作用，而依赖性特征则需要教师发挥一定的主导作用。

翻转课堂教学模式充分尊重学生的独立性和依赖性这两个特征，并将之看成是一个统一体。通过教师及时有效的指引，让学生更加自主地进行高等数学相关知识的学习。如此一来，将教师的主导作用和学生的主体作用都进行了有效的凸显。

（四）翻转课堂的基本特征

翻转课堂的基本特征主要表现在以下五个方面（图6-1）：

1. 颠覆传统教学的过程

与传统课堂相比，翻转课堂最大的特征是颠覆了传统的教学过程，在过去，教师是在课堂上讲解各知识点的，学生则选择在课下完成教师布置的作业，显然，知识的传授是在课堂上进行的，知识的内化环节是在课后完成的。

| 颠覆传统教学的过程 |
| 帮助实现个性化教学 |
| 师生的角色发生转变 |
| 教学环境进行"翻转" |
| 学习时间自主安排 |

图6-1 "翻转课堂"的基本特征

但是在翻转课堂模式下，学生会在课前提前观看教师发布的教学视频，从而完成知识的学习，显然知识的内化过程是放在课前完成的；在课堂上，学生就会将一些不明白的问题请教教师，教师就会给出有针对性的指导，除此之外，学生还可以通过小组讨论的方式实现对知识的内化，从而达到学以致用的目标；在课后，学生就会借助各种教学资料实现对所学知识的巩固与深化，翻转课堂已经颠覆了传统的教学过程。

2. 帮助实现个性化教学

传统教学注重的群体教学，而在翻转课堂中，实现了个别教学与群体教学相结合。翻转课堂教学模式注重教学的异步性的基础是认识到个体发展的速度不同，不同的学生各自的情况是不同的，他们具有不同的智力发展倾向和发展潜能。在传统教学模式下，教师传授给学生知识时，无法兼顾每一个学生的学习进度，因为每个人的学习能力与接受能力不同，学习能力强的人可以较快吸收内化知识，而有的学生需要更多的时间去理解知识。以往的教学要求学生在统一的安排下掌握教师所传授的知识，达到统一的要求，这是不符合人的发展规律和个人的学情的。

在翻转课堂的课外学习环节，学生对自己课前学习的进程进行自我把握，对学习内容的掌握情况进行调整，这体现了异步的特点。另外值得一提的是，在课堂上采用更频繁的探究活动，教师也可以因材施教，促进学生个体化发展。翻转课堂的异步性对于改革传统课堂教学模式有着重要的意义，有利于学生自发性地学习和全面发展。异步教学教师指导异步化、学生学习个体化、教学活动过程化和教学内容问题化在翻转课堂中体现得淋漓尽致。

3. 师生的角色发生转变

（1）教师角色发生转变。

第一，教师由学科知识的传授者转变为学生学习的指导者和促进者。在以往传统的课堂教学中，教师一般向学生进行直接知识灌输，而在翻转课堂中，学生的主体性被充分发挥，教师不再主宰课堂，将课堂还给学生，但是教师的主导作用在翻转课堂中被放大了，可以更好地对学生进行学习上的指导。在翻转课堂中，教师对于一些学习活动的组织策略如小组学习、角色扮演、基于问题的学习、基于项目的学习等必须要熟悉且熟练使用。

第二，教师由教学内容的机械传递者转变为学习资源的开发者和提供者。在翻转课堂教学模式中，教师在学生课外学习前向其提供课外学习的资源，这样可以使学生更好地进行课外学习。教师可以根据学生的现实情况开发教学资源，有利于翻转课堂更好地展开。学生遇到问题，教室应该及时处理。所以，教师要提供学生学习时的"脚手架"，方便学生获取更好的学习资源，更快地处理问题。

（2）学生角色发生转变。在翻转课堂教学模式中，学习的决定权由教师转向学生，学生由传统的接受知识的角色转变为自定步调的学习者。作为翻转课堂中的主角，学生不再被动地接受知识的灌输，而是根据需要对学习内容、学习方法、学习实践、学习地点进行控制。在翻转课堂中，知识的理解与内化需要通过小组写作的形式来完成。另外，一部分内化知识较快的学生可以将自己知识的消费者的身份转变为知识的生产者，这部分学生可以担任

"教师"的角色来对一些学习进程慢的同学进行指导。

（3）新型师生关系的建立。在翻转课堂教学模式中，教师要以学生为中心，学生在家观看视频学习和在课堂上与同学、教师交流，都体现了这一点。在翻转课堂教学模式中，和谐师生关系的重构表现为学生可以自己控制课外学习的进度，针对一些问题可以与同学、教师交流，具有学习的主体性和主动权。正是因为教师将课堂还给学生，让学生先自主学习，教师再对其进行指导建立知识体系，真正地以学生为中心，才能更好地构建和谐师生关系。值得一提的是，教师根据不同层次学生进行分组，有利于学生们培养合作的能力，促进学生全体全面地发展，建立新型师生、生生关系。

4. 教学环境进行"翻转"

科技发展使翻转课堂的普遍实现成为可能，传统课堂的教学工具一般只包括黑板、粉笔、教材、课件等内容，而翻转课堂不仅包含这些，更有线上教学资源和智能设备。在翻转课堂教学模式中，教师将课外学生要学习的资源展示给学生，学生在课外自主学习后，教师需要对学生课外学习的效果进行一定的评价，从而掌握学生的学习效果，以便于更好地进行教学活动。学生们也可以在线上进行交流，共同学习，共同进步。

5. 学习时间自主安排

在翻转课堂中，学生的课外学习时间完全由自己支配，学生还可以利用碎片化的时间进行教学视频的观看，这都得益于现代科技的发展。在这样的条件下学习，学生可以自主地控制学习进程：对于难度较大、较难理解的部分可以暂停思考或者重复观看，对于一些简单的可以加快速度，对于无关紧要的可以跳过。另外，学生还可以在网络上就一些学习上的问题与教师和同学进行交流。学生的时间可以自主安排，这在传统教学中是难以想象的，有助于学生成为知识的主动建构者。

二、高等数学教学中翻转课堂教学模式的应用

翻转课堂教学模式的主要理念在于"将学生的课堂学习与课前学习进行合理的相互转换，让学生在课前根据教师录制的教学视频进行基础知识的获取与学习，而后由教师在课堂教学过程中组织小组讨论、答疑解惑和作业检测等形式的教学活动，从而完成高等数学学科知识在学生学习过程中的体系构建与理解内化，其实质就在于将学习的主动权和部分决定权交于学生"[①]。

---

① 陈超. 高等数学教学中"翻转课堂"教学模式分析 [J]. 现代职业教育，2021（32）：202.

与高等数学教学的传统模式相比，翻转课堂在上课过程中主要注重引导学生进行自主学习，与小组同学讨论交流，共同反思，形成思维模式；而对于理论知识的学习理解则放到了课余时间。在实践中，翻转课堂比传统模式更侧重督促和引导的方面，而非传统的教授和灌输的思想。

高等数学教学翻转课堂教学模式应用主要有以下意义：

首先，明确整合课堂教学资源。翻转课堂的顺利进行会要求高数教师的备课更加充分，不仅要对教学目标和教学内容有充分的明确和认识，还要通过整合教学资源来合理设计与规划整体教学结构；同时还要根据教学需要制作教学视频，来进行教学资源的整合和教学内容的承上启下。教学视频既可以在课堂教学中吸引学生兴趣，还能在观看视频的同时与学生交流和讨论，共同反思和解决问题。这样不但实现了教学资源的整合和集中运用，还能够大幅度吸引学生的学习兴趣和提高课堂教学资源的利用率。

其次，提高学生的学习质量和学习效率。翻转课堂最大的特点是注重引导学生自主学习。课前，学生可以根据自己的学习方式和思维模式来自主学习理解和训练探索，对于老师布置的课前任务，可以与小组同学共同讨论完成，这样学生可以更大程度去参与高等数学的学习，提高学生的学习兴趣和主动性。在课上时间，学生自主展示学习成果和探索心得，再由教师针对教学重点和难点以及学生自主学习中出现的普遍问题进行讲解，共同反思和总结，相比传统模式更能调动学生的主动性，使学习质量和效率达到事半功倍的效果。

最后，锻炼学生的学习思维和提升综合能力。相比于传统教学模式，翻转课堂使教学活动的开展更具针对性和目的性，更加充分强调了学生在课堂教学中的主动地位，让学生有更多自主学习和思考的时间和空间，有利于培养学生思维模式和养成独立思考的习惯，更能提升学生自主学习和练习、分析和理解的能力、探索寻求答案并与同学沟通交流等综合学习能力；同时课堂上的讨论和交流，增强了老师与学生之间的联系，更有利于课堂教学的质量和效率。总体来看，翻转课堂是对传统教学模式的优化和改革。

第二节　高等数学翻转课堂
教学模式下的分层教学

所谓的分层教学，"是指教师根据学生现有的知识基础和能力水平把学生合理地分成几个平行的、水平有差异的群体，对各个群体实施有区别的、不同层次的教学和辅导，从而达到不同层次的教学目标"①。此处的分层教学是指保留行政班的设置，班级内部依据数学基础将不同水平的学生分配在一个小组，让内部学生形成一个互相帮助、互相督促的小组。

翻转课堂教学模式下的分层教学是指在翻转课堂的课前线上自学，课中师生互动，课后测评拓展是以小组形式出现并取得相应的平时成绩，刺激学生互相监督、互相帮助，让学有余力的学生带动后进生完成翻转课堂的教学活动。高等数学翻转课堂下分层教学主要有以下意义：

首先，可以锻炼学生的综合能力，加强小组同学之间的合作交流。翻转课堂的课前阶段没有老师的参与，教师布置的教学任务的完成程度完全依赖于小组同学之间的配合与合作，对于主动性较差的同学，可以采用不定项选择小组成员上台展示等分层教学中的方法，从而调动学生的主动性和积极性，同时，在这个过程中，小组成员之间的沟通和联系增强，有利于培养团队协作能力，学得较快的同学还可以为理解力没有那么强的同学进行讲解，从而保证课前自主学习的正常进行，实现小组成绩领先的共同目标，各小组之间形成良好的竞争机制，使学生的综合能力得到提高。

其次，可以充分提高学生学习的主动性和积极性，强调学生在学习中的主动地位，增强对学习的自信心。在学生自主学习的过程中，学有余力的学生能够充分发现自己的不足，发掘本身知识储备量，培养独立思考和逻辑思维能力的能力和增强探索寻求问题答案的好奇心。分层教学可以激励这部分学生的主观能动性，可以充分发掘其知识储备量，养成独立思考的习惯和培养自学能力和逻辑思维能力。在给其他同学讲述问题的过程中可以提高自己的表达和沟通能力，同时加深对知识的理解和内化，从而获得满足感，更加调动对学习的主动性。与传统教学模式相比，课堂的主导者由老师转变为学生，而教师传道授业解惑的作用能够得到最大程度的发挥。但是每个学生的基础水平和知识储备各不相同，在不动摇学生学习主体地位的大前提下，将不同学习情况的学生分成不同的阶梯，让不同阶梯的学生承担不同的学习任务，这样可以让每位学生都能够最大程度地参与到课堂中来，保护学生的自尊心和上进心，不会给学生造成压力和心理负担，从而产生自卑、厌烦等负面情绪。

最后，可以增强师生之间的沟通和联系，有助于提高教师的教学质量和

---

① 马东娟. 高职院校高等数学翻转课堂教学模式下的分层教学研究 [J]. 现代职业教育，2019（27）：74.

提升科研水平。分层教学就需要教师对学生有充分的关注和了解，对学生水平有整体的把握和认识；同时，还需要教师有更多的相关知识储备，整合教学资源，制作教学视频、课堂导学案、微课视频吸引学生的学习兴趣，丰富教学形式。在信息化的今天，教师可以利用科技手段增强与学生之间的沟通和交流，拓展答疑解惑的渠道，这样可以达到教学相长的效果。教学促进科研的进步和发展，科研反过来也能提高教学的质量和水平，达到互利共赢的良好局面。

第三节　高等数学翻转课堂教学模式的设计与实践

一、高等数学翻转课堂教学模式的设计

翻转课堂教学理念下的课程设计研究，主要是指翻转课堂教学实施过程中课程设计领域的研究。高等数学翻转课堂教学模式的设计包括以下内容。

（一）教学模型的设计

翻转课堂实现了知识传授和知识内化的颠倒，将传统课堂中的知识传授转移至课前完成，知识内化则由原先课后做作业的活动转移至课堂中的学习活动。高等数学课程的翻转课堂教学模型设计如图6-2所示，学员在课前学习时需要借助网络平台，按照老师发布的导学方案观看教学软件，并完成基础习题。在课堂上，教师与学员进行互动教学，通过小组学员汇报、小组协作、师生讨论疑难问题、教学效果反馈、学员独立探索并得到学习成果等模块来完成翻转课堂的互动学习。

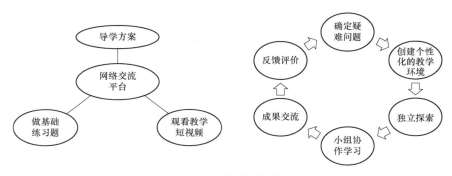

图6-2　教学模型的设计

（二）教学内容的设计

高等数学课程教学内容涵盖函数极限、连续与间断、微分学、积分学、无穷级数和微分方程等。在进行翻转课堂教学设计之前，教师应该根据以往的教学重点来设计学习指导方案（简称导学方案），该方案需要与教学进度保持一致，分章节来区分知识点的难易程度，具体包括基础知识点、中等难度知识点和提高性知识点，同时，教师还需要准备电子教案、制作多媒体教学课件和教学微视频等。

第一阶段：在正式课前一周，教师根据高等数学的教学要求和教学目标，列好大纲，对课程的知识点进行梳理，区分为基础内容和进阶知识点，重点标注学科的重难点内容，制作成学习指导方案，然后将学习指导方案、与学习有关的学习平台、练习题等发布给学生，学生根据指导方案进行自主的知识学习和习题练习。学生可以根据自己的学习方法和时间安排，灵活进行知识学习。

第二阶段：在正式课的第一次课，学生根据自主学习的学习成果分小组汇报交流，包括基础内容中遇到的疑难问题和进阶知识点的疑问，各小组之间针对这些问题进行讨论和交流。对于正式课的第二次课，教师要根据第一次课上提出的问题进行答疑解惑，根据一些重点内容和问题做补充和拓展，同时，教师针对各小组的表现进行针对性的辅导和点评，给出恰当的改进意见。

第三阶段：正式课结束之后，学生要完成具有针对性、综合性问题的作业，并提交给老师，老师批阅和反馈。在整个翻转课堂的过程中，教师要最大程度地去调动学生的积极主动性，让学生最大程度地参与到课堂的学习当中，明确学生在学习中的主动地位，充分加深对知识的理解和内化，从而让学生获得成就感和满足感。

二、高等数学翻转课堂教学模式的实践

（一）使用多种方法进行课堂教学

在教学改革中，为了提高学员对知识求真的渴望，促进学员以"问"代"学"模式的转变，即达到翻转课堂的教学效果，课程可以采取基于实例和问题的教学理念，同时结合以下三种教学方法开展高等数学翻转课堂教学模式的尝试。

第一，PPT视觉冲击教学，即在教学PPT中添加动画或者视频展示，并辅以相关动画或视频内容提问的教学活动。

第二，课堂实物教学，即通过展现实物构造或其运动等形式开展的以"问"为主的教学活动。

第三，分组竞赛对抗教学，即通过教师预设对抗竞赛题目，让学员分组自由组合，开展知识点自主学习的教学活动。

（二）注重信息资源的配套建设

为了与教学改革相适应，可以制作"高等数学知识点系统分析自学课件"，作为学员自主学习使用的学习软件，这个课件需要有以下特点：

第一，课件不是供教员课堂讲授高等数学使用的，而是供学员通过自主学习掌握高等数学知识使用的。课件的制作体现了提倡学员自主学习知识的教学理念，并为学员创造了自主学习的便利条件。为此，课件所选题型比较丰富，供自学的项目比较广泛。课件中有对各知识点较详细的辅导、举例和测试；有对单元知识的综合小结、综合举例、综合测试和题型的分类；有对各知识点的自学要求及对基本内容的总复习指导；有对教材上练习题相应知识点的分类及部分习题的解答等。

第二，课件需要较为突出和完整地以知识点为核心展开课程内容，这与一些慕课（MOOC）课程的制作思路较相似。在课件中，对高等数学的教学内容划分成多个知识点，明确了每个知识点的属性（如类型、学习要求、在知识体系中的地位、配合的例题、练习及测试题等），且给每个知识点有一个编号，使得该课件能较容易地反映出各知识点间的逻辑联系及指导自学知识点的途径，也为用此课件进行翻转课堂的教学带来方便。

第三，课件主要是探索运用系统科学的先进思想方法，来研究与学习高等数学知识的，这就需要将课程内容从整体到局部，再从局部到整体，进行多层次的组合和优化设计，突出地显示出各知识点间的逻辑关系及各解题步骤间的关联性，从而初步构造出高等数学知识点内在联系的网络，使其更有助于学员对知识的深入理解和思维能力的培养提高。

第四节　基于思维导图辅助的高等数学翻转课堂教学模式

思维导图又称心智地图，是一种借助图像的思维辅助工具，它用一个中央关键词或想法以辐射线形式连接所有的代表字词、想法、任务等。托尼·博赞在《思维导图》一书中简明扼要地总结了思维导图的四个特征：① 注意的焦点清晰地集中在中央图形上；② 主体的主干作为分支从中央向四周放射；

③ 分支由一个关键的图形或者卸载产生联想的线条上面的关键词构成。比较不重要的话题也以分支形式表现出来,附在较高层次的分支上;④ 各分支形成一个连接的节点结构,因此,思维导图在表现形式上是树状结构。思维导图的这种清晰地反映事物、观点之间的内在联系的优势恰好契合了高等数学翻转课堂教学模式的需求,下面将以极限这一知识点的教学为例呈现如何借助思维导图深化教学模式改革。

一、课前自学环节引入思维导图

在翻转课堂的自学环节,学生大多是机械地根据教师发布的学习任务去逐个学习微课视频,这样所获得的知识是零散的。教师若能在布置自学任务的同时向学生展示本课内容的思维导图,不但可以让学生对于将要学习的知识有个全面的了解,而且可以清晰知道自学的每个微课视频呈现的知识点在整个知识架构中的地位和作用,更为重要的是,可以帮助学生形成一套完整的知识体系,将碎片化的知识重新整合成起来,建构课前自学思维导图。

二、在课堂教学中嵌入思维导图

翻转课堂教学模式下的课内师生面对面形式的教学,不再是简单传授基础的知识点和方法,而应是在学生课前自学的基础上帮助他们查漏补缺,同时通过有意识的设置有难度的问题帮助学生强化对重点、难点、易错点、易混淆点的理解和掌握,这时候的教学不是简单的知识点的罗列,而是应将所要传授的知识整合成一个完整的体系,帮助学生厘清各知识点之间的关系。例如,数列极限和函数极限的教学中,有以下重难点:① 在求极限时如何根据给定的 ε 找到合适的 N(数列)和 δ(函数);② 极限的四个主要的性质;③ N,δ,ε 三者之间的关系。

以上三个关键点若通过思维导图(图6-3)呈现出来,则特别的清晰明了。

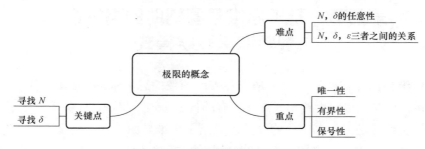

图6-3 极限的概念思维导图

第七章　基于现代化的高等数学课堂教学模式新探索

在传统的高等数学课堂教学中，教师习惯采用板书式或灌输式教学方法，即便能按时完成教学任务，却无法完全符合现代化教学理念要求。因此，为了改善教学模式的不足，引入学习科学教育理念，展开高等数学课堂教学，制定高等数学课堂教学模式的创新策略。本章重点围绕自适应教学模式在高等数学教学中的应用、基于云课堂的高等数学继续教育教学模式、基于生源多元化的高等数学对分课堂教学模式、基于金课建设的高等数学课程线上线下混合教学模式展开论述。

第一节　自适应教学模式在高等数学教学中的应用

结合高等数学这门课程，将自适应教学模式引入到常规的高等数学课堂教学中，实现二者的有效融合，是提高高等数学教学质量的一条有效途径。"自适应教学模式的引入最大限度地满足了不同层次不同专业学生的需求，从而实现了对学生的个性化培养"①。自适应学习是在教学过程中，将互联网自适应教学平台应用到常规的课堂教学中。通过自适应学习，教师可以为不同层次、不同专业的学生制定适合他们的学习内容和活动，如果学生在学习中遇到困难，教师授课内容的难度还可以合理地降低。老师还可以利用自适应教学平台的实时预测技术来监测每一名学生的学习状况，以此，为每个学生提供适合他们的个性化教学。在现代信息技术条件下，通过对高等数学教学模式、方法及实施策略的理论与实践研究，将自适应学习模式与高等数学的传统教学深度融合，从而提高教学效率，加强学生的自主学习能力，培养个性化创新人才。在传统的高等数学课堂教学中，虽然也有现代信息技术的引入，我校在高等数学的教学中也采取了分级教学的模式，但并没有从结构上对高等数学的课堂教学进行根本的改革。研究则是在运用现代信息技术改善"教

---

① 石琦，杨月梅. 自适应学习在高等数学教学中的应用探究［J］. 金融理论与教学，2020（3）：103.

与学环境"和"教与学方式"的基础上，实现自适应学习模式与课堂教学的深度融合，具有一定的创新意义和研究价值。

将自适应学习系统引入高等数学的课堂教学中，使高等数学的教学从规制性教育向分众化、个性化教育转变，从而提高高等数学教学效率、强化学生自主学习的能力。同时也增强了学生学习高等数学的自信心，自然也提高了学生学习高等数学的兴趣。自适应学习系统以及互联网信息技术平台为学生们提供了自主学习等功能。从而提高了学生自主学习能力。课堂教学与自适应等互联网信息技术深度融合，不但充分考虑到学生们专业知识不足和时间空间上的限制，而且还方便学生们根据自己的需要和学习水平选择适合自己的课程组合，定制专属的"个性化"学习内容，从而促进学生个性化发展。将自适应学习引入高等数学课堂教学主要从以下方面着手。

第一，自适应教学模式引入的策略。自适应教学模式的引入，将以选择实验班级，进行实践教学的方式来实现。教师将自适应学习平台或幕课平台作为教学的线上课堂，要求学生在课堂外先听课，先自主学习，课堂内则采取"雨课堂""翻转课堂"、情景教学等教学模式，侧重深入地分享、探讨和问题解决。课后，学生可以根据所学的内容，在网络"慕课"平台上进行在线讨论、答疑解惑，并将反馈结果及时反馈给授课教师，以便于教师在课堂上根据学生接受新知识的情况，制定自适应的教学难度。在期中、期末对学生的学习情况进行考核，考核采取机考的形式，针对不同班次的学生，可以选取不同难度的试题库，以达到自适应测评。在测评中，成绩达到一定标准的学生可以晋升到上一班次进行学习。课题组成员在一个学期的教学过程中，观察实践教学的效果，收集积累应用实验数据资料，完成这一阶段的总结性报告，以此来检验、判断研究方案的可行性，为进行第二轮实践教学提供科学依据。

第二，自适应教学中"雨课堂"的使用。在信息技术迅猛发展的今天，大量的现代教学模式应运而生。在高等数学的课堂教学中引入"雨课堂"，通过"雨课堂"的管理功能，老师可以清楚地了解学生对新知识的掌握程度，从而为不同层次、不同专业的学生制定下一阶段不同难度、不同重点的教学内容提供依据。首先，引导学生安装"雨课堂"微信小程序，并引导学生熟悉该 App 的各项功能，使学生达到熟练操作的程度。其次，根据所教授的高等数学的内容，将传统教学中教师的导入—演示—讲析—训练—总结—作业—指导预习等环节，通过"雨课堂"软件进行课堂提问，每个学生都要通过手机回答—线上提交答案，教师通过该软件立即进行汇总，对学生反映出比较集中的问题进行重点讲析，适时调整自己的教学策略。教师还可以通过"雨课堂"软件进行课堂测试，随时反馈成绩。通过"雨课堂"的使用，教师的示范能够让学生切身感受到"雨课堂"与传统教学的区别；让学生进一步熟悉软件的操作；让学生逐渐适应"教师教—学生学"这一统一过程中的师生交互和生生交互，在课堂上通过交流引导学生进一步深入而广泛地思考，让学生参与到教学思维的全部过程中。

第三，自适应教学中"慕课"的使用。自适应学习模式可以通过教师自适应的教与学生自适应的学两个部分来实现。而这两部分可以以互联网为支持，在互联网学习平台和课堂教学中结合使用。互联网学习平台会为学生提供适合自己的课程资源，使学生能够选择、学习到最适合自己的下一步学习内容，同时教师也可以使用互联网教学平台与学生一起学习、讨论，监测学生的学习效果，从而制订出针对于不同层次学生的教学计划。目前，国内自适应教学平台的建立还不够完善，但"慕课""微课"等互联网教学平台已经大量涌入高校的校园。将这些网络教学模式与传统的课堂教学相结合，既能实现自适应的学习。

第四，自适应教学中翻转课堂的使用。在高等数学的课堂教学中，为了更好地完成自适应教学模式，可以通过对学生的引导，转变学生的学习方式，培养学生自主学习的习惯与自信心，实施翻转课堂教学。首先，教师要给学生介绍翻转课堂教学模式—学习模式的特点和操作方法等。其次，教师要引导学生通过"慕课""微课"等网络教学平台预习教材上一些比较简单的内容，此阶段如遇到学生学习困难的情况，教师可以通过网络教学平台进行指导，也可以引导学生利用"慕课"等平台，查找资料或组成学习小组互相帮助。再次，让学生在课堂上与大家分享学习成果—学生通过课件演示自学内容，讲析所学的概念、原理、例题等，实现课堂翻转。最后，教师根据学生翻转课堂的展示内容点评，指导学生采用正确的、更高效的方法。

第五，自适应教学中以问题为导向教学模式的使用。在高等院校高等数学的课堂教学中，教师一方面要向学生传授专业的数学知识，同时要注重培养学生利用数学知识来分析问题、解决问题的能力，使得学生在遇到具体问题时能够想到用学过的数学知识来解决，能够将遇到的问题转化成学过的数学知识来求解。此外，将高等数学教学内容与生活中的实际问题紧密联系，做到学以致用。例如，在讲解线性方程组求解方法时，我们可以由实际金融问题入手，建立金融模型线性方程组，由线性方程组的求解引入问题。最后由学生讨论得出解决实际问题的方法。从而让学生感受到学习数学的乐趣，切身体会到数学在解决实际问题中的巨大作用，感受到生活与数学密切相关，由此提高了学生学习数学的积极性。

第六，自适应教学中课程思政的引入。数学作为一种文化，其中蕴含着丰富的哲学思想。如概率论教学中讲解二项分布时，无穷多次重复试验中，小概率事件必然出现，这体现了必然与偶然的哲学思想。教师通过阐述概率中的哲学观，培养学生正确的世界观，从而指导学生的学习、工作和生活。在线性代数的教学过程中，思政的思想也是无处不在，在对数学概念的讲解中可以引入金融模型，在金融模型的建立中就会涉及很多哲学思想，借此可以引入思政教学。

第二节　基于云课堂的高等数学继续教育教学模式

高等数学作为重要的基础学科之一，一直在教育教学中占据重要的地位。数学的知识和思维无论是在自然科学还是工程技术中都有其独特的魅力，且在经济管理和日常生活中也发挥着重要作用，高等数学是培养人的科学逻辑思维能力的一门重要学科。继续教育指面向学校教育之后，所有社会成员特别是成人的教育活动，是终身学习体系的重要组成部分。"继续教育的主要目的是在职人员学历提升、专业进修和普通教育后的教育进阶，继续教育可以促使他们提升自己的能力，提升专业技能"①。高等数学作为教育的基础学科，在继续教育中发挥的作用不可忽视，它可以培养学生的逻辑思维能力，使他们掌握必要的逻辑思维方法，能够培养学生运用所学知识解决实际问题的能力，为其他课程的学习奠定坚实的基础。

一、云课堂的认知

云课堂是基于互联网，采用云计算技术，融入信息化教学手段的创新课堂，是基于移动互联环境满足教师和学生课堂教学互动与即时反馈需求的网络学习平台。一方面教师可以通过移动终端如手机、电脑等登录平台，创建课程，向学生推送课件、视频等学习资源，还可以设置师生互动栏目等；另一方面学生可以通过自由终端进行自主学习，通过网络观看教师的教学视频等学习资源，通过终端与教师进行互动，从而完成课程的学习，跨越了时间

---

① 陈莉. 基于云课堂的高等数学继续教育教学模式探究 [J]. 吉林农业科技学院学报，2021，30（4）：107.

和空间上的限制。

在网络平台上建立高等数学继续教育课程网站，按照高等数学的课程简介、课堂设计、教学视频、教学课件、课堂测试、学生反馈等模块构建课程框架，将相关的资源上传到各个模块，形成网站主体，通过云课堂 App 的形式在终端展开教学活动。

云课堂主要涉及两方面的特点：第一，资源整合，永久利用云课堂资源平台是一个类似于国家资源库平台的教学平台，不仅要集中精力把一门课程的教学资源做好，还要上传到平台，不断完善，成为一门精品课程，为学生提供永久性的学习环境。第二，课堂互动，便于沟通教师不仅可以设置课堂分组讨论，让不同组的学生讨论不同问题，还可以设置课堂答疑环节，布置作业，给学生点评，这样既增进了课堂师生互动，还提高了课堂教学质量。

二、高等数学云课堂教学模式

高等数学云课堂教学模式的完成主要包括三个阶段，课前云课堂学习阶段、课中讨论学习阶段、课后总结学习阶段。

第一，课前云课堂学习阶段：这个阶段需要高等数学教师提前准备好与本节课程相关的教学资源，并布置学习任务、内容以及问题等。学生根据教师布置的任务，通过网络上高等数学公开课的视频资源进行课前云课堂的自主学习，在学习过程中通过网络进行学习效果的反馈，或通过留言的方式提出自己学习过程中遇到的问题，教师可以通过网络与学生进行交流沟通，及时解决学生在学习过程中遇到的问题，了解学生的学习程度。这一环节的设立，可以使教师对本节课程内容有一个整体的把握，对于代表性的问题重点讲解。

第二，课中讨论学习阶段：教师针对学生在自主学习过程中的问题反馈或者是在与学生交流过程中所发现的问题进行集中处理，对个别在课堂环节提出的问题，可以通过学生间互动的形式让其他学生进行回答。另外，还可以组织学生进行小组间的讨论，及时掌握学生的课程学习效果以及对课程的掌握程度。

第三，课后总结学习阶段：总结学习阶段高等数学课程不同于其他课程，不能通过结课论文的形式完成对学生的考核。因此高等数学课程的考核可以通过预先生成测试题目，利用云课堂的评价方式，建立继续教育中学生在测试环节的分析报告，完成对学生的考核。

三、继续教育中高等数学云课堂教学模式的优势

第一，消除学生间的差异。云课堂的学习资源模块中有高等数学各个教学阶段的教学视频，基础知识较弱的学生可以进行阶段性的学习，从基础课程开始，逐渐缩小与其他学生的差距。而基础知识较好的学生同样可以选择适合自己的教学视频进行学习。教师通过学生反馈模块及时了解学生的学习程度，对课程进行及时调整，尽量使每一个学生都能适应教师的讲课进度。

第二，提升学生的学习兴趣。云课堂的教学模式不同于传统的数学课堂，通过对各种学习资源的转换可以将抽象的数学知识变得更加生动、直观，易于理解。还可以提供各种学习阶段的教学视频，让学生不再因畏惧数学而远离数学，从而提升学习兴趣，改变学习态度。

第三，跨越时间、空间的限制。因为大多数选择继续教育的学生上课时间并不固定，部分课程阶段缺席，最终导致有时间上课时却无法跟随教师的讲课进度。云课堂教学模式消除了时间和空间的限制，教师通过客户端将教学视频发布到云课堂的教学视频模块，并将课件发布到教学课件模块，学生可以在任意时间、任意地点通过云课堂 App 进行学习。

第四，加强师生间的交流。在继续教育过程中，很多学生因为听不懂或者跟不上教师的讲课进度而放弃高等数学课程的学习，然而要提升继续教育中高等数学的教学质量和效果，仅靠课堂面授环节的几十分钟时间显然不够。加强师生间的沟通交流，充分了解学生在学习过程中所遇到的问题才是解决问题的关键。云课堂的学生反馈模块可以实现师生间的沟通交流，即使不能实时地解决学生的问题，在收到学生的反馈之后，教师也可以及时地发现问题、解决问题，实现对课堂的整体把握与调控。

信息技术在课堂教学中的应用，加快了教学模式的改革。基于云课堂教学模式是一种基于计算机互联网技术的高效、便捷、可以实时互动的远程教学模式，它作为一种新兴的教学模式将学习资源、平台、终端、网络等进行有效整合，在教学课堂中利用信息技术打造高效、有趣的课堂环境。高校继续教育是高等教育的一个重要组成部分，在提高国民素质、培养适应经济社会发展人才方面发挥着重要的作用。高等数学继续教育作为一种特殊的教育形式，教学对象较为特殊，为了保证继续教育教学质量及效果，采用云课堂进行教学，弥补了传统课堂的局限，实现了跨时空的课堂教学。

第三节 基于生源多元化的高等数学
对分课堂教学模式

高等数学是高校一门重要的公共基础课。学习高等数学可以培养学生的逻辑思维能力和分析问题解决问题的能力，为后续课程提供必要的知识基础。近年来高校的学生的生源日趋多元化，有些学生已经学习过导数、积分，能够解决一些基本问题，而有的同学对于函数的性质都掌握得不好，高等数学课堂如何选择教学内容，把握教学进度成为一大难题。"如果我们采用分层教学的模式，对学校的课务安排以及相关软件和硬件提出了较高的要求，而且可能会影响某些学生的心理健康发展"[①]。为此，我们尝试采用"对分课堂"这种新的教学模式。

"对分课堂"是由复旦大学张学新教授于 2014 年首次提出的，对分课堂从时间上可以分为三个阶段：讲授（Presentation）、内化吸收（Assimilation）和讨论（Discussion），简称 PAD。对分课堂形式上可以采用隔堂对分或当堂对分，在老师精准的讲解之后，留给学生足够的时间内化吸收，从而有准备地进行讨论交流，一方面提高了学生学习的积极性与参与度，培养了学生自主学习的能力；另一方面，使得课堂上的讨论更加有效，使学生更深入地理解知识点，从而形成良性循环。

对分课堂将课堂上的时间一分为二，看似压缩了教师的课上授课时间，实际上对教师提出了更高的要求，教师必须在课前精心设计教学内容，课上把控好学生讨论的时间以及节奏，课后布置恰当的讨论的主题。充分考虑到不同生源的特点，利用信息化手段，线上线下相结合，突出以学生为主体，教师给予恰当的引导。对分课堂有"隔堂对分"和"当堂对分"两种形式，"隔堂对分"让学生在课后有一个吸收内化的过程，时间较为充裕，但对学生的自觉性要求较高，因此要根据课程特点及学生情况加以选择。

对分课堂不同于传统的教学模式，以学生为主体，培养了学生发现问题，解决问题的能力。学生在讨论时，通过不同思想的交流碰撞，提高了学生的批判思维和沟通协作能力。同时，也让教师更加及时准确地把握了学生对知识的掌握情况，可以针对学生疑惑较多的地方重点讲解。对分课堂能够有效

---

① 王雅萍. 生源多元化背景下高等数学"对分课堂"教学模式的探索［J］. 湖北开放职业学院学报，2022，35（16）：154.

地提高课堂学习效率，提高学生学习的主动性，为了完成课堂讨论环节，学生会更加认真深入地准备。在讨论中，学生锻炼了自身的语言表达能力，归纳概括能力，以及思辨的精神，培养了竞争意识与合作精神，相比传统的被动接受知识的过程，学习更加有效，更注重平时的努力。

对分课堂提出了一种新的教学思路，这种方式对教学的硬件以及软件没有过高的要求，易于实施。同时，对分课堂确立了以学生为主体的主旨，学生在讨论交流的过程中逐步内化吸收，提高了最终的学习效果。对分课堂兼顾不同学习基础和学习能力的学生，让大家都能参与到学习探索的过程中来，体验了知识的再发生，再创造过程，使学生变被动接受为主动探索。采用对分课堂，课堂气氛更加活跃，学生共享成果、共破难关，加强了团队协作精神。

第四节　基于金课建设的高等数学课程线上线下混合教学模式

一、"金课"建设的概述

"金课"也即一流本科课程，是高质量高水平的课程。"金课"建设和本科课程改革是高等教育改革中的攻坚战和持久战，我们对此应有充分的认识。进一步明确"金课"建设的重要意义，厘清"金课"建设的实质并将其基本原则转化为具体实施原则，探索"金课"建设的实践路径，是新时代背景下高校本科教育必须回应的重要命题。

课程是教育活动的基本构成。集中探讨课程建设和教学改革问题，具有推进、深化教育改革的全局性意义。"课程是人才培养的核心要素，课程质量直接决定人才培养质量"[①]。就宏观而言，"金课"建设是以课程促进人才培养，是建设高水平本科教育的必然选择。从具体层面上看，"金课"建设具有以下三个方面的重要意义。

第一，"金课"建设是培养创新型人才的行动指南。"金课"建设是新时代对创新型人才培养迫切需求的集中反映，是我国教育事业发展与改革深入的必然结果，也为高等学校培养创新型人才提供了行动指南。

当今全球正处于新一轮大发展、大变革、大调整阶段，世界各国的综合国力竞争日趋激烈。以互联网、大数据、人工智能为代表的现代科学技术正

---

① 孙宗美."金课"建设：意义、原则与路径 [J]. 高教探索，2023（1）：57.

深刻改变着人类的生产、生活、学习和思维方式，文明和科学技术的发展要求发掘与提升创造力，创造与创新成为时代的最强音。与此同时，中国正加快向创新型国家前列迈进，教育的基础性、先导性、全局性地位和作用就更加突出，教育发展和改革的主体目标开始聚焦创新型人才培养。人们开始认识到，今天的教育已经不能停留在传递文化、知识、技能上，要把学生生命中探索的欲望燃烧起来，创造的潜能开发出来，让他们能拥有一个充满信心、勇于开拓的积极人生，树立为中华民族的伟大复兴而奋斗的高远志向，才是当代中国教育特有的历史使命和社会价值。

第二，"金课"建设是提高学校教育教学质量水平的针对性决策。"金课"建设的实质是要提高高等教育本科教学质量，促进大学质量文化建设。"金课"建设意见的提出本身具有现实针对性，充分体现出实事求是的精神和直面问题的勇气。

教育改革是当今世界之潮，也是中国教育面临的重大问题。尽管课程是教育最微观、最普通的问题，但它要解决的却是教育中最根本的问题——培养人。"金课"建设着眼高水平本科教育的核心环节，通过深化与本科课程相关的教育教学改革，力图把教学改革成果落实到课程建设上。因此，这一决策既有现实针对性，也是在高等教育本科领域坚持教育改革、积极践行、尝试中国教育之路的创举。

第三，"金课"建设是推动教师自我更新和超越的历史契机。"金课"建设是呼唤"创造"的时代强音在高等教育领域的集中体现，也为教师的自我更新和超越提供了新的历史契机。

教师是教育教学的重要构成，是教育价值的创造者，也是教育改革的关键性因素。要培养创新型人才，也需要教师创造性地去面对学生、开展工作。只有有创造力的教师才能促进学生创造意识和能力的发展。"金课"的建设目标对教师培养学生创造性以及与此相应的教师劳动的创造性提出了更高的要求。因此，要转变教育观念、落实教育目标、提升教学能力、创新教学方法、完善过程评价，都需要教师自觉、积极地参与。可见，"金课"的高标准让高校本科课程教学充满了智慧与能力的挑战，而这些挑战几乎都是对教师的创造力提出的挑战。

尽管"创造"本就是教师职业的内在要求，也是教师发展的内在动机，但并非所有作为教育专业人员的教师都自觉地或者较为强烈地具有创造意识和创造能力。因此，"金课"建设作为一种政策性外部动力，无疑可以激发教师劳动的创造性，推动教师的自我改变和发展。

二、金课建设背景下高等数学课程线上线下混合教学模式构建

（一）高等数学课程线上线下混合教学内容体系的构建

1. 线上线下混合教学课程内容体系构建的原则

围绕建设"两性一度"的金课标准，以培养应用型创新人才为目标，教师充分考虑新建地方本科院校的办学定位为应用型，结合计算机专业的特点，目的是培养学生的各种综合能力，尤其是自主探究研究以及分析问题和解决问题的能力，从而提高学生的学习效率，以适应当今社会对人才的需求。现要求教师对高等数学课程教学过程中的线上、线下教学活动的各个组成要素进行系统性、科学性的整合，为了促进线上线下教学模式有效混合，强化课程的高阶性、创新性和挑战度，教师构建线上线下混合教学课程内容体系时应遵循"系统性与最优化+能力培养"的原则。

（1）系统性与最优化原则。以"两性一度"为标准，教师根据新建地方本科院校计算机专业高等数学课程教学大纲的要求，梳理线上线下教学内容，使数学知识的呈现形式符合学生的认知规律，符合学生科学探究的顺序，保证学生思维的连续性和发散性，同时学习内容要具备探究性、研究性和个性性。线上线下教学活动的各个环节要自然有序衔接，使时间、空间上分配最优，使师生交互最高效，交互学习环境最优，充分发挥教师的主导作用，体现学生的主体地位，使教师教得最优的同时使学生学习得最优，实现课堂教学效率和学生学习效率的双最优化。

（2）能力培养的原则。教师应充分分析计算机专业学生的实际情况，结合计算机专业的特点，在线上线下教学中注意理论和实际的联系，展示数学知识形成发展的过程，使学生在获取知识和运用知识的过程中，发展数学思维能力，加深学生对数学知识的理解和掌握，同时适度增加反映前沿性和时代性的相关内容，例如，教师可选用具有应用背景或应用前景的数学建模题目，加强学生应用数学理论知识的意识，培养学生自主学习能力、分析和解决问题能力、研究性学习能力、创新性思维能力等。

2. 建立适合高等数学课程线上线下混合教学内容体系

（1）线上线下教学内容一体化。符合学生认知规律是以提高学生学习效率为目的重构教学内容，突出知识的应用性、实用性和创新性。教师在教学时充分挖掘概念、定理、例题和习题等形成的背景知识，融入课程思政元素，提高学生的数学素养；积极渗透数学思想和数学建模思想和方法，增加物理、生物、工程技术等领域中的应用案例，选择具有趣味性的数学建模内容，提

高学生实际应用能力；融入最新科研成果，设置提升和拓展的一些研究型题目，开展研究性学习，提高学生的创新意识；增加学科间交叉内容，以及与计算机专业相关的背景知识，体现高等数学课程知识为专业服务的宗旨。

线上线下教学内容要有区分度，没有重复，但知识要有连续性，即线上、线下教学的内容要有呼应，当次线下教学内容能够与下次线上教学内容衔接上。在线下教学时教师要关注学生线上教学中的易错知识点，线下教学过程中要有巩固线上教学成果的补充材料，课后作业要有兼顾线上、线下教学内容部分。整合后的教学内容要使课程知识结构体系完整，增强学科间交叉渗透，促进理论与实践、知识与能力的贯通，全面提升学生的综合学习能力、应用实践能力，体现课程的高阶性和创新性。

（2）现代信息技术在混合教学中的有效应用。现代信息技术包括智能手机、微信发布平台、多媒体教学软件等，这些技术的广泛应用正在对数学课程的内容、数学的教学、数学的学习产生影响。此外，在高等数学课程教学中教师还可以借助超星学习通"一平三端"的特点，为学生提供丰富的学习资源，帮助学生学习数学知识以及解决数学问题。

（3）线上线下混合教学的实施过程。对于高等数学课程知识点多、内容抽象系统的章节，教师可以通过"两线三阶段"的方案，即线上、线下分析重难点，课前、课中、课后理论联系实际来提高学生的学习效率。

（二）采用多元化交互式的教学方法

多元化交互的学习环境比单一的学习环境更容易激发学生学习的兴趣。学生在交互合作环境下更容易理解和掌握数学知识，而线上、线下教学的混合可以构建多元化学习环境，所以为了强化课程的高阶性、创新性，增强课程的挑战度，我们需要有效构建高等数学课程线上线下混合教学。为了提高学生学习高等数学课程的效率，培养学生的各种综合能力，建立多元化交互式学习环境，教师在讲解高等数学课程时应采用灵活多样的，符合学生实际的教学方法，常用的教学方法有以下三个方面：

第一，问题驱动法：高等数学课程许多章节知识内容抽象难懂，这部分内容可以以问题为核心进行规划，把这些难懂的学习内容融入一个一个的问题中，这一步的目的主要是分散难点。在问题的驱动下学生围绕这些问题对学习内容进行主动学习，学生通过自己思考、查找资料、共同合作讨论等方式寻找出解决问题的方案，在解决问题的过程中自主地建构知识体系。其中，问题的设置是关键，它是解决问题的动力，是激起学生的求知欲，提高学生学习的主动性的驱动力，同时在解决问题的过程中培养学生提出问题、分析问题、解决问题的能力以及共同合作能力。为了体现学生的主体作用，教师在解决问题过程中要注意适时进行引导和点拨，把控课堂节奏，发挥教师的主导地位。

第二，探究性教学法：这是在教师引导下，学生经过思考、讨论、总结得出数学结论的一种自主学习，它强调数学思想的渗透，数学方法的掌握与数学思维的养成。在教学过程中教师不仅要讲授课程的基本内容、重要理论和解题方法，还要渗透其中蕴含的数学思想，引导学生提炼出数学思想方法，积累数学文化，进而总结推广得出数学结论，促进学生数学素养的形成和提高。例如，积分理论部分，它是高等数学的核心部分，它包括定积分、重积分、曲线积分、曲面积分，各种积分的定义、性质基本相似，计算方法也类似。教师可引导学生在定积分理论掌握的基础上，根据定积分的定义、性质的知识特点，自主推导出其他积分的定义、性质和计算方法，从而发展学生的发散思维。

第三，研究性教学法：高等数学中极限、导数、积分和级数等概念都是来源于实际问题、科学实验或其他学科的发展进程中。想要建立高等数学与其他学科知识的联系，教师可引导学生把数学知识应用到相关学科、社会生活和生产实际中，体现出高等数学知识的应用性和实用性，尤其增加高等数学课程知识与计算机专业课程知识的联系，同时推进科研反哺教学，及时把最新相关科研成果转化为教学内容，让学生体会数学是有实际应用价值的，激发学生对高等数学的学习兴趣，强化科研育人功能，培养学生理论联系实际的能力。此外，教师可加强对学生毕业论文的指导，引导学生积极参加各种比赛，例如，数学建模比赛、大学生创新创业大赛等，达到以赛促教、以赛促学的效果，提高学生创新和实践能力。

第八章　现代教育技术与高等数学课堂教学的融合研究

将现代教育技术引入高等数学的课堂教学，为高等数学教学注入新的活力，必将引起教学内容、手段、方法、模式甚至是教学思想、观念、理论的变革。教学过程中，应充分应用现代教育媒体，精心制作多媒体课件，优化课堂教学，以提高教学质量的有效方法。为此，本章主要探讨高等教育大众化与高等数学课堂教学模式、基于团队合作的现代高等数学课堂教学模式、基于现代教育技术在高等数学课堂教学模式、现代信息技术与高等数学课堂的有效性整合。

第一节　高等教育大众化与高等数学课堂教学模式

随着高等教育规模的不断扩张，我国的高等教育正在走向大众化。由此也带来了高等教育的总体资源配置、教学科研设置、基础设施条件、师资的数量和质量等硬件资源相对短缺、师生比例的提高、大班上课师生交流的减少、教师负担加重等问题，另外毛入学率的提高也带来了生源质量的总体下降。入学后学生的数学成绩出现了严重的"两极分化"现象，高等数学的教学质量严重下降。因此，在高等教育大众化进程中，如何进行高等数学的教学改革已经成为人们关注的话题之一。改革高等数学课堂教学模式可以从以下几方面着手：

第一，以现代教育理论为指导是高等数学教学模式改革研究的方向。高等数学教学模式应以调动学生学习兴趣、培养学生创新能力、全面提高数学教学质量为出发点，以"创设情景—师生互动—巩固反思—小结质疑—练习创新"作为参照模式，采用多形式的教学模式，通过高等数学教学模式改革，创造出新颖的课堂教学模式，通过师生合作学习，不断完善学生的学习心理品质，掌握必要的数学知识和技能，使我们的数学教学能够真正适应教育以及现代化社会发展的需要。同时，在教学改革中必须要有科学的理论作指导，通过科学的实验，积累大量经验，并将这些经验提升出来进行一些实证性的研究，使它们上升为高等数学教学模式，在一定的范围进行推广，以达到提高数学教育质量的目的。

第二，高等数学教学模式改革的理论与实践研究必须重视现代教育技术。数学教学不同于其他一般学科的教学，有其独特的特点：① 数学教学要特别注意数学对象的实际背景；② 数学教学的重点是发展学生的数学思维；③ 数学教学要善于培养学生对抽象数学思维的兴趣；④ 数学教学要求善于选择和编写"习题"。为此，在数学教学过程中应力求从实际问题的背景出发，以体现数学源于实际及数学理论知识的发展过程，要创设条件把学生所学知识运用到实际生活中，让学生亲自参与数学活动，体验数学发展的全过程。

现代教育技术已经在数学教学中显示出特有的作用：① 运用现代技术后能充分体现"以学生发展为本"的观念。借助现代教育技术，可以让学生积极参与，自行探索，获得亲身体验，对数学的概念与内涵有更为深入的理解，达到可持续发展的要求，同时，也增加了教学容量，活跃了课堂气氛，提高了教学效率；② 体现了"数学教学是数学活动的教学"观念，借助现代教育技术，在数学教学过程中，逼真地反映了各种微型世界，使学生亲身经历了数学知识的形成以及建立数学模型、探索数学规律的过程，激发了学生学习数学的兴趣；③ 学生可以深入理解"数学的内涵实质"。运用现代教育技术，在探索数学概念、论证数学事实以及解决数学问题的过程中，学生可以运用动态方法，通过动与静的不同方式、宏观与微观的不同视角，树立起更为全面、正确的数学观；④ 使用现代教育技术后，不仅丰富了教学环境，而且给数学教师创造了一个自由设计数学课程的空间。

因此，高等数学教学模式改革应注重运用系统方法，以学为中心，利用现代教育技术，科学地安排教学过程的各个环节和要素，实现教学过程的优化。明确以"学"为中心；充分利用信息资源来支持"学"；以任务驱动、问题解决作为学习与研究活动的主线；强调协作学习；把学生对知识的意义建构作为整个学习过程的评价标准。

第三，正确处理教师主导和学生主动性的关系，大胆进行高数教学模式改革和探索。建构主义认为，知识主要是靠学生学会的，学习就是发生在学生头脑内部的建构。因此，高等数学教学模式的改革势在必行。高等数学教学方法改革的核心是如何在教学过程中真正充分发挥学生的主体作用，让学生自主学习、自主探索。大众化下的高等数学教学，应根据学生的实际情况，进行分层次教学，把通过直接经验获得掌握知识作为一种重要方式，教学方式可以采用"讨论班"的方式，让学生事先自学，然后先解决某些基本概念、基本问题，学生自己挖掘各种问题带入课堂，把"教学、学习、研究"结合起来，从而培养学生自主学习、探索问题的能力，达到在学习高等数学的同时，让学生具备了参与科研的能力。

教师在讲授过程中，精选教学内容，将重心放到数学思想和思维方式的培养，贯彻知识、能力、观点并重的原则，让学生了解现代数学思想和数学研究的前沿知识，培养学生研究问题的兴趣和爱好。学生的自学应当在教师的指导下进行，采用分层次教学的方式，使高等数学教师在教学过程中真正起到主导作用。在讲课中，可以适当增加例题的数量，使内容讲解有具体感，因为例题既可以帮助学生理解抽象的理论内容，又可以使学生体会到这些理论知识如何被应用。习题课上，采用边讲边练、精讲多练、以练为主，留出时间让学生自己动手练习。习题课的重点是如何利用数学原理和方法解题。同时我们还可以开设各种高等数学讲座，如"数学思想发展史"讲座、"数学方法论"讲座等以扩大学生的知识面和学习兴趣。

第四，高等数学教学模式改革的研究必须适应高等数学课程改革的需要。随着课程改革的不断深入，如何改变传统的高等数学教学模式以适应新课程的需要成了一个紧迫的理论与实践问题。通过20多年的数学教学改革的探索，我们可以发现，许多重大的高等数学教学模式改革问题往往都涉及数学课程问题。同时，教学改革要取得根本性的突破，必须跟课程改革联系起来，从课程教学上进行综合考虑。教学模式改革的成功很大程度上依赖于课程改革的整体推进。为此，高等数学教学模式改革必须加强与数学课程改革的联系，从数学课程改革的整体上进行综合考虑，依据"教学有法，但无定法"的原则，创设符合数学课程改革实际的高等数学教学模式，供数学教师参考，从而全面提高数学教育质量。

第二节 基于团队合作的现代高等数学课堂教学模式

教学模式反映的是教学结构中教师、学生、教材三者之间的组合关系。另外，教学模式是指在一定教学思想或教育理论指导下，建立起来的稳定的教学结构或过程，传统的数学课堂教，以"讲解—讲授"教学模式为主，存在着局限性。进行课堂教学模式改革，培养高素质创新型军事人才，是新时期军校的教学目标，也是提高教学质量的一个重要环节。

第一，团队合作教学模式的理论依据：团队合作教学模式的理论依据主要来自现代数学学习理论和现代学生观。现代数学学习理论认为每个学生都有与生俱来的证实自己思想的欲望，都有分析、解决问题和创造的潜能，数学高度抽象的特点更需要学生的主体参与，更需要他们的主动性和创造性。现代学生观则认为学习的主体是学生，数学知识接收后只有通过学生自己的"再创造"活动，才能真正地被吸收，纳入其自身的认知结构中。教师若在教与学中恰当运用团队合作教学法，学生可以自主学习、积极探究，培养团队精神、合作意识和创新能力，真正成为学习的主人。

第二，团队合作教学模式的应用过程：合作学习是一种旨在促进学生在异质小组中互相合作，达成共同的学习目标，并以小组的成绩为奖励依据和教学策略体系。团队合作教学模式的实现过程如下：

科学分组，确定目标。大班分成若干个学习团队，每个团队由4～8名队员组成，学生自行组成团，教师统一协调，确保每个团队中成员的学习能力、学习成绩、表达能力等都要均衡。团队成立后由学生自荐担任团队队长。对部分教学目标，按照教学大纲的要求分解为各团队目标，确认之后，再根据团队成员的知识水平和特点确定个人目标，保证每个成员的积极参与性。

团队分工，合作学习。各团队明确整体和个人目标，重点解决个人目标。学习过程中应相互合作，相互帮助，注重交流。成员之间任务不同，但最终的整体目标一致，即为本团队获得好成绩而努力。

团队交流，合理评价。学生在完成本团队的学习目标之后，可在各团队内部或者团队之间进行学术交流，讨论展示学习成果。展示方式多样化，如板演习题，上台讲解知识点，写研究论文等。学习评价以自我评价和整体评价相结合的方式进行，合理的评价能增强团队的凝聚力，激励学生更加投入地学习。

教师点评，归纳总结。教师针对团队及成员的表现点评，以激励性评价为主，提高学生的学习积极性。同时，教师对教学内容进行归纳总结，进一步完成教学目标，提高教学质量。

团队合作教学模式的理念强调以"教师为主导，学生为主体"，其优点显而易见，但在具体实践中，也有一些需改进的地方。

在团队合作的教学过程中，教师要当好"导演"，备课工作量增大，对讲授的内容，实施的细节，时间的掌控，课堂的组织等都必须考虑周全。

团队合作的教学模式强调学生的主观能动性，对学生主动性的发挥程度不好把握。自由程度的多少，发挥空间的大小都需要仔细考虑。

团队合作的教学模式可能会拉长学生学习某些知识点的时间，这对教学任务的改进与完成提出了新的要求。

第三，教学模式的合理选择。教无定法，贵在得法。传统的教学模式延续多年，虽然存在其局限性，但它更适合学生系统整体地学习数学学科的知识。基于团队合作的高等数学课堂教学模式对于培养学生的独立性与创造性有所帮助，但在完成目标的过程中涉及的知识点与技能还需要学生系统地学习。教师应当根据学科特点，教材特点以及学生的认知结构与特点，认真研究各种新的课堂教学模式的特点与规律，选择适当的教学模式。

第三节　基于现代教育技术在高等数学课堂教学模式

在当前素质教育的背景下，高等数学教师的课堂教学质量受到更加广泛的关注，为了提高教学效率，教师运用基于现代教育技术的教学模式进行授课，以此帮助学生掌握知识、提升能力，促进学生的全面进步。

一、现代教育技术在高等数学课堂教学中的作用

（一）利于提升高等课堂数学教学效果

利用现代教育技术能够提升高等数学教学的形象性，从而进一步强化教学效果。高等数学教学内容具有很强的抽象性，且形式逻辑思维十分丰富，其中包含庞大且复杂的知识点，这对于高等数学教师和学生而言是一种挑战。传统高等数学教学模式已经无法解决以上问题，因此很难对高等数学教学质量进行实质性的提升。此外，传统教学方式中板书式的教学所占比重较大，会对高等数学的教学节奏和进度产生一定的阻碍，使教学工作很难顺利且高效地开展。

（二）帮助高等数学课堂落实因材施教

运用现代教育技术能够进一步实现高等数学教学"因材施教"的教学目的。与传统高等数学教学中应用的教学课件不同，传统教学方式的板书教学会在课堂中耗费教师及学生更多的精力和时间去做笔记，这种方式会浪费课堂时间，影响学习效率。但通过将现代教育技术合理运用于教学中，通过课件的下载即可使学生随时随地快速进行阅读学习，不用担心需要做笔记，节省下的时间可以用来学习更多的新知识。

二、现代教育技术下高等数学课堂教学模式的创新策略

随着现代教育技术的飞速发展，多媒体、数据库、信息高速公路等技术

的日趋成熟，教学手段和方法都将出现深刻的变化，计算机网络技术将逐渐被应用到数学教学中。计算机应用到数学教学中有两种形式：辅助式和主体式。辅助式是教师在课堂上利用计算机辅助讲解和演示，主要体现为辅助教学；主体式是以计算机教学代替教师课堂教学，主要体现为远程网络教学。

（一）现代教育技术下高等数学课堂的计算辅助教学

计算机辅助教学（CAI）是指"利用计算机来帮助教师行使部分教学职能，传递教学信息，对学生传授知识和训练技巧，直接为学生服务"[①]。CAI 的基本模式主要体现在利用计算机进行教学活动的交互方式上。在 CAI 的不断发展过程中已经形成了多种相对固定的教学模式，诸如个别指导、研究发现、游戏、咨询与问题求解等模式，随着多媒体网络技术的快速发展，CAI 又出现了一些新型的教学模式。例如，模拟实验教学模式、智能化多媒体网络环境下的远程教学模式等，这些 CAI 教学模式反映在数学教学过程中，可以归结为以下主要形式：

1. 基于 CAI 情境认知的高等数学课堂教学策略

基于 CAI 的情境认知数学教学模式，是指利用多媒体计算机技术创设包含图形、图像、动画等信息的数学认知情境，是学生通过观察、操作、辨别、解释等活动学习数学概念、命题、原理等基本知识，这样的认知情境旨在激发学生学习的兴趣和主动性，促成学生顺利地完成"意义建构"，实现对知识的深层次理解。

基于 CAI 的情境认知数学教学模式，主要是教师根据数学教学内容的特点，制作具有一定动态性的课件，设计合适的数学活动情境。因此，通常以教师演示课件为主，以学生操作、猜想、讨论等活动为辅展开教学，适于此模式的数学教学内容主要是以认知活动为主的陈述性知识的获得，计算机可以发挥其图文并茂、声像结合、动画逼真的优势，使这些知识生动有趣、层次鲜明、重点突出；可以更全面、更方便地揭示新旧知识之间联系的线索，提供"自我协商"和"交际协商"的"人机对话"环境，有效地刺激学生的视觉、听觉感官，使其处于积极状态，引起学生的有意注意和主动思考，从而优化学生的认知过程，提高学习的效率，这样的教学模式显然不同于通过教师的"讲解"来学习数学，而是引导学生通过教师的计算机演示或自己的操作来"做数学"，形成对结论的感觉、产生自己的猜想，从而留下更为深刻的印象。

---

① 欧阳正勇. 高等数学教学与模式创新［M］. 北京：九州出版社，2019.

基于 CAI 的情境认知数学教学模式反映在数学课堂上，最直接的方式就是借助计算机使微观成为宏观、抽象转化为形象，实现"数"与"形"的相互转化，以此辨析、理解数学概念、命题等基本知识。数学概念、命题的教学是数学教学的主体内容，怎样分离概念、命题的非本质属性而把握其本质属性，是对之进行深入理解的关键。教学中利用计算机来认识、辨析数学的概念、原理，能有效地增进理解，提高数学的效率。

由于基于 CAI 的情境认知数学教学模式操作起来较为简单、方便，且对教学媒体硬件的要求并不算高，条件一般的学校也能够达到，因此，这种教学模式符合我国高等数学教学的实际情况，是当前计算机辅助数学教学中最常用的教学模式，也是数学教师最为青睐的教学模式。不过，这种教学模式的不足之处也是明显的，需要多加注意。

（1）技术含量较低。由于这种教学模式基本上仍是采用"提出问题→引出概念→推导结论→应用举例"的组织形式展开教学，计算机媒体的作用主要是投影、演示，学生接触的有时相当于一种电子读本，技术含量相对较低，不能很好地发挥计算机的技术优势。

（2）学生主动参与的数学活动较少。虽然这种教学模式利用计算机技术创设了一定的学习情境，但这种情境是以大班教学为基础的，计算机主要供教师演示、呈现教学材料、设置数学问题，还不能够为学生提供更多的自主参与数学活动的机会。

（3）人机对话的功能发挥欠佳。计算机辅助数学教学的优势应通过"人机对话"发挥出来，而这种教学模式由于各种主客观条件的限制，还不能让学生独立地参与进来与机器进行面对面的深入对话，人机对话作用限于最后结论而缺乏知识的发生过程和思维过程，形式比较单调，内容相对简单。

2. 基于 CAI 数学通信辅导的高等数学课堂教学策略

所谓基于 CAI 的数学通信辅导教学模式，是指在多媒体网络环境下教师将与数学教学内容有关的材料以电子文本的形式传输给学生，再现课堂教学中的信息资料和数学活动情景，使学生得到进一步的数学辅导，从而将数学教学由课内走向课外、由学校延伸至家庭。

事实上，由于各种主客观条件的限制，单单课堂里的数学教学尚有较大的局限性，无论是知识的掌握还是能力的发展，学生都需要得到进一步的辅导。凡是有课堂听讲经历的都会有这样一种感受：如果在课堂上及时思考老师提出的问题或参与讨论、合作活动，可能就没有充分的时间"记好课堂笔记"。利用计算机技术可以很方便地解决这个问题：上课时学生可以不必花费大部分精力赶记笔记，而是用在独立思考与合作交流等数学活动中。课后，学生只需将教学内容的电子资料拷贝下来，根据自己的需要再现课堂教学的任一部分内容，反复琢磨，达到复习巩固的目的。

或者，在网络状态下，学生在自己家里登录教师的网站，向教师寻求资料、提出问题、求得解答，这样，课后的辅导变得随时随地。高等学生还可以针对自己的情况选择不同层次的学习内容，教师则可以针对学生的实际水平，实现个别化辅导为主的分层教学。而且，还可以发挥计算机的即时反馈功能，对学生的作业随时予以指导和评价，有效地克服了传统数学教学中"回避式作业批改"的反馈滞后性、缺乏指导性等缺陷，此外，计算机还有很强的评价功能。经过一段时间的学习，计算机就可作出评价，使学生了解学习的效果。典型的、反复出现的错误，计算机还可以针对性地加以强化，使薄弱环节得到反复学习。

就当前数学教学的环境条件而言，实施基于 CAI 的数字通信辅导教学模式主要还是教师制作课件和电子辅导资料供学生复制使用，或向学生介绍相关的数学学习网站登录自学，随着网络技术的高速发展，教师可以建立一个适合自己所教学生的个人数学教学辅导网站，将数学辅导材料传输到网上，随时供学生调阅、探讨。当然，这种网络辅导方式不仅对教师的精力和能力是一种考验。

3. 基于 CAI 练习指导的高等数学课堂教学策略

基于 CAI 的练习指导数学教学模式，是指借助计算机提供的便利条件促使学生反复练习，教师适时地给予指导，从而达到巩固知识和掌握技能的目的，在这种教学模式中，计算机课件向学生提出一系列问题，要求学生作出回答，教师根据情况给予相应的指导，并由计算机分析解答情况，给予学生及时的强化和反馈。练习的题目一般较多，且包含一定量的变式题，以确保学生基础知识和基本技能的掌握。有时候练习所需的题目也可由计算机程序按一定的算法自动生成。

基于 CAI 练习指导的数学教学模式主要有两种操作形式：一种是在配有多媒体条件的通常的教室里，由教师集中呈现练习题，并对学生进行针对性的指导；另一种是在网络教室里，学生人手一台机器，教师通过教师机指导和控制学生的练习。前者比较常见，因为它对硬件的要求比较低，操作起来也较为方便，但利用计算机技术的层次相对较低，教师的指导只能是部分的，学生解答情况的分析和展示也只能暴露少数学生的学习情况，代表性较弱。后者对硬件的条件要求较高，但练习和指导的效率都很高，是计算机辅助数学教学的一种发展趋势。因为，在网络教室中，教师可以根据需要调阅任何一个学生的学习情况，及时发现他们的进度、难处，随时进行矫正、调整。

4. 基于 CAI 高等数学课堂教学的制作策略

（1）高等数学 CAI 课件的设计原则，具体如下。

第一，科学性与实用性相结合原则。科学性是数学 CAI 课件设计的基础，就是要使课件规范、准确、合理，主要体现在：① 内容正确，逻辑清晰，符合数学课程标准的要求；② 问题表述准确，引用资料规范；③ 情景布置合理，动态演示逼真；④ 素材选取、名词术语、操作示范等符合有关规定。课件设计的实用性就是要充分考虑到教师、学生和数学教材的实际情况，使课件具有较强的可操作性、可利用性和实效性，主要体现在：性能具有通识性，大众化，不要求过于专门的技术支撑；使用时方便、快捷、灵活、可靠，便于教师和学生操作、控制；容错、纠错能力强，允许评判和修正；兼容性好，便于信息的演示、传输和处理。

数学 CAI 课件的设计应遵循科学性和实用性相结合的原则，既要使课件技术优良、内容准确、思想性强，又要使课件朴素、实用，遵循数学教学活动的基本规律和基本原则。一款优秀的数学 CAI 课件应该做到界面清晰、文字醒目、音量适当、动静相宜，整个课件的进程快慢适度，内容难度适中，符合学生的认知规律等。

第二，具体与抽象相结合原则。高等数学的学习重点在于概念、定理、法则、公式等知识的理解和应用，而这些知识往往又具有高度的概括性和抽象性，这也正是学生感到数学难学的原因之一。适当淡化数学抽象性，将抽象与具体相结合是解决困难的有效办法，设计数学 CAI 课件时，应根据需要将数学中抽象的内容利用计算机技术通过引例、模型、直观演示等具体的方式转化为学生易于理解的形式，以获得最佳的教学效果。

第三，归纳实验与演绎思维相结合原则，数学有两个侧面：一方面，数学是欧几里得式的严谨科学，从这个方面而言看，数学像是一门系统的演绎科学；另一方面，创造过程中的数学，看起来却像一门试验性的归纳科学。因此，数学 CAI 课件设计时，应遵循数学的归纳实验与演绎思维相结合的原则，计算机辅助数学教学最明显的优势正在于为学生创设真实或模拟真实的数学实验活动情境，将抽象的、静态的数学知识形象化、动态化，使学生通过"做数学"来学习数学；通过观察、实验来获得感性认识；通过探索性实验归纳总结，发现规律、提出猜想，但是，设计 CAI 课件时，又必须注意不能使数学的探索实验活动流于浅层次的操作、游戏层面，而要上升到深层次的思维探究层面，换言之，要把以归纳为特征的数学实验活动引导到以演绎为特征的数学思维活动，将两者内在地融合在一起，才能真正体现出计算机辅助数学教学的优越性。

第四，数值与图形相结合原则。数形结合是研究数学问题的重要思想方法。而很多 CAI 课件制作平台不仅具备强大的数值测量与计算功能，而且都有很好的绘图功能。一方面给出数和式子就能构造出与其相符合的图形；另一方面，给出图形就能计算出与图形相关的量值。

第五，数学性与艺术性相结合原则。数学 CAI 课件的设计应有一定的艺术性追求。优质的课件应是内容与美的形式的统一，展示的图像应尽量做到结构对称、色彩柔和、搭配合理，能给师生带来艺术效果和美的感受。但是，高等数学 CAI 课件不能一味追求课件的艺术性，更要注重数学性，应使数学性和艺术性和谐统一。数学教学的图形动画不同于卡通片，其重点并不在于对界面、光效、色效、声效等的渲染，而是要尊重数学内容的严谨性和准确性，即数学性。就图形的变换而言，无论是旋转还是平移，中心投影还是平行投影，画面上的每一点都是计算机准确地计算出来的，例如，空间不同位置的两个全等三角形，由于所在的平面不同，图形自然有所不同；空间的两条垂线，反映在平面上，当然也不一定垂直，这些图形，在平时的学习中，只能象征性地画一下，谈不上准确。而在数学 CAI 课件中，所有图形的位置变换都是准确测算的结果，看起反而会有些"走样"。为了使学生看到"不走样"的图形效果而进行艺术加工，必须以不失去数学的严谨性、准确性为前提。此外，无论是数学的概念、定理、法则的表述，还是解题过程的展示，都要力求简洁、精练，符合数学语言和符号的使用习惯，做到数学学科特性和艺术性的融合统一。

（2）高等数学 CAI 课件制作的步骤，具体如下。

第一，选择课件主题。课件的选题非常重要，并不是所有的高等数学教学内容都适合或有必要作为多媒体技术表现的材料，一般而言，选题时应注意以下方面：

内容与形式的统一。课件的最大特点是它的教学性，即对数学课堂教学起到化难为易、化繁为简、化抽象为具体等作用，避免出现牵强附会、华而不实的应付性课件，课题的内容选取时应做到：选取那些常规方法无法演示或难以演示的主题；选取那些不借助多媒体技术手段难以解决的问题；选取那些能够借助多媒体技术创设良好的数学实验环境、交互环境、资源环境的内容。

性价比。制作课件时应考虑效益，即投入与产出的比。对于那些只需使用常规教学方法就能很好实现的教学目标，或者使用多媒体技术也并不能体现出多少优越性的教学素材，则没有必要投入大量的精力、物力制作流于形式的 CAI 课件。

技术特点突出。选择的课件主题应能较好地体现多媒体计算机的技术特点，突出图文声像、动静结合的效果。

第二，对课件主题进行教学设计。在数学 CAI 课件的制作过程中，教学设计也是一个重要的环节，主要包括教学目标的确定、教学任务的分析、学生特征的分析、多媒体信息的选择、教学内容知识结构的建立以及形成性练习的设计。

第三，课件系统设计。课件系统设计是制作数学 CAI 课件的主体工作，直接决定了课件的质量，具体包括以下环节：

课件结构设计。数学 CAI 课件的结构是数学教学各部分内容的相互关系及其呈现的基本方式。设计课件的结构首先要把课件的内容列举出来，合理地设计课件的栏目和板块，然后根据内容绘制一个课件结构图，以便清楚地描述出页面内容之间的关系。

导航策略设计，导航策略是为了避免学生在教学信息网络中迷失方向，系统提供引导措施以提高数学教学效率的一种策略。导航策略涉及方面包括：检索导航——方便用户找到所需的信息；帮助导航——当学习者遇到困难时，借助帮助菜单克服困难；线索导航——系统把学习者的学习路径记录下来，方便学习者自由往返；导航图导航——以框图的方式表示出超文本网络的结构图，图中显示出信息之间的链接。

交互设计。交互性是数学 CAI 课件的突出特点，也是课件制作需要重点关注的问题。一般可设计成以下多种类型的交互方式，主要包括：① 问答型——即通过人机对话的方式进行交互，计算机根据用户的操作作出问题提示，用户根据提示确定下一步的操作；② 图标型——图标可以用简洁、明快的图形符号模拟一些抽象的数学内容，使交互变得形象直观；③ 菜单型——菜单可以把计算机的控制分成若干类型，供用户根据需要选择；④ 表格型——即以清晰、明细的表格反映数值信息的变化。

界面设计。课件的操作界面反映了课件制作的技术水平，直接影响课件的使用效果。界面设计时应该在屏幕信息的布局与呈现、颜色与光线的运用等方面加以注意：① 屏幕信息的布局应符合学习对象的视觉习惯，各元素的位置应该是标题位于屏幕上中部；屏幕标志符号、时间分列于左右上角对称位置；屏幕主题占屏幕大部分区域，通常以中部为中心展开；功能键区、按钮区等放在屏幕底部；菜单条放在屏幕顶部。② 屏幕上显示的信息应当突出数学教学内容的重点、难点及关键，信息的呈现可适当活泼。③ 颜色与光线的运用，应注意颜色数通的种类要恰当，光线要适中，避免色彩过多过杂，光线太过耀眼或暗淡；注意色彩及光线的敏感性和可分辨性对不同层次和特点的数学内容应有所对比和区分。一般而言，画面中的活动对象及视角的中央区域或前景应鲜艳、明快一些，非活动对象及屏幕的周围区域或背景则应暗淡一些；注意颜色与光线的含义和使用对象的不同文化背景及认知水平，若使用对象为高等生，课件屏幕则应简洁稳重为主。

编写课件稿本。课件稿本是数学教学内容的文字描述，也是数学 CAI 课件制作的蓝本，稿本可分为文字稿本和制作稿本。文字稿本是按数学教学的思路和要求，对数学教学内容进行描述的一种形式。制作稿本是文字稿本编写制作时的稿本，相当于编写计算机程序时的脚本。

课件的诊断测试。制作完成的数学课件要在使用前和使用后进行全面的诊断测试，以便进行相应的调整、修正，进一步提高课件的制作质量。诊断测试是根据课件设计的技术要求和设计目标来进行的，具体包括功能诊断测试和效果诊断测试，功能诊断测试包括课件的各项技术功能，如对教学信息的呈现功能、对教学过程的控制功能等，效果诊断测试是指课件的总体教学效果和教学目标完成的情况。

此外，数学 CAI 课件的制作形式可以不拘一格，应根据数学教学的具体内容特点灵活确定并选择。例如，从课件容量的大小范围而言，小的课件可能只是一个知识点或一种数学方法的介绍与解释，只需要播放或展示数分钟；而大的课件可能涉及一个单元甚至整本教材，需要较长时间的连续性学习。

上述的几个环节只是大致说明了数学 CAI 课件制作的纲要框架。实际上，一个数学 CAI 课件的制作是动态生成的过程，在这一过程中，还会涉及许多不确定的因素，需要根据当场的现实情境具体问题具体分析。

（二）现代教育技术下高等数学课堂的远程网络教学

随着网络技术的发展和普及，网络教学应运而生，它为学生的学习创设了广阔而自由的环境，提供了丰富的资源，拓延了教学时空的维度，使现有的教学内容、教学手段和教学方法遇到了前所未有的挑战，必将对转变教学观念、提高教学质量和全面推进素质教育产生积极的影响。现代教育技术下高等网络教学主要有以下模式：

第一，网络教学的讲授型模式。利用互联网实现讲授型模式可以分为同步式和异步式两种：同步式讲授这种模式除了教师、学生不在同一地点上课之外，学生可在同一时间聆听教师教授以及师生间有一些简单的交互，这与传统教学模式是相同的，异步式讲授利用 Internet 的万维网（WWW）服务及电子邮件服务进行教学，这种模式的特点在于教学活动可以全天 24 小时进行，每个学生都可以根据自己的实际情况确定学习的时间、内容和进度，可随时在网上下载学习内容或向教师请教，其主要不足是缺乏实时的交互性，对学生的学习自觉性和主动性要求较高。

第二，网络教学的探索式教学模式。探索式教学的基本出发点是认为学生在解决实际问题中的学习要比教师单纯教授知识要有效，思维的训练更加深刻，学习的结果更加广泛（不仅是知识，还包括解决问题的能力，独立思考的元认知技能等）。探索学习模式在 Internet 上涉及的范围很广，通过 Internet 向学生发布，要求学生解答，与此同时，提供大量的、与问题相关的信息资源供学生在解决问题过程中查阅。另外，还设有专家负责对学生学习过程中的疑难问题提供帮助。探索学习模式实现的技术简单，又能有效地促进学生的积极性、主动性和创造性，能够克服传统教学过程中的不足，有广阔的应用前景。

第四节　现代信息技术与高等数学课堂的有效性整合

目前，高等数学教学在新课程不断改革的基础上要求越来越高，而且也越来越重视学生的学习过程和学习方法，为了帮助学生全方面地发展，提出了对高等数学教学有帮助的科学教学理念。因此，在现代信息技术快速发展的形势下，给高等数学的教学带来了良好的机会，并且促进了高等数学的快速发展，从而提升了高等数学的教学有效性。现代信息技术与高等数学课堂整合的有效性可以帮助学生更容易理解高等数学知识，提升学习效率，促进高等数学的教学效果。

在高等教育中高等数学有着非常重要的作用，高等数学是高等中最基础的课程，而且高等数学的学习具有一定的难度，在高等数学的学习过程中具有一定的抽象性，而现在高等数学的教师教学方式比较单一，教学方法比较传统。由于高等数学学科的特殊性，要想很直观地显示出数学知识具有一定的难度，所以教师应该改进教学方式，尽可能地想办法直观有效地提升高等数学的教学效率。信息技术与高等数学的有效整合可以直观地显示数学知识，弥补了传统教学方式的不足，而且信息技术的运用可以促进高等数学的教学改革。

一、充分体现现代教学方式的优越性

（一）合理利用多媒体技术，改善教学环境

在高等数学教学过程中，运用信息技术可以改善教师的教学方式，结合学生的学习特点，让学生在信息技术的辅助教学下直观地感受高等数学的知识，提升高等数学的教学效果，学生的被动学习方式可以提升学生学习高等数学的兴趣，而且可以充分体现出现代技术下的教学优越性。多媒体教室系统的优势可以通过图文、视频展示高等数学的内容，从而改进高等数学课堂的教学方式，通过多媒体的直观显示，突破了视觉的限制，而且多方面的观察可以帮助学生更加容易理解高等数学知识。在良好的教学环境中，能够提升学生学习高等数学的兴趣，因此需要合理运用多媒体教室系统，优化教学环境。

（二）科学使用网络搜索，促进教学方式的改革

网络上有各种知识很容易吸引学生的兴趣，也很容易分散学生的注意力，从而误导学生。在高等数学课堂教学中一旦自由开放网络搜索，教师就很难控制高等数学的课堂进程，从而很难提升教学的有效性。所以在高等数学课堂教学中很少运用网络搜索，不过在实际教学中合理运用高等数学可以很好地提升学生的学习兴趣，从而提高学生的学习主动性，增强学生的学习能力和创新能力。此外，以网络搜索为基础，可以拓展学生接受的知识点，从概念的认识到拓展联系都可以在网络上学习，从而促进高等数学课堂教学的改革。

（三）实现教学模式的深度变革

在高等数学教学方式中，交互式多媒体教室为教学提供了非常大的便利，而且在交互式多媒体系统辅助教学下，可以通过电子教室演示教学内容，促进师生之间的交流与互动。例如，无纸化考试就是在交互式教室系统环境下完成的。充分运用交互式多媒体教室系统可以非常好地呈现高等数学课堂的教学内容以及教学过程中各个知识点的教学，从而彻底改变传统的教学方式。因此，要充分重视和运用交互式多媒体系统教学。

二、充分体现高等数学课堂的有效性

（一）创设情景模式，激发学生的学习兴趣

在高等数学课堂教学中创建真实的教学情景，可以将创设情景当成是教

学的基础条件，而且信息技术是创设真实情景最好的工具之一，可以产生非常真实的情境。因此，通过信息技术可以让学生发现高等数学课堂教学的魅力，通过网络技术，可以让抽象的数学知识变成具体的教学内容呈现在学生眼前。同时也降低了学生学习高等数学的恐惧，让学生通过信息技术充分认识数学教学的内容，从而建立新旧知识之间的联系，并且赋予新知识某种意义。

（二）创设想象情境，拓展思维空间，增强学生思维能力

创造力一般是在两个以上对象之间，而且想象力是创造力的重要指标，让学生在两个看似无关的事物之间进行想象，就好像给学生一个自由的想象空间。通常情况下，人的想象力在生活中有重要的作用，想象力是一切知识的源泉。所以，在教学中要充分利用一切可以想象的空间，从而增强学生的想象力和思维能力。

（三）创设纠错情境，培养学生良好的数学推理能力

在高等数学课堂中，学生在解决问题的时候经常会出现一些问题，因此，通过信息技术创设纠错情境，可以帮助学生分析错误的原因，找到解决错误的方法，从而提升学生解决问题的准确性。因此，学生在高等数学学习中遇到问题时，通过传统的方式很难将问题解释清楚，而通过信息技术的合理运用，可以让学生自主研究，从而解决问题，最终提升学习效率。

总而言之，信息技术与高等数学课堂的整合可以促进现代教育的变革，而且现代教育技术可以有效调整高等数学课堂的结构，拓展信息功能，提升教学能力。因此，需要注意的是利用现代信息技术解决高等数学课堂中的一些问题，在以后的数学教学中运用信息技术是必然趋势，而且要与高等数学有效结合，促进高等数学的教学改革。在将来的高等数学教学过程中需要不断结合信息技术完善数学教学。

结束语

　　本书属于高等数学课堂教学方面的著作，全书围绕数学课堂教学以及教学模式展开探索，以培育和践行学生数学高效课堂教学为目的，运用多元化教学策略对学生数学高效课堂教学工作进行深入分析，提出高等数学课堂教学效果的提高方法。书中有关数学高效课堂教学工作的研究成果，具有一定的理论深度和实践基础，与时俱进，针对性强，有助于推动数学教学工作的科学发展。

参考文献

[1] 鲍红梅，徐新丽. 数学文化研究与大学数学教学 ［M］. 苏州：苏州大学出版社，2015.

[2] 柴红新. 金课视域下高等"多模态"课堂改革 ［J］. 宁波教育学院学报，2022，24（6）：65－69.

[3] 陈超. 高等数学教学中"翻转课堂"教学模式分析 ［J］. 现代职业教育，2021（32）：202.

[4] 陈莉. 基于云课堂的高等数学继续教育教学模式探究 ［J］. 吉林农业科技学院学报，2021，30（4）：107.

[5] 程东旭，冯琪，郑玉晖，等. 文科高等数学引论 ［M］. 广州：中山大学出版社，2018.

[6] 程丽萍，彭友花. 数学教学知识与实践能力 ［M］. 哈尔滨：哈尔滨工业大学出版社，2018.

[7] 池文英. 对有效实施反思性教学的几点思考 ［J］. 教育探索，2011（6）：48－49.

[8] 董晓光. 数学思维之我见 ［J］. 中国校外教育（中旬刊），2014（2）：63.

[9] 顾颖，陆海霞. 思维导图辅助下高等数学翻转课堂教学模式改革初探 ［J］. 内江科技，2022，43（9）：151.

[10] 郭建鹏. 翻转课堂教学模式：变式—统一——再变式 ［J］. 中国大学教学，2021（6）：77－86.

[11] 郭雪松. 数学发散思维的培养 ［J］. 福建茶叶，2020，42（3）：416.

[12] 胡万山，周海涛. 提升高校教师"金课"建设效能 ［J］. 现代大学教育，2019（6）：31－35.

[13] 李成群. 现代信息技术在高等数学教学中的运用研究：评《现代数学教育技术及其应用》［J］. 中国科技论文，2020，15（5）：609.

[14] 李明哲. 试论大学数学教学的效率策略 ［J］. 黑龙江高教研究，2012，30（2）：154－156.

[15] 李薇，刘海涛，袁昊劼. 高等数学翻转课堂教学模式的设计与实践 ［J］. 高教学刊，2021（8）：110.

［16］ 李子萍，费秀海. 类比法在高等数学教学中的应用体会［J］. 数学学习与研究，2021（29）：10.

［17］ 刘立明，任北上，唐高华，等. 提高地方高等数学类课程课堂教学有效性的若干策略和方法［J］. 数学教育学报，2013（6）：90-93.

［18］ 刘宗祥. 反思性教学理论及其策略分析［J］. 教学与管理（理论版），2014（2）：14-16.

［19］ 马东娟. 高职院校高等数学翻转课堂教学模式下的分层教学研究［J］. 现代职业教育，2019（27）：74.

［20］ 那仁格乐. 高等数学课堂教学理论与方法探究——评《数学课堂教学研究》［J］. 教育评论，2018（1）：167.

［21］ 欧阳正勇. 高等数学教学与模式创新［M］. 北京：九州出版社，2019.

［22］ 邱云兰，曾峥. 高职高等数学课堂教学中的互动解题研究［J］. 数学教育学报，2013，22（3）：40.

［23］ 商七一. 高等数学解题中线性代数方法运用指导研究［J］. 数学学习与研究，2022（32）：8.

［24］ 石琦，杨月梅. 自适应学习在高等数学教学中的应用探究［J］. 金融理论与教学，2020（3）：103.

［25］ 孙德义. 浅谈数学思维能力培养［J］. 科教导刊-电子版（中旬），2021（8）：204.

［26］ 孙宗美. "金课"建设：意义、原则与路径［J］. 高教探索，2023（1）：57.

［27］ 唐先华，何小飞. 浅析新时期高等提升高等数学课堂教学实效的新途径［J］. 当代教育论坛，2011（30）：97-99.

［28］ 田金玲. 高等代数教学中数学归纳法的应用分析［J］. 江西电力职业技术学院学报，2020，33（12）：45.

［29］ 田少煦，李陵，刘运祥. 基于现代教育技术的精品课程建设模式研究［J］. 中国电化教育，2011（12）：89-93.

［30］ 田园. 高等数学的教学改革策略研究［M］. 北京：新华出版社，2018.

［31］ 王海华. 现代教育技术在高等数学教学中的实践探究［J］. 现代职业教育，2021（31）：192.

［32］ 王雅萍. 生源多元化背景下高等数学"对分课堂"教学模式的探索［J］. 湖北开放职业学院学报，2022，35（16）：154.

［33］ 吴九占. 论"翻转课堂"教学模式的选择［J］. 中国成人教育，2017（18）：

95-98.

［34］席卿芬. 新课改下的高中数学课堂教学模式探究［J］. 教学管理与教育研究，2018，3（12）：94.

［35］徐雪. 大学数学教学模式改革与实践研究［M］. 北京：九州出版社，2019.

［36］严冬梅. 对高等数学课堂教学的探究［J］. 科学与财富，2017（27）：2.

［37］余文森，宋原，丁革民. "课堂革命"与"金课"建设［J］. 中国大学教学，2019（9）：22-28.

［38］詹亮，董红星. 线上线下混合式金课建设路径研究［J］. 商业会计，2021（13）：127-129.

［39］张丽. 浅析比较思维方法［J］. 科技创业月刊，2010，23（8）：125.

［40］张文丽，李庆霞，常丽娜，等. 金课建设背景下高等数学课程线上线下混合教学模式［J］. 数学学习与研究，2022（4）：18-20.